U0940171

青岛大学学术专著出版资金资助

中小学
危机心理援助的理论与实践

——基于汶川大地震的实证研究

陶明达——著

责任编辑：贺　畅
文字编辑：周文婷

图书在版编目(CIP)数据

中小学危机心理援助的理论与实践:基于汶川大地震的实证研究/陶明达 著. —
北京:人民出版社,2023.5
ISBN 978-7-01-024964-3

Ⅰ.①中…　Ⅱ.①陶…　Ⅲ.①青少年-地震灾害-灾区-心理疏导-研究-
汶川　Ⅳ.①B845.67

中国版本图书馆 CIP 数据核字(2022)第 142009 号

中小学危机心理援助的理论与实践
ZHONGXIAOXUE WEIJI XINLI YUANZHU DE LILUN YU SHIJIAN
——基于汶川大地震的实证研究

陶明达　著

人民出版社 出版发行
(100706　北京市东城区隆福寺街 99 号)

北京盛通印刷股份有限公司印刷　新华书店经销

2023 年 5 月第 1 版　2023 年 5 月北京第 1 次印刷
开本:710 毫米×1000 毫米 1/16　印张:23
字数:300 千字

ISBN 978-7-01-024964-3　定价:97.00 元

邮购地址 100706　北京市东城区隆福寺街 99 号
人民东方图书销售中心　电话 (010)65250042　65289539

目 录

Contents

前 言

Preface

人类的生存与发展总是伴随着灾害或灾难，人们需要克服这些磨难才能一直向前。它不仅是一个精神方面的问题，还是一个关系民族兴衰的现实问题，是个人精神与民族精神融合发展的关键问题。

青少年对于一个民族和国家来说是国运之所在，无论他们是斗志昂扬，还是精神萎靡，国家的未来都是他们的。青少年阶段是身心发育和价值观形成的关键期，也是心理问题的高发期。有报告指出，我国约有上千万人受到各种心理问题的困扰，主要包括抑郁、焦虑、强迫、厌学、网络成瘾、自杀自伤等，其涉及的父母等亲朋人数是巨大的，其身心状态也影响着与他们一起学习、生活、工作和交往的许多人。

青少年在成长的过程中，不可避免地会面临着身体发育、心理成熟、行为塑造、人格成长以及学业发展、升学就业、交友恋爱等问题，但面对这些任务和时常出现的危机或挫折，由于其身心发展处在急剧变化的不成熟时期，他们很容易受到打击和创伤。如果不能及时地发现并给予有效干预，许多问题可能会持续终生，因而影响到自身、家庭与社会的健康发展，所以，针对青少年心理危机的有效预防与干预就显得尤为重要。

本书是在笔者主持的青岛市人民政府“青岛啤酒‘重塑激情，成就梦想’四川地震灾区红十字心理援助计划”的基础上，结合自己在心理援助 2003 年 SARS 受害者、2013 年中石化“11·22”黄岛输油管道爆燃事故、2018 年山东省潍坊寿光洪涝灾害、2020 年以来的新冠肺炎疫情以及其他人为灾害灾难危机（如自伤、自杀、他伤、他杀、交通安全、校园欺凌、群体食物中毒、群体隔离等）中的研究成果而完成的。汶川地震发生后，笔者以青岛大学为班底组织来自全国各地的志愿者，组成了心理援助团队，在四川省北川羌族自治县陈家坝乡、曲山镇的三所中小学（含幼儿园），针对中小学师生及其周边社区群众进行了心理援助，在心理援助的过程中确定了本书的整体框架和写作内容，这期间相继发生了很多灾害灾难，又结合在四川的研究成果，将其应用到这些灾害危机后的心理援助中，可以说这是我们团队和受援助对象共同孕育的成果。汶川大地震发生十年了，久拖而未出版的专著今天业已定稿，即将交付印刷出版，希冀通过著作的出版不断地激励着我们将汶川地震的心理援助进行下去，正像中国科学院心理研究所张侃研究员希望的那样，汶川地震的心理援助至少要进行20年。我们一直在这样做，也在不断地思考和探索。将取得的经验和成果汇集在本书中，并在实际中加以推广和应用，以告慰逝者、激励生者、转危为机，为建立更加美好的社会、拥有更加美好的未来奠定良好的心理精神基础，并寄希望于青少年，希冀他们以良好的心理素养引领美好的社会和人生。

作为面向中小学心理危机干预的书籍，心理援助的理论与实践包括了重大危机突发事件心理援助综述，国内外学校危机心理援助的经验与启示，危机后师生心理的筛查与评估，危机后师生心理援助步骤，危机后师生心理援助的组织与流程，危机后中小学心理援助的基本理论和方法。涵盖常规性心理援助（心理咨询的组织与实施、心理课程的设置与组织、心理培训的对象与组织、心理测验的开展与控制）；表达性心理援助（音乐教育与音乐治疗、美术教育与绘画治疗、舞蹈与武术教育、科技教育与心理引导、游戏与游戏治疗、叙事与叙事治疗、心理旅游）；支持性心理援助（校园文化建设与心理援助、支教与心理援助、家访与心理援助、社会关爱与心理援助）；中小学危机心理援助的效果评估（实施方自我评估、面谈反馈的方法与步骤、受援助学校的评估、教育及监管部门的评估、心理援助的第三方评估）；危机后中小学心理援助的反思与展望（我国校园心理危机援助的成功经验、不足与缺陷、模式展望），从理论和实践层面进行了深入浅出的理论分析和应用研究，对如何应对中小学校园危机提出了既有理论基础，又有扎根落地的对策建议。

本书体现了以下三方面的特色：第一，初步建构了我国校园心理危机干预体系。在理论依据、内容结构、模式构建、研究方法以及心理干预技术等方面进行了理论与实践的同构，既具有扎实的理论特色，又具有很强的可操作性。第二，这是一本从实践中产生出来的书。本书系统介绍了危机发生后中小学心理援助的理论、方法与途径，既吸收了国内外先进的理论与实践经验，又根据我国学校的实际，研究实践了一整套具有中国特色的校园心理援助理论体系和应用模式，具有很强的实践性和可操作性。第三，本书紧扣中小学生这一未成年群体。站在未来和历史发展的高度，研发了一套适合未成年人的心理援助体系，从发展的角度，重视与呵护未成年人的心理健康，避免复杂的创伤经历，有很强的时代意义和指导价值。

本书的出版得到了青岛市红十字会、青岛啤酒集团和青岛大学的大力支持，笔者率领的“青岛啤酒‘重塑激情，成就梦想’四川地震灾区红十字心理援助服务队”深入灾区，感同身受、倾心付出，积极探索了一套适合当地中小学的“重大灾害后心理援助的理论、方法、技术与途径”，形成了一套“需求递进式心理援助模式”，即：“青岛—北川曲山镇、陈家坝模式”，在此基础上成立了“青岛市红十字心理救援队”(该救援队被授予中国红十字优秀志愿服务队、山东省红十字抗灾减灾先进集体、青岛市十佳微尘公益之星等称号，2022 年笔者也被授予了新时代青岛市红十字工作“突出贡献个人”荣誉称号)，并将这一模式应用在随后遇到的一系列心理援助中，尤其是应用在中小学危机后心理援助实践中，并给予继续的深化和提升，收到了明显的成效。

本书是笔者长期从事危机心理干预工作的理论探索和经验总结，对表达性心理援助、志愿者队伍构建以及心理援助效果的评估是开创性的，既全面、细致，又新颖、有效和实用，具有很强的理论价值和实践指导作用，是本书的一大亮点；将 EAP（员工帮助计划）的理念和技术创造性地应用在危机情境下的中小学心理援助中也是一种有益的创新。对于优化校园心理干预的机制和体系，预防和处置危机突发事件，具有很强的指导作用。对从事学生心理辅导和灾害及危机心理干预的研究者和实践者提供了一套可资借鉴的理论与方法。

危机后的心理援助以往存在注重实践、轻理论研究的现象，甚至一些未经检验的方法也用于校园危机后的心理干预中；许多干预人员也缺乏危机心理援助的专业培训，因而使危机后校园心理援助缺乏科学性；而且一些校园危机后心理援助的组织结构和运行模式也存在着许多明显的混乱和缺陷。重要的原因在于缺乏科学的理论指导。因此加强危机后中小学心理援助的理论与实践的研究，破解理论与实践的割裂，归纳总结和创新出一套适合中国中小学的危机心理干预理论及实践运行模式，有着重要的理论价值和现实意义。

在本书即将付梓之际，笔者特别感谢青岛啤酒公司刘英弟先生、解建强先生，原青岛市红十字会常务副会长李然女士、副会长丁刚先生，青岛大学时任副校长张铁柱、王焕良和校医院院长刘冰，以及四川省北川羌族自治县邓勇先生和受援助学校曲山镇小学、陈家坝小学、陈家坝中学的成东、陈勇等历任领导、教师和学生，还有我们志愿者援助团队的骨干人员夏锡梅、陈敏、韩黎、金翠梅……要感谢的人太多了。在北川时我常说的一句话是：莫说感恩我们，实际上最应该感恩的是北川，是那些逝去的人和为他们活下来的人，是他们让我们来到了这里，学以致用、服务人民，让心理学和我们得以成长。我们只是尽了点微薄之力，帮助他们最终走出灾害灾难阴影，走向伟大的是他们！由于作者水平有限，难免存在不足之处，恳请各位专家学者、学校部门的师生和同行们不吝指正。

陶明达
2023 年 5 月 12 日

第一章 中小学师生危机心理与心理援助现状

本书以危机发生后中小学师生为主要研究对象，并由此将他们置身于宏大的社会系统，因此，研究对象还涉及学生的家长、所在的社区及整个社会层面。不可否认，无论是对于家庭，还是学校，或者是社会，中小学生都是全社会的牵挂，因为他们大多数是未成年人，是我们的希望和未来。

本书研究的中小学生，依据研究的重要程度依次为小学生、初中生和高中生，小学生和初中生是本书研究的重点。这是因为随着年龄的增长，青少年的自我学习能力和自我调适能力增强，而小学生和初中生，本来就处在身心剧烈变化的生长发育期，如果碰上重大危机，自身应对能力较弱，因而，外来的援助就显得很亟须。同时，本书把幼儿园孩子也纳入研究对象之一，主要考虑到幼儿园作为学前教育学校，越来越引起社会的重视，而幼儿也是最容易受到伤害的群体之一，幼儿园很容易成为突发事件和重大灾害的重灾区和重大关注区。另外，在我国许多自然灾害频发的地区，特别是西部偏远地区，很多地方幼儿学生是和小学生在一起的，心理援助尤其不能忽略这个群体。

教师是一个特殊的群体，对学生负有特殊的责任和使命。对教师来说，面对突发特殊事件或重大灾害，他们同样会受到冲击，本身也容易受到伤害。但由于教师的特殊身份，在学校里对未成年人负有一定的监护责任，因此，在灾害和危机事件发生时，他们要做的首先是保护、帮助和引导学生免于或减少灾难的损害，要对学生进行即刻的紧急救助，有时甚至要献出自己的生命。而且，在危机后心理重建阶段，教师又是引导、带领学生走出危机阴影的重要力量，担负着社会的嘱托和学生的安危，面临的风险和压力很大，极易造成身心的巨大伤害。因此，教师也是需要加以特别研究和特别援助的群体之一，教师心理健康了，有助于推动学生健康地发展；反之，则起消极破坏作用。

家长是未成年人的法定监护人，家庭对学生的心理产生着潜移默化的养成作用，而在危机发生时，学生危机的消除，更离不开家长的积极参与和配合，所以，学生家长也是本书的研究对象之一。

当前我国对危机事件的研究还处于起步阶段，对于危机事件后人们的生理、心理反应和变化规律大多只存在于简单的描述和概述层面。掌握危机事件发生、发展的规律，并有针对性地对其特征、范围、危害进行研究，及时而准确地做出应急方案和反应措施，研究出一套适合我国的危机心理援助系统就显得尤为重要①。

国内外学者对危机与危机事件的概念有不同的定义和解释。但实际上，因为危机与危机事件的成因和形式的复杂多样性，很难有简单的定义。

1. 危机的定义

什么是危机？卡普兰（Caplan）认为，当一个人在追求重要生活目标的过程中遭遇到某一障碍时，我们便说他处于危机之中，这里所谓的障碍是指用常规方法一时无法解决的问题。每当此时，当事人一定会经历一段时间的精神迷茫和情绪紊乱，其间还会针对障碍做出许多无效的努力②。吉利兰（Gilliland）等提出，危机是一种认知，危机当事人认为某一事件或境遇是个人资源和应付机制所无法解决的困难③。危机之所以是危机，就是因为当事人无从应对所面临的生活境遇。Belkin 把危机作为当事人所面对的一个困境，这个困境不仅让当事人无能为力，而且还使当事人完全失去对自己生活的主动控制力④。霍夫（Hoff）等认为危机是一种由情境性、发展性或社会文化性的来源所引起的情绪的不安，它会导致个体暂时不能用惯常的模式解决机制

---

① 本书由“青岛啤酒‘重塑激情，成就梦想’四川地震灾区红十字心理援助计划”项目：重大灾害后心理干预的策略、方法、机制及实证研究（项目编号：09qdr1020）；青岛市教育局课题：心理健康教育促进工程（项目编号：RH1900009906）；青岛市教育科学“十三五”规划课题：大数据背景下师生心理健康促进研究（课题批准号：QJK135C448）资助。

② Caplan, G., *An Approach to Community Mental Health*, New York: Grune & Stratton, 1961, p. 18.

③ James, R. K., & Gilliland, B. E., *Theories and Strategies in Counseling and Psychotherapy* (5th ed.), Boston: Allyn & Bacon, 2003, pp. 336–338.

④ Belkin, G. S. , Introduction to Counseling (2nd ed.) , Dubuque, IA: William C. Brown, 1984, p. 424.

来对其进行应对[①]。布拉默（Brammer）则认为危机涉及一种生活解体状态，在这种状态中，当事人经历着重要生活目标的挫折，或是他的日常生活全面崩溃，应对压力源的各种方法完全失效[②]。

危机的产生一般要经历四个不同的发展阶段：当事人生活中出现某一重大变故，并做出判断，自己通常的应对机制能否顺利解决这一变故；随着事态的发展，紧张和混乱的程度不断增加，远远超出当事人的应对能力；随之产生的是对外部资源（如心理咨询）的需求；必须求助于专门的心理治疗，才能解决当事人主要的人格问题。至此，如果仍然没有寻求到专门心理治疗和外界援助，则可能陷入真正的危机当中。

综上，危机是当事人的一个认知或体验，即将某一事件或生活境遇认知或体验为超过自己当下资源及应对能力的无法忍受的困难。通常，危机一词指的是对这种状态的恐惧、震惊及悲苦的感受，而不是这种状态本身。

2. 危机事件的定义

罗森塔尔（Rosenthal）等认为危机事件是对一个社会系统的基本价值和行为架构产生严重威胁，并且在时间性和不确定性很强的情况下必须对其做出关键性决策的事件[③]。决策主体的根本目标受到威胁并且做出决策的反应时间有限，其发生出乎决策主体之外。福斯特（Forster）认为危机事件有四个显著的特征，即继续快速做出决策、严重缺乏必要的训练有素的员工、相关物资资料紧缺、处理时间有限[④]。

从汉语词义理解，危，危险；机，机会，危机事件即危险和机遇并存的事件。指各种原因引起人濒临死亡、生死难料的状态的事件。

因此，危机事件通常表现为一些突发性非常规事件，处于危机事件中的人们，会不同程度地出现认知、情感和行为上的功能失调，在群体和社会水平上出现混乱。

---

① Hoff, I. A., Hallisey, B. J., & Hoff, M., *People in Crisis: Clinical and Diversity Perspectives*, New York: Routledge, Taylor, & Francis Group, 2009, p. 4.

② Brammer, L. M., *The Helping Relationship: Process and Skills* (3rd ed.), Upper Saddle River, NJ: Prentice Hall, 1985, p. 94.

③ Rosenthal Uriel, Charles Michael T., *Coping with Crises: The Management of Disasters, Riots and Terrorism*, Springfield: Charles C. Thomas, 1989, p. 10

④ Forster, J., “The Psychiatric Emergency: Heading Off Trouble” , *Patient Care*, 1994, Vol. 28, p. 130.

3. 校园危机的定义

所谓校园危机，一般是指发生在或涵盖了学校区域，威胁到师生员工，尤其是儿童、青少年的身心安全，造成校园秩序混乱的极端事件。常见的校园危机事件有自杀、校园暴力、犯罪团伙活动、群体性踩踏事件、自然灾害（地震、洪水、台风、火灾、暴雪等）、药物滥用、哀伤与丧失、性和身体的虐待、急性医疗事故等。

4. 应用性危机领域

除校园危机外，还有几个重要的应用性危机领域：

发展性危机（developmental crisis）。是正常的人生过程中发生的一些事情，只是因为这些事件带有重大的人生转折意义而易于引起异常的反应。

情境性危机（situational crisis）。是指当事人生活中所发生的异乎寻常的事件，对这样的事件，当事人不可能以任何方式加以预见或控制。

生存性危机（exsistential crisis）。是指诸如目的、责任、独立、自由、献身等重大的人生问题所引起的内心的冲突与焦虑。

环境性危机（enviromental crisis）。当某一自然的或人为造成的灾难降临到某一个人或一群人身上时，这个人或这一群人因身陷其中，反过来又必将影响到其生活环境中所有的其他人。

社会性危机（social crisis）。社会性危机是对一个社会系统的基本价值观和行为架构产生严重威胁，并在时间性和不确定性很强的情况下必须做出关键性决策的事件。社会性危机的四大特点是意外性、聚焦性、破坏性和紧迫性。社会性危机本质上是具有政治性的多种因素的集成品，它总以惊人的速度聚焦于政府和领导者，是制度政策等复杂系统多余的副产品。

合法性危机（legitimation crisis）。也叫正当性危机，是指政治系统的存在及其命令失去了正当性与合理性，社会成员不愿意服从政治系统的命令、不认同政治系统的理念和行为，从而造成社会矛盾、冲突、动荡的危险状态[①]。

---

① ［美］理查德 · K. 詹姆斯、伯尔 · E. 吉利兰：《危机干预策略》，肖水源、周亮等译校，中国轻工业出版社 2020 年版，第 14—15 页。

第一节　危机后中小学师生心理与心理援助

一、危机后中小学师生心理状况

"5·12"汶川大地震是继唐山大地震之后，在我国发生的又一特大自然灾害事件。除自然灾害外，针对校园的暴力、胁迫、绑架以及凶杀、投毒、放火等突发事件，也呈现出增多的趋势，一些社会上的不法之徒，出于各种非法动机，不时把罪恶的双手伸向纯洁的校园，鲜血和恐惧破坏了校园的安全与宁静，玷污了神圣的校园，在孩子们幼小的心灵上留下了难以磨灭的阴影。

重大危机突发事件对人们造成的伤害常常是毁灭性的。它除了给当事人带来生理上的伤害外，更为严重的是给当事人带来精神上的破坏，造成当事人认知方式、情感表达、价值取向、生活信念以及对生命意义的看法等许多方面的负性变化。

据 WHO 调查显示，灾难之后，20%—40%的人会出现轻度的心理失调，这部分人一般不需要特别的心理干预，他们的症状会在短时间内得到缓解；30%—50%的人会出现中度至重度的心理失调，及时的心理干预和事后支持会缓解其症状；而在灾难发生一年时，20%的人可能会出现严重的心理疾病，他们需要长期的心理干预[①]。

正处在身心生长发育阶段的青少年，由于其心理承受力弱，阅历少，灾害所造成的心理创伤对他们的整个人生都将产生严重影响。危机容易使青少年产生巨大的恐惧，其熟悉的环境受到破坏、熟悉的人发生改变、熟悉的物品造成破坏或丢失，连同整个社会所呈现的不安、恐惧、悲伤、内疚等群体氛围，都对青少年的现实和未来的生活态度、生命价值观和人生理想产生着巨大的影响，并导致一系列行为的改变，如担心未来的灾难、对上学失去兴

① Woud Health Organzzation, Mental Health in Emergencies: Mental and Social Aspects of Health of Populations Exposed to Extremestressors, 2003(66), pp. 297-333.

趣、行为退化、睡眠失调和畏惧夜晚、随时会联想到与灾难有关的人物形象和场景等。

1.危机后心理障碍的类型及表现

灾害等危机后，很多青少年学生在面对被摧毁的惨景，或者目睹被暴力虐待等现象时，很容易产生一些身体上的不良反应。如容易恶心呕吐、头昏脑涨、睡眠障碍、胸闷眩晕、浑身无力、视觉模糊等。在恶劣的生存环境或者恐惧担忧的气氛和不良的生理状态下，青少年学生较易出现一系列的心理障碍，具体可分为以下三种类型。

（1）认知障碍

青少年学生认知障碍的主要表现是基本思维和逻辑运算能力的丧失，注意力的广度和集中性减弱；对人对事易产生怀疑感，即使是对自己的亲人和尊敬信任的老师也不例外；解决问题和处理事件的能力下降；对平日熟悉的事物产生部分的遗忘；再认能力降低，不能客观理智地分析和对待现实事物等。

（2）情感障碍

由于青少年学生年龄小、经历尚浅，因此尚不能适当地发泄和调整控制自己的情绪，容易出现恐惧、内疚、焦虑、烦躁、抑郁、愤怒、冷漠、沮丧、无助、否认、麻木等心理与精神疾病。

（3）行为障碍

青少年学生在行为障碍上主要表现为自我监控能力下降，容易出现拖延、退缩、逃避等行为。如灾害危机后很多学生会产生较强烈的厌学情绪，即使在学校，他们也不能专心学习、成绩下降很快。一些平时依赖性较强的学生会出现退行现象，或出现一些古怪的异常行为，对以往喜爱的事物不再感兴趣，说话和处理问题的方式发生突变，攻击性行为明显增加，甚至会出现自杀以及伤及他人的暴力行为等。

2.儿童创伤后应激障碍的发生率

在过去的几十年间，国内外心理学家对灾难和创伤所做的研究结果证实：在亲身经历了重大灾难之后，人们或多或少地会出现创伤后应激反应（post traumatic stress）；而如果这些应激反应得不到及时而又适当的心理干预，就会进一步发展成创伤后应激障碍（Post Traumatic Stress Disorder，PTSD）等心理疾病。PTSD 是个体在经历或目睹了创伤性事件后所引起的一种精神紊乱，以反复发生的闯入性创伤情景再现、持续的警觉性增高及对创伤相关情景的主动回避等为主要特征。PTSD 会导致延迟出现和长期持续的精神障碍，包含闯入、回避和唤起三大核心症状，并可引起明显的职业、心理和社会功能残疾，对个体社会功能、家庭生活和身心健康造成长期的破坏性影响。

PTSD 一般在精神创伤性事件发生后数天至 6 个月内发病，病程至少持续 1 个月，可长达数月或数年，从而有可能增加其他精神问题产生的风险，破坏正常的心理社会功能[①]。2018 年 8 月山东寿光发生洪涝灾害，陶明达团队 2019 年 9 月调查结果显示，整体上 PTSD 症状检出率为 15.6%（PTSD 值≥ 40），而 3 个月后整体上 PTSD 症状检出率为 26.1%（PTSD 值≥ 40），检出率提高了 10 多个百分点。创伤后应激障碍也是地震后一种常见的心理应激障碍。汶川地震发生后，我国研究者对灾区青少年 PTSD 的发生率进行了相关的研究，发现其 PTSD 的发生率为 21.8%，甚至地震发生 3 年后青少年的 PTSD 发生率仍高达 29.6%。而国外有研究表明地震发生 2—9 个月后心理应激障碍的发生率为 6.5%—51.0%，一年后的发生率为 16.5% 左右，很多受灾者的 PTSD 症状会伴随终生[②]。

地震、泥石流、火灾、雪灾、水灾、台风等自然灾害，SARS、新冠肺炎等流行性疾病，以及校园暴力等，易引发青少年产生 PTSD。Green 等报告，在 Buffalo Creek 坝坍塌发生后 2 年，12—15 岁的青少年 PTSD 的发生率为 59.45%[③]；Pynoos 等报告，亚美尼亚地震后 1.5 年，对 231 名 8—16 岁青少年进行调查研究，发现 PTSD 发生率为 69%[④]；Garrison 等报告，飓风袭击后 1 年，受灾青少年 PTSD 的发生率为 5%[⑤]；赵丞智等的研究发现，地震后 17 个

① ［美］理查德·K. 詹姆斯、伯尔·E. 吉利兰：《危机干预策略》，肖水源、周亮等译校，中国轻工业出版社 2020 年版，第 6—21 页。

② 周宵、伍新春、袁晓娇等：《青少年的创伤暴露程度与创伤后应激障碍的关系》，《心理学报》2015 年第 4 期。

③ Green, B. L., Lindy, J. D., Graee, M. C., et al., "Chronic Poattrau-matic Stress Disorder and Diagnostic Comorbidity in A Disaster Sample", *Nerv Ment Dis*, 1992, Vol. 180, pp. 760-766.

④ Pynoos, R. S., Coenjian, A., Tashjian, M., et al., "Post Traumatic Stress Reaction in Children after The Armenian Earthquake in Armenia", *Am Psychiatry*, 1994, Vol. 151, pp. 895-901.

⑤ Garrison, C. Z., Bryant, Addy, C. L., et al., "Post Traumatic Stress Disorder in Adolescents after Hurricane Andrew", *Journal of the American Academy of Child and Adolescent Psychiatry*, 1995, Vol. 34, pp. 1193-1201.

月，青少年 PTSD 发生率为 9.4%[①]；刘爱忠等对洪灾区 7—15 岁儿童进行 PTSD 鉴定，结果发现洪灾后 PTSD 的检出率为 17.7%[②]。从现有文献看，灾害后青少年 PTSD 的发生率不一致，而且差异很大。除了文化背景的差异、研究时间不同、取样不同等因素外，还受创伤事件性质的影响。Willson 提出 10 个具体的维度：对生命构成威胁的程度；亲人或其他重要方面丧失的程度；发生速度；创伤持续时间；是否被迫离开家人或家乡；创伤事件再次发生的可能性；再次发生时的暴露程度；在多大程度上目睹了死亡、濒死及毁灭；个人在创伤中的角色；各类组织和机构对事件的反应等[③]。

童年期是一个容易受到伤害的发展时期，儿童作为较为脆弱的个体，容易受到较深的伤害。儿童出现创伤后应激障碍以及与应激相关的障碍的风险更大。有研究显示，汶川地震后 5 个月，儿童 PTSD 的发生率为 10.21%，一年后为 6.1%[④]。

儿童会因负面事件而遭受到短期和长期的影响，有不少成人在童年期经历过各种形式的负面事件，而这些事件在本质上往往是创伤性的。儿童期的创伤会让人们付出很大的代价，除了经济的代价外，还可能让儿童丧失潜在的创造力。儿童创伤可以被治愈，但创伤不会自行治愈，创伤会越陷越深，深入儿童的防卫与应对策略中。儿童一再为他们所经历的创伤而受到损害，但只有少部分儿童能够接受精神健康机构的服务，所以我们有必要采取一些适当的方法对危机后儿童提供足够的帮助。

汶川地震后一年，有学者对 90 个症状项目中每个单项的阳性检出率（单项得分在 2 分以上为阳性项目）进行统计，结果发现：有 29 个因子的检出率达到了 60%。重大灾后青少年群体阳性检出率居首位的症状是“感到紧张或容易紧张”，其次依次为“惊恐”“害怕”“烦恼”“苦闷”等，这可能是以恐惧症或抑郁症为主要临床表现形式的一种神经质表现。调查表明，青少年“想

① 赵丞智、李俊福、王明山：《地震后 17 个月受灾青少年 PTSD 及其相关因素》，《中国心理卫生杂志》2001 年第 3 期。

② 刘爱忠、谭红专、周价：《洪灾区儿童创伤性应激障碍的流行病学研究》，《中国公共卫生》2003 年第 4 期。

③ 转引自汪向东、高岚：《灾害后的精神及行为障碍》，《中华精神科杂志》1999 年第 3 期。

④ 曹日芳、赵国秋、汪永光等：《汶川大地震后青少年创伤后应激障碍的发生率及影响因素研究》，中国心理卫生协会第二届中青年心理卫生学者学术研讨会，2009 年，第 1—4 页。

结束自己的生命”因子的检出率高达64.6%，说明重大灾害后青少年的心理健康问题亟待解决[①]。

通常人们把危机或灾难划分为几个阶段，有的划分为灾难发生期、灾后重建期和灾后成长期；有的将其划分为灾难预报期、灾难降临期、灾难后初期、灾难后晚期和灾难后长期。

创伤可能发生在任何年龄阶段，包括儿童。但是由于儿童生活经验和知识的缺乏，因此容易把生活中的问题和事件严重化，过分顾及事件的不良后果。由于其生命观与成人相比是不成熟的，大多数幼小的儿童或部分大一点的青少年难以对生命有深刻的理解，对死亡也没有更深的体验，甚至以为人死了还能复生，所以起初灾难危机给他们所带来的影响并不明显。但意志力薄弱更是当前一些青少年成长中一个比较突出的问题，一个不太大的刺激在其看来就可能是一个无法承受的打击，更不用说是重大危机事件的打击。因此，当儿童出现症状时就说明问题已比较严重了，会导致其人际关系、角色或日常生活的混乱，使儿童受到更大的创伤。

3. 危机后教师心理援助前后心理健康状况的比较

以往研究表明，中小学教师是承受较高压力的群体，危机后的负性心理反应使教师长期处于精神压力之下，深感心力交瘁，极易产生明显的消极情绪，有的甚至有放弃角色职责的意愿，导致教学热忱降低，影响到学生身心平衡与发展。

2008年“5·12”特大地震，不仅摧毁了灾区的物质家园，也摧毁了许多人的精神家园。灾区群众的心理状况受到了社会各界尤其是心理学界的极大关注，各种形式的心理援助迅速开展。2020年突遇新冠肺炎疫情，教师的身心也受到了冲击，教师们的授课方式和与学生的交往沟通方式发生了明显的变化。教师作为兼具危机发生后的学生施教者和自身受害者双重身份的特殊群体，其身心健康状况既关系到自身发展又影响到学生的健康成长，但却缺乏对教师群体进行持续性的跟踪研究和服务。青岛心理援助工作站在汶川地震发生后持续性地在北川羌族自治县几所中小学（幼儿园）实施了系列的心理干预研究。对教师的心理干预方法主要包括以下几个方面：①制订分类

---

① 欧阳新辉、雷慧、涂绍生等:《重大灾害后青少年心理康复的体育干预策略及实证研究——以汶川地震部分寄读学生为例》,《中国特殊教育》2009年第6期。

心理干预计划。对全体教师进行心理测评并建立心理档案，根据测评结果将教师分为严重危机状态、一般心理障碍和暂时性心理问题。根据不同心理状况制订相应的干预计划。②心理讲座。根据教师在每个阶段的不同心理行为表现，安排压力舒缓、心理疏导、教师工作能力提升等不同主题培训，满足教师的不同心理需求。③心理旅游。利用3年的时间，分批次安排教师到青岛参加异地心理夏令营，在游山玩水间穿插心理拓展活动，愉悦身心、恢复自我、增长能量。④团体培训。根据不同阶段的具体心理状况举办不同主题的团体培训活动，建立沟通桥梁、提供情感支持，建构支持系统，促使其建立归属感，通过团体动力解决个人问题。⑤个体咨询。针对个别教师的特殊情况，采取有针对性的援助措施，通过面谈、网络、电话等途径，利用各种专业技术，实施一对一心理咨询服务。并分别于2008年11月和2011年11月对重灾后的陈家坝小学、陈家坝中学、任家坪小学（曲山镇小学）等60名教师进行心理测试（有效问卷48份）。测评采用SCL-90症状自评表。统计处理使用Spss软件系统，并用Excel进行了辅助的数据分析。结果显示（见表1-1），2008年北川学校教师在各因子上皆高于全国成人常模，且各因子均有显著性差异（P<0.01，P<0.001）；2011年北川教师除人际关系因子、偏执因子外，在各因子上均高于全国常模，且有显著性差异（P<0.01）；2011年北川教师各因子上均低于2008年北川教师，且除焦虑因子外，均有显著性差异（P<0.01，P<0.001）。

北川男教师2011年和2008年的比较（见表1-2）：2011年各项因子得分均低于2008年，且有显著性差异；2008年除精神病性、恐怖症状外，其他各因子都呈阳性，抑郁、焦虑症状突出。

北川女教师2011年和2008年的比较表（见表1-3）：2011年各因子得分均低于2008年，在焦虑、精神病性、偏执、强迫症状、躯体化、抑郁因子上有显著性差异（P<0.05），在敌对、恐怖、人际关系敏感因子上没有显著性差异；2008年除敌对、恐怖外都呈阳性；2011年女教师躯体化症状显著改善，强迫症状取代躯体化症状位居首位。

北川教师2008年男女之间的比较（见表1-4）：女教师在焦虑、精神病性、恐怖、躯体化、抑郁因子上略高于男教师，其他因子上略低于男教师，但无统计学意义。

表 1-1　北川学校教师 2008 年、2011 年 SCL-90 评定与中国常模的比较

因子名称	2008 年北川教师①（n_1=48）	2011 年北川教师②（n_2=48）	中国常模③（n_3=1388）	①③ t 值	②③ t 值	①② t 值
躯体化	2.22 ± 1.01	1.65 ± 0.58	1.37 ± 0.48	11.72***	4.46**	3.73***
强迫症状	2.59 ± 1.04	1.94 ± 0.72	1.62 ± 0.58	11.31***	4.25**	3.87***
人际关系敏感	2.21 ± 0.94	1.64 ± 0.53	1.65 ± 0.51	7.46***	−0.12	4.03***
抑郁	2.35 ± 0.93	1.71 ± 0.57	1.50 ± 0.59	9.88***	2.79**	4.45***
焦虑	2.29 ± 0.95	1.64 ± 0.53	1.39 ± 0.43	13.75**	4.47**	4.56
敌对	2.11 ± 0.91	1.66 ± 0.56	1.48 ± 0.56	7.60***	2.57**	3.20**
恐怖	1.94 ± 0.88	1.52 ± 0.55	1.23 ± 0.41	11.50***	5.44**	3.07**
偏执	2.23 ± 0.93	1.59 ± 0.54	1.43 ± 0.57	9.65***	2.19	4.53***
精神病性	1.96 ± 0.81	1.50 ± 0.41	1.29 ± 0.42	10.60***	3.95**	3.89***

注：**P<0.01，***P<0.001。

表 1-2　北川学校男教师 2008 年、2011 年心理状况比较

因子名称	2008 年男老师（n_1=36）	2011 年男老师（n_2=36）	t 值
敌对	2.218 ± 0.881	1.774 ± 0.557	2.42*
焦虑	2.325 ± 0.991	1.721 ± 0.560	3.03**
精神病性	1.958 ± 0.856	1.539 ± 0.447	2.49*
恐怖	1.956 ± 0.928	1.454 ± 0.526	2.69*
偏执	2.269 ± 0.989	1.613 ± 0.454	3.47**
其他	2.306 ± 0.956	1.797 ± 0.681	2.45*
强迫症状	2.633 ± 1.127	1.961 ± 0.670	2.92**
躯体化	2.228 ± 1.035	1.770 ± 0.681	2.10*
人际关系敏感	2.256 ± 1.002	1.607 ± 0.483	3.36**
抑郁	2.359 ± 0.979	1.701 ± 0.517	3.41**
总均分	2.263 ± 0.904	1.701 ± 0.486	3.14**

注：**P<0.01，***P<0.001.

表 1-3　北川学校女教师 2008 年、2011 年心理状况比较

因子名称	2008 年女老师（n_1=12）	2011 年女老师（n_2=12）	t 值
敌对	1.833 ± 0.989	1.579 ± 0.556	0.81
焦虑	2.275 ± 0.836	1.575 ± 0.512	2.63*
精神病性	2.017 ± 0.673	1.472 ± 0.390	2.55*
恐怖	1.988 ± 0.789	1.572 ± 0.561	1.62

续表

因子名称	2008 年女老师（n_1 =12）	2011 年女老师（n_2=12）	t 值
偏执	2.237 ± 0.791	1.569 ± 0.605	2.57 *
其他	2.145 ± 0.733	1.659 ± 0.603	1.99
强迫症状	2.575 ± 0.748	1.922 ± 0.771	2.51 *
躯体化	2.292 ± 1.023	1.551 ± 0.482	2.32 *
人际关系敏感	2.157 ± 0.766	1.670 ± 0.570	1.95
抑郁	2.430 ± 0.772	1.718 ± 0.609	2.79 *
总均分	2.229 ± 0.745	1.634 ± 0.507	2.47 *

注：*$P<0.05$。

表 1–4　2008 年北川男教师和女教师心理状况比较

因子名称	2008 年男教师（n_1 =36）	2008 年女教师（n_2=12）	t 值
敌对	2.218 ± 0.881	1.833 ± 0.989	1.305
焦虑	2.325 ± 0.991	2.275 ± 0.836	0.169
精神病性	1.958 ± 0.856	2.017 ± 0.673	−0.200
恐怖	1.956 ± 0.928	1.988 ± 0.789	−0.108
偏执	2.269 ± 0.989	2.237 ± 0.791	0.108
其他	2.306 ± 0.956	2.145 ± 0.733	0.546
强迫症状	2.633 ± 1.127	2.575 ± 0.748	0.197
躯体化	2.228 ± 1.035	2.292 ± 1.023	−0.217
人际关系敏感	2.256 ± 1.002	2.157 ± 0.766	0.336
抑郁	2.359 ± 0.979	2.430 ± 0.772	−0.241
总分	203.639 ± 81.369	200.500 ± 66.981	10.641 **
总均分	2.263 ± 0.904	2.229 ± 0.745	0.115

注：**$P<0.01$。

表 1–5　2008 年与 2011 年北川学校教师各因子≥ 3 筛查结果

		躯体化≥ 3		强迫症状≥ 3		人际关系敏感≥ 3		抑郁≥ 3		焦虑≥ 3		敌对≥ 3	
	n	人数	%	人数	%	人数	%	人数	%	人数	%	人数	%
2008 年	48	15	31.25	18	37.5	9	18.75	15	31.25	12	25	9	18.75
2011 年	48	2	4.69	6	12.5	2	4.16	3	6.25	1	2.08	3	6.25
		恐怖≥ 3		偏执≥ 3		精神病性≥ 3		其他≥ 3					
	n	人数	%	人数	%	人数	%	人数	%				
2008 年	48	8	16.67	13	27.08	8	16.67	10	20.83				
2011 年	48	2	4.69	1	2.08	0	0	4	8.33				

北川学校教师2008年和2011年测出的阳性情况，从表1–5可知，各因子在≥3中等程度以上的症状中，2008年位列前三的因子为强迫症状、躯体化和抑郁，比例分别为37.5%、31.25%、31.25%，其余第四至第九的排列为偏执、焦虑、敌对、人际关系敏感、恐怖、精神病性。2011年比较突出的因子为强迫症状，但所占比例为12.5%，已大幅下降。

2008年调查研究结果显示，北川学校教师SCL–90各因子分均显著高于中国成人常模，且强迫症状、躯体化、抑郁三个因子症状表现突出，说明2008年底北川学校地震重灾区教师的心理状态非常不好。可能与以下原因有关：第一，调查教师地处四川2008年“5·12”特大地震重灾区，基本居住在学校附近或老北川县城，很多教师出现直系亲属或其他亲属身亡，突如其来的丧亲，让很多教师面临心灵重创。第二，所有教师财产全部或部分被毁，地震后居住在板房区，节假日则到江油、绵阳等附近城市租房居住，居无定所让许多教师心理上缺乏安全感，加上当时教师工资较低，经济压力大，未来家园在哪里以及拿什么建设家园都成为沉甸甸的现实摆在每一位教师的面前。第三，地震灾难过后，教师担负着教学任务和安抚学生的任务，地震后部分学生表现为迟钝、幻听，有些学生变得难以管教，老师普遍感到教学压力比地震之前加大。亲人丧失、重建家园、教书育人等多渠道压力让许多老师的情绪难以宣泄，表现出强迫症状、情绪焦虑、抑郁，在其他各因子上也表现出身体不适、易激惹、容易偏激，导致人际关系紧张，表现敌对情绪。

对2011年和2008年调查研究结果比较后显示，2011年北川重灾区学校教师除焦虑因子外，其他各因子得分显著低于2008年各因子得分。说明2011年北川教师心理状态在朝良性方向发展。原因可能如下：第一，自身愈合。随着时间流逝，教师的工资待遇得到提升、家园安置渐有眉目，失去配偶的教师有些已重组家庭，新的人生目标开始确立，教师心底的伤口在慢慢平复。第二，全方位的心理援助。汶川大地震发生后，青岛啤酒集团通过青岛市红十字会资助160余万元在四川实施心灵家园建设项目，此项目由青岛大学牵头组织实施，整合国内外心理专家资源，在陈家坝和曲山镇设立了心理援助工作站，制订了系统的心理援助计划，面向不同的群体开展了个体心理咨询、团体培训、心理旅游等有针对性的干预措施，并对部分特殊群体进行了长期跟踪干预研究，其间也有其他社会团体参与进来，给教师的心理成长灌注了新的希望和力量。第三，学校及社会、家庭逐渐趋于稳定。生活的继续，学习生活步入正轨，社会援助的及时到位，焕然一新的校舍，先进的教学设施，陪伴于身边的志愿者，都营造了安静祥和的氛围，有利于创伤的恢复和疗愈。

2011 年调查研究结果和中国常模比较显示，北川重灾区学校教师在各个因子上与中国成年人常模在 0.01 水平上存在显著性差异，从结果可见，2011 年教师心理问题主要集中在强迫症状、抑郁和敌对上。可能与以下原因有关：一是家庭重组所带来的家庭成员磨合和适应问题。对逝者的思念甚至歉疚，对家庭新成员的接纳和认同，对自己家庭新角色的定位，种种感情和困惑交织在一起，成为灾后新家庭急需解决的问题，解决不好，随时面临矛盾和压力。二是教学任务的繁重。地震之后，许多单位人员损失惨重，一些骨干教师被抽调补充或流动到其他地方和岗位，学校教师面临人员减少的困境。而震后学生出现了各种新状况，有些变得迟钝、理解能力降低；有些认为命保住了，其他的无所谓，学习劲头减低；有些因为亲人丧失等原因心理受到重创，短时间难以恢复而出现种种心理障碍，比如厌学、情绪抑郁、暴躁等。按照国家中小学教育的进度要求，教师需按时完成工作任务，中间层的老师压力很大，有些教师得不到及时疏导，心理危机依然存在。

各因子 ≥ 3 的筛查结果表明，2008 年因子比较突出的症状是强迫症状、躯体化和抑郁，2011 年因子突出的症状为强迫，躯体化和抑郁问题已不是很明显。此结果进一步证实了在 3 年多综合性、持续性的心理援助作用下，教师的心理状况有了明显改善。但进一步的心理援助仍有必要，国外有研究表明，女性终生患创伤后综合征应激障碍的比例是男性的 2 倍（10.4%：5.0%），已婚男性多于未婚男性（6.1%：1.9%）。

汶川“5・12”特大地震发生后，在全国人民的大力支援下，地震灾区迅速启动了重建家园的系统工程，但对心灵家园的康复之路将是漫长的。四川省教育科学研究所曾宁波、赖长春课题组应用台湾学者赖念华的创伤后应激障碍症状诊断问卷，分别在地震半年后和一年后对灾区教师进行调查。结果显示，教师创伤后应激障碍各个维度的得分都较高，其中情绪、态度和行为的衰退状态达到了较为严重的程度，部分教师人格解体，社会功能受损。借鉴国外的经验，重大灾害或危机突发事件后，有必要在政府的大力支持和各方的参与下，统筹安排，援助培训当地稳定的心理救援力量，结合本土文化，制定长期心理干预策略。世界卫生组织专家断言，没有任何一种灾难能像心理危机那样给人们带来持续而深刻的痛苦，卷入灾难的所有人都会留下心理阴影，区别只是在于程度的轻重[①]。巨大的灾难给人们的头脑留下深深的印记，在今后复杂情况下，这种印记可能会被唤醒，心理创伤有加重或反复的可能性，而心理创伤的恢复和重建阶段可能需要几个月乃至几十年的时间。因此面向学校、社区或政府部门，分层次、多渠道、多领域的适时的、系统的、长期的、科学的心理援助就显得越发重要。

二、危机后中小学心理援助的阶段

在经历了重大灾害和突发灾难等危机事件巨变后，儿童会产生许多异常反应。一些起初看起来没有什么问题的孩子，在危机发生后数周、数月，甚至数年逐渐表现出来。危机发生后，心理救助不能仅凭此时此地的儿童状况就轻易断定其心理造成的创伤程度，如何根据变化了的儿童心理环境及心理需求实施科学有效的心理关爱和帮助是灾后心理重建的一项意义深远的任务。

“5·12”汶川地震后，死亡群众的家属和受伤的灾民以及其他需要心理援助的灾民不下 50 万人，其中大部分是中小学生。无论是自然灾害还是其他生活突发事件，对儿童的影响往往大于成人。许多研究表明，同样的灾难对于中小学生的心理影响要远远大于成人。孩子们年龄小，心智发展不成熟，应对危机的方式单一。他们容易产生更大的问题，在心理上可称为“弱势群体”。汶川特大地震造成许多灾区家庭破碎、结构缺失，失去家庭正常依靠的青少年作为地震阴影下的高危人群，对其进行心理重建以协助其走出地震阴霾，是重建家园过程中的重中之重。因此，通过对汶川大地震、米脂学校杀人案等重大危机的研究，有助于进一步探讨灾难危机后中小学生心理危机的干预模式，掌握重大灾害后儿童青少年的心理变化规律，为抚平孩子们心灵上的“灾害”奠定良好的基础。

综合国内外的研究表明，灾难等危机发生后中小学生心理发展阶段一般经历否认、愤怒、抑郁、逐渐平复或产生心理障碍四个阶段，同时伴有认知障碍、情感障碍和行为障碍等不良心理反应。

---

① 姚玉红:《地震灾后心理危机干预》,《现代预防医学》2008 年第 12 期。

1. 否认阶段

这个阶段的青少年正在面临灾难所带来的一切后果，对亲人和同学的离散、死亡、房屋的倒塌、自己心爱物品的损坏等都采取否认的态度。他们麻木、困惑，不承认现有事实，不相信眼前的一切。这个阶段的青少年学生感到无助，极度缺乏安全感，行为回避和退缩。

2. 愤怒阶段

当青少年在这个阶段不得不承认已有现实，比较清楚地认识到灾难已经发生及自己和家人所遭受的不幸时，就会产生强烈的愤怒感。如情绪急躁、激动，有的甚至抓狂。他们会产生“这对我不公平”“我为什么这么不幸”等想法，更有甚者会转化为痛恨。

3. 抑郁阶段

强烈愤怒过后是深深的无助感与孤独感。青少年开始逐渐冷静下来，在这个阶段，他们会产生很多负面的情绪问题，并以消极的方式抵抗着这次灾难。青少年学生开始变得不爱说话，不愿意与他人进行接触和交往，会经常独自一人掉眼泪或呆坐，并出现一系列生理问题，如吃不下饭、睡不着觉、头痛或四肢无力等。有的青少年还会为自己没有救出亲人或是同学而感到内疚，甚至出现自闭的现象。

4. 逐渐平复或产生心理障碍阶段

在此阶段可能会出现两种情况。中小学生们如果在前三个阶段自我心理调节和外界心理干预较好，就会接受事实，并能够客观地认识本次危机，心理逐渐平复。他们开始对自己的未来充满希望，重新鼓起生活的勇气，认识到生命的价值，这类青少年学生的生活会慢慢步入正轨。但如果前三个阶段进行得不好，有的就会出现一系列的心理和精神障碍。最典型的反应是创伤后应激障碍，它能够诱发恐惧、无助或恐怖。患有创伤后应激障碍的学生会在头脑中反复地出现对地震或其他灾害危机的痛苦回忆。他们情感麻木、对人冷漠，对生活没有兴趣，对未来失去信心，并伴随着生理上的高度觉醒。

汶川发生特大地震后，大量的心理援助在灾区出现，为灾后恢复重建做出了贡献。但据调查，地震发生一周年后，留在灾区的心理援助人员不到地震发生一月内的 10%；二周年后大量心理援助人员撤离了灾区，留在灾区的不到 1%；五周年后基本全部撤出灾区，只有零星的队伍或不定期的志愿人员参与。本书作者所带领的心理援助服务队，在汶川地震发生后，用爱心、专业和奉献，在企业和社会的爱心捐助下，一直坚持在灾区的心理援助工作，对灾区进行了系统的心理援助，特别是对灾区学校进行了持续至今的心理援助，并取得了大量第一手资料，进行了系统的、长期的科学研究实践。

一般来说，人们将地震等灾害对人们的心理损伤分为灾后初期心理损伤、灾后中期心理损伤、灾后长期（安全期）心理损伤三个不同创伤时期，相应地，灾后心理援助阶段可以分成三个阶段即灾后初期心理援助、灾后中期心理援助和灾后长期心理援助（见表 1–6）。

表 1–6　学校心理援助阶段

灾后初期心理援助	灾后中期心理援助	灾后长期心理援助
灾后 24 小时—3 个月内	灾后 3 个月—1 年内	灾后 1 年—数年

对中小学学生危机后的援助主要集中在危机后的安抚、救助、复课和日常生活秩序的恢复上。地震等危机突然发生后，青少年处于恐惧、麻木和紧张之中，许多心理援助志愿者及时来到学校或灾区，通过慰问、游戏、文体活动、社会支持等援助手段，陪伴他们度过危机发生后的艰难时期。

三、新冠肺炎疫情中的心理援助

2020 年新冠肺炎疫情暴发后，心理学界展开了一系列的心理援助。主要通过网络咨询的形式进行，如开通热线电话，利用微信、QQ、邮箱、钉钉及腾讯会议等语音、视频会议等形式，进行远程心理咨询，并通过录制和直播网络视频公开课，发布文字资料、宣传资料，进行病毒知识和有关抗击新冠肺炎疫情的心理防护方法的介绍和传授，进行全方位的公益心理援助。许多权威的心理学家和众多心理学工作者，充分挖掘和运用自己的优势资源，毫无保留地把知识和技能奉献给社会。国家新冠肺炎防控办公室、国家卫健委等各级政府部门下发了专门的疫情期间心理干预指南，有力地规范和指导了全国心理援助工作有条不紊地高质量运行。可以说，从 2020 年开始的针对新冠肺炎疫情的心理援助是我国迄今最为规范的心理援助，也是采用网络咨询最为集中的一次心理援助，但受疫情封控的影响，援助效果也受到一定的阻滞。截至 2022 年 5 月，一些针对中小学青少年的心理援助不间断地进行着，尤其是 2020 年复学复课，以及 2022 年春季学期发生在学校内的大面积隔离状况，针对中小学生的心理援助也迎来了前所未有的热度，青少年成为家庭、学校和社会普遍关注的群体之一。

第二节 国内外学校危机心理援助的经验与启示

一、国外学校危机心理援助的经验与启示

1. 美国校园危机干预模式

美国是世界上危机管理最为发达的国家之一。特别是“9·11”恐怖袭击事件发生以后，美国对于危机事件的干预观念发生了深刻的变化，已经有了一套相对完善的危机应对体系。

防止学生产生心理危机最重要的不是关注危机本身而是应该更多地关注学生心理危机发生的原因，这样方能做到防患于未然。虽然危机只在一瞬间发生，但在危机事件发生之前，可能已经酝酿了很久。为此，了解青少年学生在什么样的情况下容易产生心理危机，有助于更好地进行危机预防和干预。

美国校园危机干预模式是在预防理论指导下建构的一套干预工作模式。该模式认为校园危机不仅仅影响某个或某些当事人，而且还会影响甚至改变整个学校的生态结构。该模式倾向于把学校看成一个整体，以学校的心理咨询员、管理者、教师等基本力量组成危机干预队伍，结合其他社会力量，制定校园危机管理方案，提供结构化的程序和安全环境来解决青少年学生和学校教职员工面临重大的丧失与危机后的心理问题[①]。

美国校园危机干预模式的理论基础是 Caplan 的预防理论。预防理论的核心思想是：从长远看，预防疾病要比疾病或问题发生后再进行个体治疗效率

① 刘陈陵、郭兰:《美国校园危机干预模式探析》,《高等教育研究》2008 年第 12 期。

更高、效果更佳[①]。20 世纪 50 年代以来，从地方到国际社会普遍认为，对创伤性生活事件提供精神卫生方面的支持是必要的，仅认识到危机干预反应性策略的重要性是不够的，还要认识到发展积极的、系统的、预防的危机干预模式的重要性。

（1）校园危机干预应在三级水平上进行

波兰德（Poland）认为学校应将危机管理与预防结合起来考虑，校园危机干预应在三级水平上进行[②]。

初级预防性干预。指为预防危机发生，学校要制订危机管理计划，对学校全体人员进行宣传教育。教育内容包括：人际关系的处理、冲突问题的处理、枪支使用与驾车安全、酒精毒品教育、自杀预防计划和青少年父母援助等。

二级预防干预。指危机发生后学校要及时采取行动，避免潜在危机升级，如将学生带到安全区域，对有心理干预需要的人员在危机干预的黄金时间立即进行干预。组织班级对发生在学校或者家庭的死亡或丧失进行讨论、通知父母、应对媒体等。

三级预防干预。指学校专业人员要积极修复危机造成的创伤，对遭受严重危机的当事人提供长期的、追踪式的帮助，如对自杀者的朋友在随后一年里进行干预和支持。

（2）建立以学校人员为主体的，多学科危机干预团队

以前由社会心理健康专业人士为受危机影响的儿童青少年提供主要的心理健康服务，而如今此种服务体系已无法满足日益增长的需要，于是在过去的基础之上开始依靠学校系统的专业人士来提供这些服务。学校危机预防和干预的任务是重大的、复杂的，以本校员工为基本团队，相互之间的协作进行是有效干预的关键。

校园危机管理团队由不同学科背景的人组成，包括学校管理者、负责学校心理咨询的老师、校工、学校护士、教辅人员等。学校也可以请一些有经验的社区机构专业人员（如医护人员、心理健康工作者或警察等）充当学校

① Caplan, G., *Principles of Preventive Psychiatry*, New York: Basic Books, 1964, p. 18.

② Poland, S., *School Crisis & Youth Violence: Lessons Learned, Houston, TX: Cypress—Fairbanks Independent School District*, Department of Psychological Services, 1999, p. 6.

危机干预团队的顾问。校园危机干预团队大小可根据学校的规模与社区的大小而变化，通常是4—8人。团队太大会使管理复杂，反应速度变慢；而团队太小则容易在一些方面人力不足。

（3）明确专业人员校园危机干预角色

虽然美国学校心理学家和心理咨询员一直都在为高危学生提供心理咨询帮助，但1990年前他们在学校危机干预中的责任并没有清晰界定。美国学校咨询协会（ASCA）指出："传统学校心理咨询员的主要角色是在危机事件发生过程中和发生之后提供直接的心理咨询服务。"现代学校心理咨询员的任务除了传统的评估和咨询之外，还要"帮助家庭和学校应对危机，例如分离和丧失"，"广泛调动学校人员的主动性，促进学校的安全与效率"和"推进药物滥用干预等主题计划"以及"危机管理"等。

（4）制订全面的、结构化的校园危机管理计划

校园危机管理计划是学校对可能发生的校园危机以书面的形式预先建立的一系列结构化程序或行动指南。一个全面的校园危机管理计划应当阐明学校在保护维系生命、减少情感创伤、帮助师生从创伤中恢复并最小限度地减少人员的伤亡和设施的毁坏等方面计划，还要说明校园危机团队的人员构成与对应的责任，明确干预的基本程序等。1990年后，美国的专业人士致力于用立法程序来明确学校在危机干预中的责任，倡导学校建立危机管理计划，如南吉利夫尼亚州已通过立法要求该州所有学校制订危机管理计划。

（5）发展系统化、网络化的学校危机干预模式

由于美国复杂的地理因素与经济发展和人口因素，校园危机干预存在着许多协作方面的问题。美国较大城市的一个社区一般有多个校区，有些学区或学校由于种种原因，能够获得的心理咨询资源和技术十分有限。因此，纽格斯（Newgass）与斯科菲尔德（Schonfeld）建议在社区成立三个不同层次的危机管理团队：社区危机管理团队、学片区危机管理团队和校园危机管理团队[①]。将当地的多方面资源与学校系统的资源通过社区整合在一起。根据波兰德（Poland）的三级预防干预理论，将不同干预水平的任务与不同等级的团队

① Newgass, S., & Schonfeld, D. J., "School Crisis Intervention, Crisis Prevention, and Crisis Response", *in Crisis Intervention Handbook*, A. R. Roberts (ed.), New York: Oxford University Press, 2005, pp. 499–518.

相结合，形成一个系统的干预网络，为学校危机干预建立长效机制[①]。这种在更大范围内为社区学校系统建立的学校危机干预模式，代表着美国校园危机干预模式的新发展。学校危机响应模式提供了一个系统的组织、分配步骤和程序，为快速而协同的干预反应提供了一个工作框架。

（6）整合性美国校园暴力危机干预模式

校园暴力是美国教育所面临的一项严峻问题。由于种族差异、文化背景、贫富差距等问题，美国的校园暴力问题尤为严重。据统计，美国每天大约有160,000名学生因为校园暴力而旷课甚至辍学。校园暴力对学校、学生以及家庭、社会都产生了极为严重的后果。如何预防及阻止校园暴力发生，减少其对学生和家庭造成的危害，美国近年来逐渐探索出一条整合性治理路径。

第一，美国从中央政府到各州政府都给予了各个维度上的支持。从中央政府的角度来说，在经费和政策上给予支持，采取种种措施和手段，保障学生人身和财产安全。各种全国性组织如国家学校安全中心（The National School Safety Center）、美国公共健康协会（American Public Health Association），大学的教育学院、医学院，以及卫生部门等研究机构都有专业人员研究校园暴力的防治，在全国范围内建立跨学科、跨部门的联系，形成校园暴力治理的理论研究和实践操作体系。各州通过相关法律加强对校园暴力的控制和防范，如纽约州2004年制定的《反暴力促校园安全法》，针对校园暴力的预防、危机干预等进行了明确的规定。

第二，发挥学校、家庭、社会各个监督和预防主体，建立多维度、多方面的校园暴力监督预防与干预机制。从学校的层面上，加强对枪支、刀具等金属物体的监管，从施暴工具层面减少暴力发生的可能性。在学校范围建立"无欺侮项目"（Bully Free Program），该项目旨在告诉学生这样一条"黄金法则""你想让别人怎样对待你，你就应该怎样对待别人"，让学生学会移情和富有同情心，帮助施暴者改变自己的行为。

从家庭的角度，建立有效的家校合作机制。美国建立以学校为中心，各学生家长共同参与的学生监管与保护的机制，使学校和家庭这两个直接与学

① Poland, S., *School Crisis & Youth Violence: Lessons Learned, Houston, TX: Cypress—Fairbanks Independent School District*, Department of Psychological Services, 1999, p. 6.

生接触的元素紧密结合，从而减少校园危机发生的机会。家长定期参加教育论坛的学习和讨论，对学生异常的行为与表现进行初步干预，将校园暴力的危机扼杀在萌芽或初期阶段。

从社会的角度，校园暴力的多发地区主要在贫困地区。由于社区配套设施破旧或不完善，学生父母失业、离异、丧失的概率较大，学生成长在暴力和生存资源匮乏的环境中，容易滋生暴力倾向或其他的反社会行为。美国在向贫民区增加社会福利、资源投入的同时，加大了贫民区的文化建设，减少了暴力因子滋生的根源。

第三，建立监督与预警机制。美国教育部专门出版小册子《尽早预警，及时应对：安全学校指导》(*Early Warning,Timely Response：A Guide to Safe Schools*)。小册子详细列出了处于危险之中的学生的种种迹象和标志，囊括了安全学校的各项指标体系。每一位同学、家长、学校员工一旦发现异常情况都有义务报告给学校的咨询者、管理者、心理专家等以便积极采取措施。

第四，在校园暴力发生后，对事件双方进行多元化的干预。当校园暴力发生以后，学校应建立危机反应和临时救助小组，制定多元系统干预方案，从多个角度针对学生的行为进行分析，不仅调查校园暴力行为本身，还要调查引起校园暴力行为的家庭、学校、社区原因。例如，对于家庭的治疗方案主要包括帮助家庭增强凝聚力、改进孩子的行为方式、提高其社会技巧。在分析孩子暴力行为的家庭原因时，充分考虑其家庭的文化背景、价值观等多重因素。许多专家一致认为在校园暴力发生后，应平衡惩罚与给予学生继续学习的机会之间的关系。当发生校园暴力后，教育工作者应利用这次机会，来帮助当事者和全校学生从中吸取教训，逐步引导学生认识暴力行为的危害，并制订计划帮助学生学会控制冲动行为的技能。

美国校园危机干预模式是针对公立中小学危机干预发展起来的一套成熟的工作框架，经过多年的发展，逐渐走向成熟。美国国家、地方管理部门和专业团体正通过各种渠道向学校提供各类校园危机干预指导手册。尽管美国的校园危机类型有一部分不同于中国，如枪击或武装入侵在中国学校极为罕见，干预方式也因国情与环境不同而有所差别，但美国校园危机干预理念值得我们学习和借鉴，以发展出一套适合我国国情和环境的校园危机干预模式[①]。

2. 日本的危机事件处理政策

日本地处环太平洋火山地震带，地壳运动活跃，又处在季风和洋流交汇处，一直受到地震、台风等自然灾害的影响。因此，作为危机频发的国家，灾害危机的应对成为日本需要经常面对和重视的问题，经过长期的自我建设与发展，该国形成了比较完善的灾害应对策略。

（1）完备的常设机构

日本对灾害危机高度重视，成立了"防灾省"，"中央"设有防灾担当大臣，建立了从中央到地方的防灾信息系统及应急反应系统。日本的危机事件处置机构体系有常设机构和临时应急机构。常设机构有安全保障会议、中央防灾会议、内阁应急事务和危机管理专门机构。临时机构则针对不同紧急事态而设。内阁总理是危机管理的最高指挥官，内阁官房负责同各个政府部门进行整体协调和联络，并通过安全保障会议、内阁会议、中央防灾会议等决策机构制定危机对策，由警察厅、防卫省、海上保安厅和消防厅等部门根据具体情况进行配合实施。这就从管理上改变了原先中央职能部门在危机处理中各自为政的横向分割局面，使平常分散在各个职能部门的资源能迅速优化配置，降低危机事件所造成的成本，提高了对危机事件的管理能力。

（2）健全的法律法规

1947 年日本颁布了战后第一部关于应对灾害的法律——《灾害救助法》。1961 年，日本颁布了防灾减灾的基本大法——《灾害对策基本法》。这部法律是日本防灾减灾抗灾法规的"总宪章"。其他减灾法规均在这部法律上展开。每一次重大灾害发生后，日本往往就会制定出一部重要法律。根据其内容与性质，分为灾害对策基本法、灾害预防和防灾规划基本法、灾害紧急对应相关法、灾后重建和复兴法以及灾害管理组织法五大类。

（3）完善的灾害应急系统

一旦发生灾害，日本的中央和各级地方政府迅速收集受灾范围和程度等信息，全面掌握灾情，并将相关信息传递给各级部门和受灾群众。根据法律，一旦灾害发生，受灾地区的各级政府迅速成立"灾害对策本部"。重大灾害发

① 刘陈陵、郭兰：《美国校园危机干预模式探析》，《高等教育研究》2008 年第 12 期。

生时，国家成立由内阁防灾大臣任本部长的“灾害对策本部”，或由首相任本部长的“重大灾害对策本部”，启动全国性应急指挥系统。

日本建成了由消防、警察、自卫队和医疗机构组成的完善的灾害救援体系。防灾机构是灾害救援的主要机构，同时负责收集、整理、发布灾害信息；警察的应对体制由情报应对体系和灾区活动现场两部分组成，主要包括灾区情报收集、传递，救灾抢险，灾区治安维持等工作；自卫队属于国家行政机关，根据《灾害对策基本法》和《自卫队法》的规定，灾害发生时，自卫队长官可以根据实际情况向灾区派遣灾害救援部队，参与抢险救灾。

（4）完善的灾害救助体系

日本的灾害救助以自救和政府救助为主，以社会救助为辅。

在自救方面，日本自 1966 年就建立了完善的地震保险制度，人们只要参加了地震保险，就能获得保险公司的赔付金，这大大减轻了灾民在重建过程中的经济负担。日本国民参保意识较高，全国地震平均参保率约为 20%。地震保险制度的建立与实施，为日本地震灾后重建、帮助灾民尽快恢复生活和生产活动发挥了积极的作用。

政府救助是灾民重建过程中最重要的救助来源，一是通过地震保险的方式帮助和促使保险公司积极开展地震保险业务并按标准赔付；二是日本中央和地方政府根据受灾的严重程度和自救能力，直接向灾民提供资金帮助。为减轻灾民重建时的负担，政府还根据《灾害减免法》不同程度地减免对灾民的所得税和固定资产税等其他赋税。

在社会救助方面，除社会各界捐款救助之外，日本的金融机构也会出台一些救济措施，如临时缓缴按揭贷款、减少贷款利息等来减少灾民负担。另外，一些地方团体也会向政府呼吁要求延长受灾者按揭贷款的偿还期限，并免除因此而增加的利息负担等。

（5）培养国民危机意识

国民危机意识的强弱直接关系到政府危机管理的效果。日本对国民防灾教育突出培养全民防灾意识，提升自救和互救技能的心理应变能力。全面系统的防灾能力素养使民众在面对灾害时能冷静应对，最大限度减少灾害损失。在日本政府出版的刊物中，涉及防灾减灾内容的就有《建筑白皮书》《环境白皮书》《消防白皮书》《防灾白皮书》《防灾广报》等十余种刊物。孩子刚上幼儿园，就会被带到地震模拟车上体会自然灾害的破坏性。日本还专门建立防灾教育及培训中心，如京都市民防灾教育中心。该中心可以让参观者进行地震体验、泥石流体验和消防体验等。还开设了面向公众的防灾减灾培训课程，其中面向单位开设消防员培训班，培训内容包括防火管理的一般知识、防灾人员的责任、设备的使用、综合防灾训练等。日本还把特大灾害发生的日子定为灾害宣传日，使公众铭记并达到宣传防灾减灾知识的目的。如为了纪念1923年关东大地震，日本把每年的9月1日定为全国防灾日。在长期的防灾教育下，日本国民有很强的防灾减灾意识，面对灾害的心理素质也较高，大多数能镇定沉着应对①。

3. 英国政府对危机事件采取的媒体政策及其启示

英国政府早在1948年就制定了《民防法》，对危机事件的处理做出一些基本的规定。在危机发生时，英国政府有一套完善的规定，在符合国家利益的情况下，以最快速度发布信息；对媒体而言，通过在中小学推行媒介素质教育，培养中小学生对媒体信息的判断力，积累其应对紧急危机事件的常识。

首先，英国政府在观念上确立媒体在突发性事件中的地位和作用。英国政府认为，对重大危机事件，如果处理得当，媒体能在安抚公众情绪、保持社会稳定上起到非常重要的积极作用。媒体还能帮助政府迅速向公众传达一些重要的建议或指示。反之，如果媒体不能及时地得到准确的信息，信息的混乱、错误、延迟都会造成公众的混乱和恐慌②。

英国政府也通过相关法律制度保证信息及时有效的发布，在2000年通过了《信息自由法》。该法的主要特征有：除非明确豁免和限制条件，广大民众有获取公开信息的权利；即使是在适合豁免的情况下，对信息的公开也应当考虑到公众的利益，具体情况具体处理；公共部门（包括政府部门）有积极主动地出版公共信息的义务；通过“信息官”一职的设立，加大信息公开的实施力度③。在紧急事故中，有关部门有义务及时、准确地向媒体提供信息，与媒体进行有效的合作。英国政府与各电台及电视公司都有协议，如果遭遇严重的危机事件，政府有权中断节目，广播并通告群众，为其提供安全指导

① 王德讯：《日本危机管理研究》，《世界经济与政治》2004年第3期。

② 徐剑梅：《英国政府与媒体在危机突发事件中的协作》，《中国记者》2004年第10期。

③ 肖永英：《英国信息自由法的主要内容及其影响初探》，《情报杂志》2003年第9期。

和有关事故的资料。

其次，英国政府坚持与媒体进行有效的沟通。英国政府及其下属部门，都十分注重信息和宣传工作，不惜人力、物力和财力加强网络信息建设，加强与新闻媒体的沟通合作。英国重视危机事件中政府与媒体的协作，要求有关部门在平时必须做好准备，把配合媒体作为紧急反应计划的一部分进行讨论，并训练专门的新闻官员负责媒体事务，甚至要求电话总机接线员和其他员工也必须清楚在接到媒体问询时应该怎样应答。

再次，英国政府鼓励媒体行业自律，自觉守法。英国新闻出版业主要采取行业自律的方式自我管理，即由新闻投诉委员会（The Press Complaints Commission，PPC）制定行业规则。新闻投诉委员会是一个独立于报纸业和政府组织的专门组织，负责处理公众对报纸和杂志编辑内容的控诉。虽然新闻投诉委员会没有对被指控的报业的制裁权力，但一旦被指控并判定违规，被指控的报业就必须在显著版面公开刊登委员会对其的批评性裁定。另外，英国政府虽然对媒体管理以柔性管制为主，但是同时也有严厉的法律对新闻媒体进行限制①。

最后，英国政府借助新闻媒体指导公众应对危机事件并推行媒体素质教育。2004年，英国内政部向全英每户人家寄送《紧急事故指南》，帮助公众为紧急事故做好适当准备。这一手册对紧急事故的建议十分详细。同时，近几10年来英国还从中小学就开始推行媒体素质教育，即教导学生正确理解、独立思考、判断性接受大众媒体所传递的信息，培养学生具有健康的媒体批评能力，充分利用媒体资源完善自我、参与社会发展。

二、国内学校危机心理援助的经验与启示

1. 中国公共安全的严峻形势及其面临挑战

中华民族的发展史是不断与各种灾难作斗争并取得胜利的历史。远古的大禹治水，2000多年前李冰父子修建的伟大水利工程——都江堰等就是例证。古书《周易》早在3000多年前就提出“安而不忘危，存而不忘亡，治而不忘

① 吴飞：《政府的节制与媒体的自律——英国传媒特色管制初探》，《浙江大学学报》（人文社会科学版）2005年第2期。

乱”等居安思危的思想意识。

我国地大物博，幅员辽阔，地理气候环境和人员分布都相当复杂，自古以来就存在复杂多样的危机事件。新中国成立后，全国人民同心同德、艰苦奋斗，战胜各种艰难险阻，取得了举世瞩目的伟大成就。特别是改革开放以来，中国经济持续快速增长，政治和社会大局稳定，有效应对了一系列的危机和灾难的发生，保持了社会秩序的总体稳定和有序态势。但是，我国公共安全形势依然严峻并面临着新的挑战，自然灾害和各种危机突发事件频发，比较突出的危机灾害类型主要有：一是自然灾害。由于我国特有的地质构造和地理环境，是世界上遭受自然灾害最严重的国家之一。其基本特征是灾害种类多、分布地域广、发生频率高、造成损失严重。二是人为事故灾难。非法开采和违规操作等导致的煤矿、危险化学品等事故多有发生。三是公共卫生事件。职业病、传染病、重大疫情、食物中毒事件时有发生。四是影响国家安定的国内外因素依然存在，如经济纠纷和刑事案件、国内外极端势力造成的恐怖事件等。这些都对人民的生命财产安全造成了威胁[①]。

同时，随着我国经济社会飞速发展，人们生活水平不断提高，心理卫生等“现代健康问题”日益凸显，人们的健康需求逐渐向追求生理、心理、社会适应的完好状态转变。中国特色社会主义进入新时代，我国社会主要矛盾已经转化为人民日益增长的美好生活需要和不平衡不充分的发展之间的矛盾。更高的需求势必要求有更加健全的供给体系予以满足，人们对精神生活的满足进入了一个新的更高阶段，心理危机的防控成为保护人民过上美好生活的重要举措。

2. 我国突发事件应急心理危机干预的发展

（1）“大连空难”的危机干预

2002 年 5 月 7 日晚，北方航空公司的 MD82 飞机，在离机场不远的大连海上坠落，此次飞机失事造成 103 名乘客和 9 名机组人员遇难。失事航班是“五一”长假后的最后一次全家航班，大多数乘客都是即将赶到大连上班或办事的中青年人，他们不仅是各自家庭中无法割舍的亲人，而且还是一些行业中的精英。这些乘客生命的消失，不仅给他们的亲人带来了巨大的伤痛，同

---

① 闪淳昌：《构建和谐社会中的中国应急管理》，《中国应急管理》2010 年第 8 期。

时也给他们所在的工作单位以巨大的冲击，其损失是无法衡量的。

在西安杨森公司的邀请下，由北京大学精神卫生研究所的吕秋云、汪向东、马宏带队，赴大连对遇难家属和员工进行心理救援。大连“5·7”空难的心理援助是我国相关机构主动进行危机干预的第一例。

（2）SARS时期的危机干预

SARS（Severe Acute Respiratory Syndrome）于2003年2月发现于中国广东、香港以及越南河内等地区，并迅速蔓延到世界27个国家和地区。SARS是一种由变异冠状病毒引起的高传染性呼吸综合征，大部分感染者都会表现出急性呼吸困难综合征和急性肺损伤。以发热、干咳、胸闷为主要症状，严重者出现进展快速的呼吸系统衰竭，普遍易感。

SARS危机发生后，我国民众出现恐慌、焦虑等心理不良反应，在SARS疫情得到基本控制后，从北京地区开始，许多著名的心理专家都赶赴现场，对SARS感染者、学生、医护人员、军人等人群进行了心理援助。

从SARS受灾人群的心理反应状况来看，SARS对人群的伤害主要分为三类：一是一般的恐慌情绪反应，对未知疾病表现为恐惧、惊慌、紧张，对自己及亲人的生命产生担忧。二是严重的恐慌反应，表象为焦虑不安、寝食难安，更有甚者到处散布不实言论，导致不了解情况的民众出现恐慌。三是危机后创伤症候群，害怕自己染病并对家人过度关心，某些传染者对自己传染给其他人出现内疚与负罪感。

针对人们的这些心理问题，笔者当时在高校通过培训医护人员、工作人员传递信息资料、报纸、邮件以及进行电话咨询等方式，对被隔离的大学生进行心理危机干预，并制定了系统的心理危机干预方案，收到了明显的成效。

SARS本身是一种自限性疾病，自身抵抗力对疾病的康复至关重要，心理干预可以提高人的免疫力，为疾病的治疗起到至关重要的辅助作用。大量的文献及报道证实，经过系统的干预后，大部分人群获得了较好的干预效果，能够恢复正常的学习生活状态。SARS期间，虽然仍尚未形成一套完整的心理危机干预体系，但拉开了我国系统进行危机事件应急心理干预的序幕。

（3）汶川大地震的心理危机干预

2008年5月12日，我国四川省汶川县发生了里氏8.0级地震，其震级之大、地域之广、毁坏之重、伤亡之多，是有史以来我国乃至全世界范围内都罕见的。根据中华人民共和国地震局的数据，此次地震的里氏震级达 8.0Ms、矩震级达 8.3Mw，地震烈度达到 11 度。地震波及大半个中国及亚洲多个国家和地区，北至辽宁，东至上海，南至中国香港、中国澳门、泰国、越南等地，西至巴基斯坦均有震感。

“5·12”汶川地震严重破坏地区超过 10 万平方千米，其中，极重灾区共 10 个县（市），较重灾区共 41 个县（市），一般灾区共 186 个县（市）。截至 2008 年 9 月 18 日 12 时，“5·12”汶川地震共造成 69227 人死亡，374643 人受伤，17923 人失踪，是中华人民共和国成立以来破坏力最大的地震，也是唐山大地震后伤亡最严重的一次地震。经国务院批准，自 2009 年起，每年 5 月 12 日为全国“防灾减灾日”。

突如其来的大地震给灾区各族同胞带来了严重的身心伤害，从而在他们心中抹上了一道刻骨铭心的伤痕。灾难过后除了要对受灾群众进行物质上的援助和躯体的治疗外，心理的援救也得到了空前的关注。事实证明，灾后心理援助的确能在一定程度上给灾区人民带来心理上的慰藉和支持，减少由心理问题引起的各种疾病的发生。

地震发生后，国内心理界专家迅速赶到第一现场，开始了解各个群体的不同的心理状况，着手研究怎样才能使他们迅速摆脱现状，积极寻找最有效的心理干预措施，尽快减轻他们的心理痛苦。团中央、全国妇联、中华慈善总会、中国红十字会、中科院心理所以及全国众多高校派出许多心理机构在四川地震灾区开展心理救援工作。这次危机干预是新中国成立以来历次危机灾难事件出现后心理救援人数最多、时间最长、受益人群最广的一次。实施心理援助的人员有精神科医生、高校心理咨询人员、心理医生、心理咨询师、社会工作者和志愿者等不同层次的各类人员若干。通过积极有效的危机干预措施，使震后不同人群获得生理心理上的安全感，有效地缓解了地震后引发的强烈的恐惧、震惊、悲伤的情绪，逐步恢复了平衡的心理状态，并提高了灾区人民的心理发展水平与心理素质，促进了灾后的重建和发展。汶川大地震的危机心理干预为我国同类型事件的心理危机干预提供了宝贵的经验，为发展中国特色的危机事件应急心理干预体系积累了丰富的经验和可吸取的教训与不足。

之后的雅安地震、昆明地铁爆炸案、中石化“11·22”黄岛输油管道爆燃事故、天津港爆炸事故、米脂学校杀人案、长生疫苗造假案、新冠肺炎疫情等危机突发事件，使国内心理援助逐渐走向科学有序，但仍然在组织和心理援助技术等方面存在许多问题，迫切需要加以研究解决。

3. 我国心理援助研究的发展

我国对心理援助的研究是伴随着重大灾害的发生而逐渐开展的。本书曾按“篇名 = 心理援助”，以 CNKI 数据库为来源，检索了 1985 年至 2018 年共 1485 篇期刊文献，并通过运用可视化软件 Cite Space，从文献计量学的视角分析我国心理援助的研究进展及热点，归结发展趋势，为相关研究提供了一些合理的建议。

（1）发文时间及相关类属发文量分析

通过梳理我国从有心理援助相关领域研究以来关于心理援助研究的共 1485 篇期刊论文，对发文量及研究学科领域相关趋势做了系统分析，如图 1–1 和图 1–2 所示，可初步探知我国心理援助研究的进展现状，为进一步研究作铺垫。由图 1–1 可以看出，我国心理援助研究虽然自 1985 年就已经开始，但是直到 2003 年才开始出现较多的研究。特别是汶川地震等公共危机事件爆发后，国内对于心理援助的研究开始增加，在 2008 年，有关于心理援助的研究突然暴增。从研究的学科领域等方面，心理学类研究占了总研究量的 38% 左右，教育理论与管理占 12% 左右，行政管理占 10%。但也有基础医学、临床医学、高等教育、安全科学及灾害防治等领域研究。虽然总量较少，但是有关心理援助的研究已经有了跨学科拓展外延的趋势。

（2）优量个人及研究机构聚类分析

对国内有关学术研究的优量个人及机构进行聚类分析，如表 1–7、表 1–8 所示。

优量研究个人方面：北京回龙观医院的王翠玲（主要聚焦于心理学与基础医学）的文献产出量为 13 篇，高于其他作者。中科院心理研究所的刘正奎教授与史占彪教授发文量均为 11 篇。北京回龙观医院的童永胜、李献云、杨甫德发文量均为 8 篇。北京回龙观医院的王绍礼、梁红和赵丽婷发文量分别为 7 篇、6 篇和 6 篇。四川省教育科学研究院的曾宁波教授（主要研究教育理论与教育管理）、北京理工大学的贾晓明教授（聚焦于心理学与教育理论）、中国政法大学的王丽莉教授（聚焦于管理学）发文量均为 5 篇。中科院心理研究所的王文忠教授（主要聚焦于心理学与教育管理）发文量为4篇。

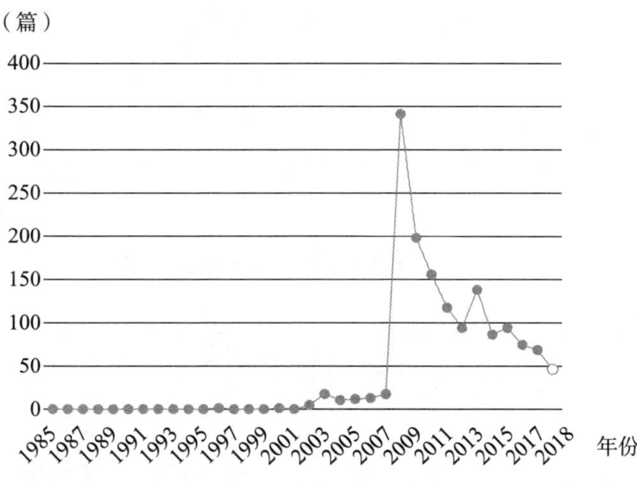

图1-1　1985—2018年心理援助研究年发文量趋势

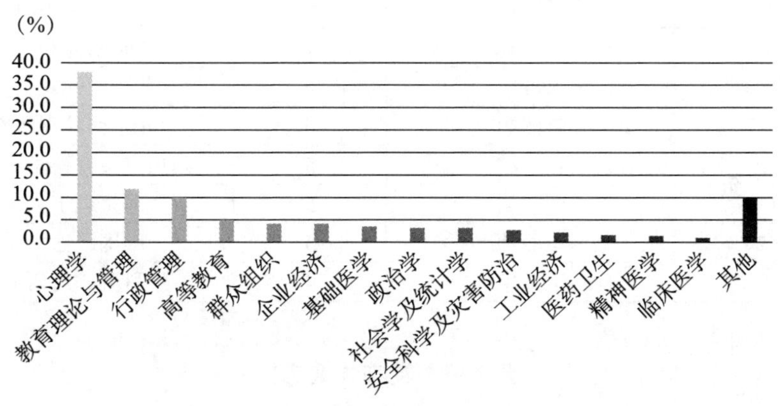

图1-2　1985—2018年心理援助研究学科发文量分布占比

研究机构方面：中科院心理研究所发文量为37篇，要远高于其他的机构。北京师范大学与北京回龙观医院发文量相差无几，分别为20篇和18篇。排名第4—7位的分别为西南交通大学（15篇）、四川大学（11篇）、北京工商大学（9篇）、华东师范大学（9篇）。

从数据中可以看出：有关心理援助的研究权威机构主要集中在国内心理学与教育学科研究能力排在前列的高校、汶川地震受灾较为严重地区的高校以及临床心理学发展较好的医院中。这说明了心理学和教育学的繁荣发展有利于心理援助的研究，同时，心理援助工作的进行也推动了学科和专业的发展。心理援助研究领域的权威个体主要是中国科学院心理研究所研究员与高校教授，这对心理援助角度的学科发展有着正向的作用。同时，也有从事精神病学与临床心理咨询的专业人员在对心理援助工作进行实证临床研究，说明心理援助研究不仅仅有利于学科的发展，更有很强的实用价值。

表 1–7 发文优量个人及所属机构

（单位：篇）

序号	作者	发文量	机构
1	王翠玲	13	北京回龙观医院
2	刘正奎	11	中科院心理研究所
3	史占彪	11	中科院心理研究所
4	童永胜	8	北京回龙观医院
5	李献云	8	北京回龙观医院
6	杨甫德	8	北京回龙观医院
7	王绍礼	7	北京回龙观医院
8	梁红	6	北京回龙观医院
9	赵丽婷	6	北京回龙观医院
10	曾宁波	5	四川省教育科学研究院
11	贾晓明	5	北京理工大学
12	王丽莉	5	中国政法大学
13	王文忠	4	中科院心理研究所

表 1–8 发文优量机构

（单位：篇）

序号	机构	发文量
1	中科院心理研究所	37
2	北京师范大学	20
3	北京回龙观医院	18
4	西南交通大学	15
5	四川大学	11
6	北京工商大学	9
7	华东师范大学	9

（3）核心关键词共现分析

利用 Cite Space 可视化软件对 1985 年到 2018 年的 1485 篇 CNKI 的心理援助研究文献进行关键词共现分析，如表 1–9 所示，与心理援助、心理健康等相关的主题、核心关键词成为研讨核心点，研讨核心点主要是心理援助、心理健康、灾区、灾后、心理援助工作、EAP、心理危机干预、大学生、心理咨询师等。这些都与心理援助有密切的关系，从中可以清晰地展现出知识的递进生化及彼此之间的关联[①]。

表 1–9　核心关键词统计

（单位：次）

序号	关键词	频次	平均发表年
1	心理援助	439	1985
2	心理健康	69	2002
3	灾区	66	2008
4	灾后	62	2008
5	地震	62	2008
6	心理援助工作	52	2007
7	心理危机干预	43	2008
8	心理干预	28	2008
9	EAP	27	2002
10	汶川地震	27	2008
11	大学生	24	2008
12	心理咨询师	24	2008
13	心理援助热线	23	2011
14	心理救援	22	2008

（4）研究结论与发展趋势

通过分析国内 1485 篇 CNKI 心理援助研究期刊文献，可以看出，虽然我国有关心理援助的研究在 1985 年就已经开始出现，但是直到 2008 年，从属于心理援助类的研究增量才开始凸显。不过我国心理援助研究发展的速度迅猛，至今为止，不论是个人还是机构的研究均已形成聚类。

① 李卢一、郑燕林：《中小学创客空间建设的路径分析——来自美国中小学实践的启示》，《中国电化教育》2006 年第 6 期。

剖析1485篇期刊文献可知，总体上，我国心理援助的研究虽然结合了诸多我国本土的社会和教育的现状，但由于我国无论是从心理学研究的角度，还是从心理援助研究的角度，都起步较晚。所以大部分有关心理援助的研究还是主要集中在汶川大地震等近年来一系列灾害上来进行的。虽然在地震灾后心理援助方面有很深入的研究和建树，但在其他方面，并未形成较大的、新的、独特的研究方向和聚类。

进一步梳理发现，我国有关心理援助的研究，在2008年因汶川大地震心理援助工作的开展而达到顶峰，但之后就出现了逐年下降的趋势。中科院心理研究所张侃研究员曾在汶川大地震心理援助十周年大会上说过："心理援助工作要做二十年，甚至更久。"同时，大部分危机事件是偶发的、突发的、不可预测的。随着时代的变迁，危机事件的形式也随之出现了新的变化。所以，在前人研究的基础上继续深入研究，居安思危、砥砺前行应当是未来心理援助工作者和研究者工作的方向。

中小学生是祖国的未来，而且其正处于心理生理发展和变化的关键时期，当危机和灾害发生时，他们往往是受灾害影响最为严重的群体。同时，校园这个特定的环境，也容易产生诸如校园暴力、校园欺凌、食品安全问题等校园危机事件。尽管我国对于中小学生的心理援助有一定的研究，但还很不充分。所以，对中小学生危机事件进行心理援助的工作实践和体系建构，是一个很好的研究方向。

2020年初发生的新冠肺炎疫情，给中小学生的身心和正常的学习造成了极大的冲击，尤其是居家隔离时间较长，对其身心产生了重大的影响。相关援助和研究也普遍展开，但针对中小学师生的有针对性的前瞻研究并不多，相关研究成果需要进一步地挖掘和梳理。

第三节　研究的目的、意义、技术路线与方法

一、研究的目的和意义——重建心灵家园、构建本土化的校园危机心理援助模式

1. 重建心灵家园，帮助受灾者愈合心理创伤，提升心理能量，重塑美好心灵

所谓严重突发事件（critical incident）是指那些突如其来的天灾人祸，是导致个体产生无法抵御的感觉、失却控制的情境，个体在这种情境中不知所措。不同的严重突发事件对人的影响不同。人祸往往比天灾对人的影响更大，因为人们往往认为这是不应该发生的悲剧，觉得不可接受，从而产生更为严重的影响[①]。

心理危机本身也是灾难。世界卫生组织专家断言，没有任何一种灾难能像心理危机那样给人们带来持续而深刻的痛苦[②]。没有亲身经历过灾难事件的人可能很难想象灾难，尤其是像大地震这样的强破坏性事件对幸存者的心理影响之深、持续时间之久。卷入灾难事件的所有人都会留下心理阴影，区别只是在于程度的轻重而已。灾难事件相应的物理刺激强度一般都很大，它会瞬间在当事人的大脑中留下深深的“印记”，这个印记终身都很难消失。当类似的情境再次出现时，大脑就会立即唤起这个印记，并产生强烈的情绪反应。例如，一个人被掩埋在地震废墟一段时间后获救，那么今后任何时候只要他再次处于狭小的、黑暗的空间里，他在废墟里的“印记”就可能会被唤醒，从而出现惊恐、呼吸困难，甚至绝望、逃离现场等强烈的应激反应。灾难的强破坏力往往会在短时间内带来生命、财产的巨大损失，从而导致人们的无力感、挫败感和脆弱感。尤其是强烈地震，大片房屋被夷为平地，否认（不

① 童辉杰:《关于严重突发事件危机干预的研究评述》,《心理科学进展》2003 年第 4 期。

② 廖艺文、吴莹莹:《军队医院在抗洪救灾期间开展心理干预工作的做法和体会》,《海军医学杂志》2011 年第 4 期。

相信眼前的事实)、脆弱(人在重大灾害面前往往显得非常无奈和不堪一击)等各种情绪反应将会出现。灾难后比较常见的情绪还有负疚感。当事人常把亲属的伤亡事件自责为自己没有尽力所造成的，负疚感会伴随很长时间[①]。

遭遇严重突发事件意味着面临重大应激。应激是一种紧张状态。在面临严重突发事件时的应激中，个体达到失控、失能的地步，不仅机体免疫系统严重受损，而且整个心理系统也有可能出现严重障碍。Milgram 认为，有 4 种与应激有关的障碍，即调适障碍(Adjustment Disorder)，急性应激障碍(Acute Stress Disorder)，创伤后应激障碍(Post Traumatic Stress Disorder，PTSD)和极度应激障碍(Disorder of Extreme Stress)，而创伤性应激障碍是比较常见的一种障碍[②]。

严重危机对个体产生的心理影响大致可分为四个方面。一是生理方面：失眠、做噩梦、易醒、容易疲倦、呼吸困难、窒息感、发抖、容易出汗、消化不良、口干等。二是认知方面：否认、自责、罪恶感、自怜、不幸感、无能为力感、敌意、不信任他人等。三是情绪方面：悲观、愤怒、紧张、失落、麻木、害怕、恐惧、焦虑、沮丧等。四是行为方面：注意力不集中、逃避、打架、骂人、喜欢独处、常想起受灾情形、过度依赖他人等。

危机干预(Crisis Intervention)，又称危机管理、危机调停或危机介入。Everly 等提出危机干预是指向受灾人员提供紧急心理照料，以帮助那些受灾人员恢复适应水平，防止或减轻心理创伤潜在的负面影响。危机干预不仅可以防止危机的进一步发展，而且还可以帮助个体学会新的应对技巧，恢复甚至超过危机前的功能水平[③]。

对于未成年人，由于对灾难事件无法进行完整的言语表达，形成的心理创伤可能更严重些，更需要我们进行心理干预。

2. 构建本土化心理危机干预模式

如前所述，在创伤性事件发生后，对于一般的 70% 人群而言，通过一般性的心理救援工作可以帮助其自然恢复。其他大约 30% 的人群，则需要心理专业人员对其进行长期专业化的治疗。科学的心理援助，尤其提倡早期干预，

① 姚玉红:《地震灾后心理危机干预》,《现代预防医学》2008 年第 12 期。

② Milgram, N. A, *Handbook of Child Psychopathology*(3rd ed.), New York: Plenum Press, 1998, pp. 505–533.

③ 转引自李建明:《国外心理危机干预研究》,《中国健康心理学杂志》2011 年第 2 期。

把问题控制在早期阶段，这是比较理想的工作模式。但因突发事件产生的严重心理障碍需要较长时间才可以康复，因此灾后心理危机干预是一项长期的工作，不仅需要热情，更需要持久的、规范的科学救助。

例如汶川大地震救灾过程中涌现出众多的心理援助志愿者，其救灾热情和爱心固然值得赞赏，但由于临时参加心理援助的人员专业背景、知识基础、专业素养差异悬殊，短期内很难进行统一的培训就各自实施心理援助，其效果很难得到保障，从而给灾区的心理救援埋下了许多隐患。所以，为了引导人们理智救灾，设置各级心理危机干预指导机构，配备精神卫生、心理干预等相关专业人员，联合当地医疗机构、红十字会和志愿者组织有计划地为各地心理卫生工作提供技术指导与人员培训，进而形成一套适合我国的突发危机事件心理干预体系是十分必要的。

危机后的心理援助一般需要一年到三年的时间。外来心理援助在危机发生之初是异常宝贵的，但就长期而言，单纯依靠外来援助的资源，其持续性是不够的。因此培养当地心理辅导专业资源，组建本土化的心理援助队伍显得尤为重要。在各级各类学校、精神卫生专科医院、各层级医院、社区卫生服务机构中应设置心理卫生专职人员，构建社区心理干预网络体系。各级心理卫生专职人员接受同级心理危机干预指导机构的指导和培训，深入社区、街道、乡镇、医院、学校，对有不同需要的人群实施分类干预和个性化援助。不仅在平时就可以对社区的人群进行心理健康监测、教育和干预，而且在灾害发生后这些人才可以成为当地主要的援助资源，维持后续的长期性干预。这样完整的干预重建体系，既有助于灾区人们的心理重建，还有利于灾区各类人群灾后心理发展以及应对未来发生的危机事件。

“天有不测风云，人有旦夕祸福。”灾难是难以避免的，但灾后心理危机干预的理念和应急心理危机干预的机制却是可以不断创新和进一步构建的。因此，为了保证创伤性事件突然发生后心理危机干预的及时性、规范性、安全性，有必要在全国范围内进行统一的规划和管理，构建心理危机干预的长效机制，制定各级突发事件应急心理危机干预预案和中长期持续干预方案，并为其实施提供组织体系、人员技术、政策法规、社会支持等软硬件资源的保障。

目前，我国的心理危机干预体系尚待健全，干预技术尚不成熟。国际经验固然值得借鉴，但也未必完全适应我国的社会文化背景和发展水平。因此，在积极开展救灾抢险的同时，还应通过加强科学技术研究，结合实践不断探索，根据中国国情和国民特点，有重点地解决灾后心理援助的科学问题、组织问题、实施方法等关键问题，为灾后民众的心理救援和重建提供强有力的科技支撑，构建有中国特色的本土化心理危机干预模式[①]。本书也是为了实现这个目标而在总结10多年来学校危机干预经验的基础上做进一步深化研究的。2020年以来我国抗击新冠肺炎疫情取得了举世瞩目的成就，中国的心理援助也发出了中国的声音，展现了中国心理学界应对重大突发公共卫生事件心理干预的新模式，本书也将对此做深入的研究。

二、研究的技术路线和方法——以需要层次等多种理论为基础，探索不同校园危机干预理论与方法

1. 研究的技术路线

在研究国内外校园心理援助成果基础上，梳理总结我国重大灾害和危机突发事件后各类中小学师生心理援助的相关成果，进行基础性创新研究，以需要层次理论为基础，综合运用各种理论或流派，探索不同的心理干预方法，对危机后中小学心理援助的基本理论与方法等进行论证和阐述，从多层次、多角度评估中小学危机心理援助的效果，构建危机发生后中小学师生心理自助和心理援助的理论、技术与模式，并对危机后中小学心理援助的效果进行检验、反思与展望。研究过程技术路线如图1–3所示。

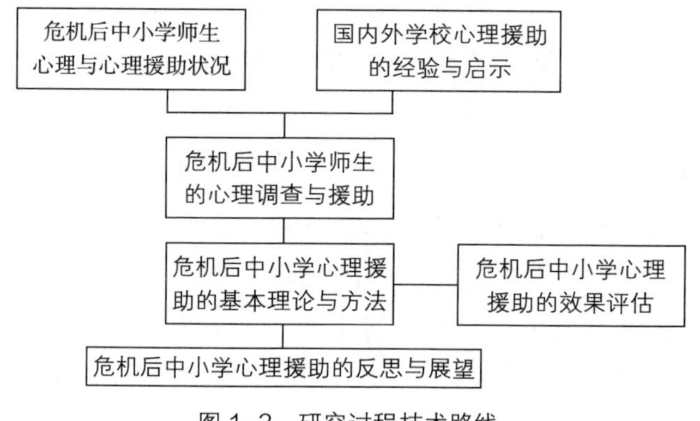

图1–3 研究过程技术路线

① 文荣康：《我国突发事件应激心理危机干预的探讨》，《现代预防医学》2008年第23期。

2. 选择成熟经典的国内外危机干预模式和技术进行系统心理干预

（1）CISD 集体晤谈应急报告团体辅导

Mitchell 于 20 世纪 80 年代发展了目前被我们广泛应用的危机事件应激会谈法，亦称严重危机事件集体减压法（Critical Incident Stress Debriefing，CISD），它是一种系统的、通过交谈来减轻压力的方法，是一种简易的支持性团体治疗[①]。CISD 最初的发展是为了减缓个体可能出现的 ASD（急性应激障碍）或 PTSD（创伤后应激障碍）而实施的短时程心理会谈式团体支持活动。随着研究发现，CISD 技术对于直接经历危机事件的一级受害者也有较好的干预效果。经历创伤事件后 24—48 小时是理想的干预时间，6 周后效果甚微。正规 CISD 通常由心理卫生专业人员指导，创伤事件发生后 24—48 小时实施，指导者必须对小组治疗和急性应激障碍有广泛了解。在灾难事件发生后 24 小时内不进行 CISD。危机事件发生以后，在第一时间进行救助的人员，如武警官兵、解放军战士以及进行急救的医护人员等，也会受到心理冲击，救助本身对于他们来说就是一种应急源，因此，灾难事件中涉及的所有人员都必须参加 CISD。

CISD 实施的主要目标：公开讨论内心感受；支持和安慰；资源动员；帮助当事人在心理上（认知上和感情上）消化创伤体验。

CISD 的主要操作步骤有：

介绍期：参与者呈圆形围坐，领导者进行自我介绍，简单介绍本次晤谈的流程，向成员解释保密原则。并说明晤谈不是心理治疗，是通过"公开讨论内心感受，获取支持和资源动员，帮助当事人在认知上和感情上消化创伤体验，减少危机事件给成员造成的应激反应"[②]。接着请小组成员轮流进行简单自我介绍。

事实期：请成员描述在这次危机事件中的所见、所闻、所为。领导者要在成员表述过程中注意观察各自的反应，尽量请每个成员都发言。其目的是帮助每个人从自身的角度来描述事件，重构事件图像，还原事实真相。对于

---

① Mitchell, J. I., "When Disaster Strikes: the Critical Incident Stress Debriefing Process", *Journal of Emergency Medical Services*, 1983, Vol. 8, No. 1, pp. 36–39.

② 任世伟：《如何有效开展高校学生心理危机事件干预》，《卫生职业教育》2016 年第 34 期。

出现激动、不适者，可跳过此阶段，引导其回归并顺利进入下一流程。

感受期：澄清成员对危机事件的认知，了解成员在事件发生时的想法以及这个想法所表现的情绪反应。可以这样引导："有些人遇到这种事，眼前会不断浮现事发的画面，或感觉喊杀声、血腥味挥之不去，或是吃不下、睡不着等。不知道你们有没有类似的现象？"让每一位成员的情绪尽情表露出来，这种情绪宣泄本身就是一种疗愈。

反应期：鼓励成员描述对事件的感受并认真倾听曾经发生或正发生在他人身上的事情。干预中的重要原则是不批评他人，领导者要表现出更多理解，关注每个成员的情感反应，确认其最不能接受的是哪一件事。

症状期：此阶段要求成员描述危机事件中和事件之后的应激症状，如脑子不停地闪出事件的经过，神情恍惚、坐立不安、易受惊吓等。要求成员谈论自己在事件中的情感、行为、认知和躯体症状，识别这些症状是否为危机事件导致。评估当事人的症状是趋于好转还是逐渐恶化，开始将情感领域转向认知领域。可以这样询问："到目前为止，你感觉怎么样？""这个事件发生后你的家庭、工作和生活发生了什么改变？"

干预期：Mitchell 等认为 CISD 的关键是公开讨论一个人在创伤时的思想、感情和反应，并尝试正常化这些反应①。因此领导者要让成员认识到危机事件后生理、情绪、认知、行为等方面出现的压力症状，是"非常状况下的正常反应"，任何人遇到这些状况都会有类似反应，且这些症状会在几天或几周内逐渐改善，不意味着有精神病理学意义。这样被干预者才有可能主动参与到自己的情绪调整中。领导者可通过宣泄、放松来减轻成员应激反应。使用"安全岛""保险箱""遥控器"等心理学技术帮助成员释放负面情绪，引导其从危机中学会成长，尽快完成自我复原。建议其不要酗酒、适量运动、注意休息、均衡饮食、多与亲友交流、不要封闭自己等。也可以与成员谈谈"这几天是怎样度过的？是如何排解压力的？""接下来的几天，还有什么事急需处理？谁可以协助你？"

再进入期：关闭创伤事件，领导者总结晤谈过程。"这件悲剧固然不幸，

---

① Mitchell, J. T., & Everly, G. S., Jr., "Critical Incidents Stress Debriefing (CISD) and The Prevention of Work— Related Traumatic Stress Among High Risk Occupational Groups", in *Psychotraumatology*, G. S. Everly, Jr., & J. T. Lating (eds.), New York: Plenum Press, 1995, pp. 267–280.

但对你的人生有什么启示？从事件中学到什么？有怎样的成长？”澄清晤谈中含糊的想法，挖掘成员内在的正能量，讨论未来行动计划，强调小组成员的相互支持。再次提醒其目前的反应不是病态或忧郁症，而是在非常状况下的正常反应。回答成员的提问，评估哪些人需要随访、接受专业干预或转介到专门的援助机构。完成整个流程，再次感谢参与者。

（2）CISM 危机事件压力管理

危机事件压力管理（Critical Incident Stress Management，CISM）主要指功能上涵盖了当代整个危机领域由多种危机干预内容所组成的一个综合的危机干预体系。CISM 包括了从危机发生前的预防到危机发生后干预的所有阶段。这个体系也综合考虑了应用于个人、小团体、大型团体、家庭、组织甚至整个社会的各种干预方式。CISM 目前已经发展出一种具有国际化标准的模式以有效实现灾难心理危机干预的效果，同时也允许灾难心理危机干预人员根据灾难后个人和组织的实际需要做出适当的调整。

从目前的发展来看，CISM 包含了以下重要的组成部分：第一，危机发生前的准备。这项工作主要体现在平时对学生和社会民众进行灾难和应对灾难的教育，以及进行各种应对灾难发生的演习。第二，大规模的公共安全人员的动员。能将大量的危机管理指令及时传达给受灾难人员，主要指在灾难发生时能及时有效地进行大规模的人员动员，并且在应对危机过程中能有效地将各种指令传达给心理危机干预小组和人员。第三，个人紧急危机干预。在灾难发生后最短时间内开展个人心理危机干预与指导。第四，简短的小团体讨论。要求受灾人员群体进行有效合作共同减少急性应激症状。第五，干预模式有时也被认为是团体心理指导，与个体心理危机干预相对应。第六，家庭危机干预过程。第七，组织机构的发展干预。第八，在需要的时候给予额外的心理支持和治疗。

在实际的灾难心理危机干预过程中，还要根据团体和危机事件的具体情况进行相应的调整，做出合适的应对。尽管实践证明了心理危机干预的效用，但是就如同任何意图改变人类行为的努力一样，心理危机干预也存在着过早干预的风险。过早的干预不仅会浪费有限的宝贵资源，而且会干扰处于危机中的人员的自然康复机制。如何在激发人的自身潜能与外界协助之间找到一个恰当的平衡，需要通过更多的实践与研究进行总结。

由于 CISM 是一个庞大的灾难心理危机干预体系，迄今为止，在 CISM 具体由几个部分组成这一点上，并没有一致的结论。例如 Flannery 和他的同事们建立了一个 CISM 模式，这个模式包括个体心理危机咨询、CISD 团体指导技术、全体受灾人员支持团体、全体受灾家庭咨询以及在必要时候提供专业的心理治疗几个部分。虽然在具体方面存在一些差异，但是总体上，CISM 考虑到了灾难发生全过程的应对，涉及个人、家庭以及社会的整个心理危机干预，为灾难心理危机干预工作提供了全面的指导①。

（3）台湾地区 A&C 模式

台湾地区 A&C 模式与 CISD 模式有相似之处，是由我国台湾地区的资深心理师黄龙杰首创，在已有的 ARC 模式和 CISD 模式理论和实践基础之上，结合台湾地区的实际情况发展出了 A&C 模式。这种模式的主要目标是，通过协助当事人和亲友度过混乱的情绪期，降低因危机而形成的负面影响的程度，恢复危机前的生活功能与现实能力，减小未来创伤压力症候群的出现概率，增进个人成长，使之学到新的应对技巧，增加生活选择，增进人生价值的思索。

该团体辅导最好在危机事件发生后 24—48 小时内进行，一般以不超过一周为宜。参加人数一般在 12 人以内。辅导的地点应尽量选择在安静、相对封闭、温暖舒适的环境里。A&C 模式（也称“6+1”模式）的具体步骤如下。

开宗明义：领导者向团体成员介绍团体宗旨和进行流程，并向成员说明为什么要进行这次团体会谈。简单阐述此次事件的概况，请成员轮流发言，简要地进行自我介绍，再谈一下与事件受害人的关系。在此期间，领导者要向成员强调本次会谈是要提供给大家一个疗伤止痛的机会，成员彼此要互相支持，使每个成员获得安全感，说出自己的心声，大家一起共渡难关。

还原现场：在这一阶段，成员要轮流发言，叙述事件发生时的情景。领导者引导成员仔细回顾事件发生以后每个成员的反应是什么？这时领导者可以实施提问，以便引导成员更好地投入谈话。例如，你是怎么得知事件的发生？听到消息以后你的第一反应是什么？有什么样的感受？当时心里的第一个想法是什么？

① 程奇：《国外灾难心理危机干预研究综述》，《福建医科大学学报》2019 年第 2 期。

压力反应：领导者带领成员回顾受到事件的冲击以后所出现的各种身心行为反应和不适症状都有哪些。

机会教育：归纳总结成员的身心反应，领导者向成员介绍危机事件后心理创伤的应激反应都有哪些。例如，生理方面会出现疲劳、食欲不振、睡眠紊乱等，情绪方面会出现惊吓害怕、悲哀、孤单无助、内疚、羞愧等，行为方面则会表现为经常哭泣、坐立不安、少言或发呆等。有的人还会出现触景生情或往事历历在目、逃避现实、对未来悲观绝望、草木皆兵、杞人忧天等诸多表现。领导者这时要告知成员，这些反应都是正常的应激反应，任何人在经历危机事件后都会出现诸如此类的反应，并不是仅仅在座的各位会出现这样的反应，而且这些反应大概在数天或数周之内便会缓解或消失。

行动计划：成员轮流发言，向大家介绍自己应对挫折缓解压力的具体方法和技巧，交流未来缓解压力的行动计划。指导者可以采用提问的方式，询问成员事件发生至今都做了什么，是如何调整状态的，都采取了哪些具体的行动，未来打算怎么做，等等。

重新出发：领导者引导成员重新回顾过去的经历，逆向思考。虽然危机事件对我们的心灵造成了冲击，但是在经历了这次危机事件中我们都学到了什么？有什么经验是值得我们学习的？我们从中是否得到了历练和成长？

筛选转介：经过会谈之后，指导者发现心理创伤比较严重者，如已经严重影响到日常生活和工作的参与者，就需要参加后续的药物治疗和心理治疗或转介到精神科进行进一步治疗。

还有其他常用的心理危机干预模式和技术，限于篇幅，在此不一一赘述，有关内容会在以后章节中给予介绍和涉及。

（4）根据马斯洛的需要层次理论，多层级、逐层级解决求援者的心理问题

马斯洛（A. H. Maslow）长期研究人的自我实现的理论，他是人本主义心理学的先驱。多年来，马斯洛的动机理论，特别是他的需要层次论，广泛应用于我国的普通心理学、教育心理学、社会心理学、发展心理学、管理心理学、劳动心理学以及许多社会科学论当中，是颇有影响的心理学理论。

马斯洛用毕生精力潜心研究人的动机系统，不同于行为主义的是他重视人的内部动机系统的激发，他主张只有真正调动人的内部动机的作用，人才能够发挥自己的创造力和潜能，与此同时，他也重视外部环境的影响。人本

主义坚持认为个人能在自己和他人的环境之间进行辨别，并且有能力不要外力的帮助而做出可靠的、会导致和谐的社会行为的决断。

他创建的动机理论，又名需要层次理论。他认为人的内部动机系统的动力作用具有自主性与可靠性，但他并没有在他的理论中反对外部条件的重要性，他只反对片面单纯来自外部条件的动机理论。

在我国诸多引述马斯洛的动机论的论著中，绝大部分将马斯洛动机理论中的需要层次分成五个：生理需要、安全需要、爱与归属的需要、尊重需要和自我实现需要。

马斯洛的需要层次理论反映了人本主义心理学的特点，这个需要层次，是一个活生生的社会人的需要层次的模式，是符合人的需要实际的。在他的理论中，反映了人的需要是从低层次的生存的需要逐级发展到高层次的精神需要，最后达到最高层次的精神需要，即实现自我价值，简称自我实现（self-tualization）。马斯洛指出，每个人都需要发挥自己的最大潜能以实现自我价值，但潜能和价值的水平并非同一水平，而是参差不齐的，这也就是说并非人人都能达到爱因斯坦的自我实现水平，但每个人可以实现自己的价值[①]。

以马斯洛的需要层次理论为基础，可以探索危机干预的方法。

在危机事件应急处置中，不同的干预对象、不同的干预时期所需要做的干预内容是不同的。以马斯洛的需要层次理论为指导，结合干预对象的适时实际情形。明确干预对象的紧急需要而进行心理危机干预，不仅能明确心理危机干预的步骤，提高心理危机干预的效率，更重要的是对症下药，使心理危机干预达到效果。

以“5·12”汶川大地震为例，在危机干预的开始阶段，受灾群众首先面对的是最底层级的需要——生理需要。他们最先需要的是自救和他救，尤其是最初的黄金72小时，生命的救援是第一位的。在这一阶段，心理援助主要由生命救援人员就地辅助进行。在最初的时候，纯净的水、干净的食物、安全的住所、及时的医疗都是满足生理需要的基本条件，而这些主要是经由外界援助实现的。其实，大范围进行危机干预，实际上是从第二层级需要——安全需要开始。因为危机情境下，生理需要和安全需要是交织在一起的，安

① 张世富：《人本主义心理学与马斯洛的需要层次理论》，《学术探索》2003年第9期。

全需要也几乎是第一层次的，因为满足第一层级的生理需要也是为了保证生命安全。此阶段，咨询师或其他援助者需要安抚好求助者的情绪，缓解救助者的恐慌和无助，使其求得心灵上的安宁。只有完成了这一阶段的安抚工作，援助工作才能顺利地进行下去。其次，在第二阶段完成后，进行第三阶段的干预，帮助实现求助者——归属与爱的需要。在这一层级需要中，求助者需要和别人亲近，被人接受，有归属感。在灾害中，很多求助者往往丧失了亲朋好友，咨询师需要给予求助者关怀与关注，让求助者走出心灵的创伤。在人际交往和社会互动中展现自尊，得到别人的尊重，实现第四层级的需要。最后，要激发受援助者的潜能，重塑梦想和激情，在危机中获得新生和机遇，从危机中习得经验，树立新的远大理想，努力实现自我价值，得到最高层次自我实现需要的满足。不仅从“危”中摆脱出来，还要从“危”中获得“机”，得到成长、升华和更好的发展。

（5）充分发挥表达性艺术治疗在危机干预中的作用

自艺术诞生以来，各种不同形式的艺术活动在人们的生活中发挥着巨大的作用。20 世纪中期，受精神分析理论的影响，心理学家开始意识到艺术活动可以作为一种心理治疗方法的可能性。美国在 1961 年创建专业理论杂志《美国艺术治疗杂志》，在 1969 年建立起专业组织“美国艺术治疗协会”（AATA），正式将艺术与疾病治疗结合在一起，多年的研究结果已证明艺术治疗在多个领域有着独特的治疗功效[①]。

根据 AATA 的定义，艺术治疗是指通过音乐、舞蹈、绘画、雕塑、戏剧等形式，运用在心理治疗中的工具或媒介，透过口语、非口语的表达及艺术创作经验，去探索个人的问题及潜能，以协助人们达到身心平衡。20 世纪 80 年代，麻省莱斯利大学将各类艺术治疗，包括舞蹈、音乐、美术、戏剧、说故事、诗、即兴写作等，总称为表达性艺术治疗。这里所说的“表达性”是强调以各种艺术形式为媒介来表达人们内心的思绪、感受及经验，而所表达的内容可能是意识，也可能是潜意识，表达过程本身就是治疗的过程。表达性艺术治疗通常遵循两种模式：一种是以艺术作为非语言沟通的媒介，通过表达内心世界的艺术作品，配合语言的联想和解释，协助当事人领悟及解决

① 叶丽：《疫情下浅析当代艺术的艺术治愈性》，《大众文艺》2021 年第 2 期。

情绪问题，这可以称为心理分析导向的艺术干预模式；另一种是通过艺术表达过程，以艺术活动的力量减缓个人内在的冲突和与社会环境间的冲突，提升认知、宣泄情感和升华情感，这种取向更倾向于艺术本质。以上两种模式，都是把艺术当作表达个人内在和外在经验的桥梁。

表达性艺术治疗的常用形式有绘画治疗、音乐治疗、舞蹈治疗、表演治疗、写作治疗、雕塑疗法、故事疗法、箱庭疗法等，艺术治疗的形式，从早期的“一对一”，逐渐发展到采用“集体治疗”，即采取建立“艺术治疗小组”来达到互动效果。

表达性艺术治疗在危机干预中有如下应用。

首先，可以使处于心理危机中的人员找到安全感和控制感。“绘画是灾难后的一种简单的、对无法抗拒的环境进行象征性控制并建立内部安全感的方法”[①]，对于心理危机干预来讲，首要的目的是要使处于危机状态的人稳定下来，找到安全感和控制感。而通过绘画的方法，可以把危机事件象征性地描绘出来，从而加强控制感和安全感。

其次，可以降低心理防御。对于经历类似汶川特大地震这样重大危机的人来说，有的人不愿意谈论或者不愿意表达情感，很难面对有关死亡这个主题。如果运用语言的方式是很难表达和介入的。而人们对绘画的防御心理较低，不知不觉中就会把内心深层次的动机、情绪、焦虑、冲突、价值观和愿望等投射在绘画作品中，有时也可以将早期记忆中被隐藏或被压抑的内容更快地释放出来，并且开始重建过去。因此，图画所传递的“信息远比语言丰富”，表现力更强，而且，在绘画的过程中，人们进一步理清了自己的思路，把无形的东西有形化，把抽象的东西具体化。在整个危机干预的过程中，在初期缓解了求助者紧张、恐慌、焦虑等情绪后，运用表达性艺术治疗的方法对求助者进行干预，可以激发求助者内心的心理能量，达到自我疗愈的效果。

最后，可以增进沟通改善心理环境。表达性心理治疗不必采用常规的语言交流沟通方式，因而使交流沟通更容易进行，特别是对那些语言表达能力还不够强大的儿童、青少年和刚刚经历危机事件的人来说，此时无声胜有声的艺术表达形式，更能贴近其心灵深处，抚平危机造成的心灵创伤，在与同

① 戴悦：《浅谈绘画艺术治疗在灾后儿童心理辅导中的应用》，《消费导刊》2008 年第 23 期。

病相怜的同类人群中感受危机造成的相同认知和情绪感受，相互依存、感同身受，达成统一的战线，共渡难关，这种时候，任何多余的语言都是多余的，在活动中达到共鸣，甚至心照不宣、心心相印，其感染力和影响力是潜移默化和相当具有震撼力和影响力的。

所以，在危机中，特别是学校心理危机中开展表达性活动并实施专业的表达性心理治疗，比较切合儿童、青少年的特点，能起到事半功倍的效果。

第二章 中小学师生危机心理的适时调查与援助

灾害危机发生后，心理援助的需求显而易见地存在，但是怎样进行援助是一个值得慎重思考的问题。没有调查研究，就没有发言权。进行及时的心理评估，摸清受援助对象的心理现状，是实施心理援助的前提条件。

第一节　危机后师生心理的筛查与评估

危机发生后，需要及时成立援助小组，进入受影响的学校进行调查研究，了解当前整体状况，进行心理状况调查，评估危机对心理的影响，确定初步的干预对象，并制定初步的干预方案。

对危机后师生心理的及时筛查与评估，可以发现需要干预的重点对象，由此对危机者存在的情绪、行为等问题进行有针对性的心理干预援助，是有效进行危机干预的首要步骤。

一、学校面谈的组织与实施

在危机发生后，心理援助小组要进入学校，对相关人员进行面谈。面谈的目的是了解师生的总体心理状况、确定需要重点关注的对象、进行实时的心理帮扶等。

此时的面谈主要是一种接触面谈，即通过主动接近、接触谈话对象，进行信息收集和适时心理疏导的一种面谈方式。通过面谈，了解危机发生前后的基本情况，初步分析危机发生的过程、原因和可能带来的次生灾害，筛查和评估师生的心理状况，预判其心理发展趋势。同时，对需要进行紧急干预的老师和学生进行适时、恰当的心理疏导，实施紧急的心理援助。

（一）面谈的技术

1.面谈的定义

面谈是指任何有计划的和受控制的、在两个人（或更多人）之间进行的、参与者中至少有一人是有目的的，并且在进行过程中互有听和说的谈话。卡耐基认为面谈是指面对面的正式会晤，面谈的双方必定是一方处于优势，而另一方处于劣势。面谈具有目的性、计划性、控制性、双向性、即时性的特点。

2.面谈的分类

面谈的形式可分为个人面谈、集体面谈和管理人员面谈三种。根据场所进行分类，可以将面谈分为室内面谈和室外面谈；按照面谈人数的多少，可分为“一对一”面谈和多人面谈；按面谈的紧急程度分为紧急面谈和一般面谈；根据面谈的性质，可以将面谈分为个别谈话、座谈、游戏活动等。

3.面谈应具备的条件

（1）充分的准备工作

一般面谈需要提前预约和确定面谈的地点、方式和时间，地点最好安静、无人打扰，并应保证充裕的时间，按规定的时间有计划地进行。对面谈对象提前进行基本的了解，准备好面谈的提纲和有关内容。

（2）良好的态度

面谈者应保持良好的态度，尊重面谈对象，平等地与面谈对象进行交流，并遵守面谈约定时间，不迟到。

（3）忌先入为主

一定不要以先入为主的观念来看待面谈对象，应保持平和的心态准备与对方面谈。

（4）接纳和鼓励

积极地接纳面谈对象的想法及言论，并进行适当的鼓励，以促使面谈对象可以打开心扉说真话。

4. 常用的面谈技术

（1）紧急晤谈

紧急晤谈技术（Critical Incident Stress Debriefing，CISD）是早期危机干预中应用最为广泛的方法之一。CISD 在学校的心理危机干预中有一定的优势。可以通过个体或团体的方式进行，在形式上具有灵活性；通过情绪的宣泄，可以帮助个体释放悲伤情绪和心理压力；团体晤谈还可以建立成员间的相互支持，使个体获得支持和安慰。在 CISD 的实施过程中应注意以下事项。

一是对那些处于抑郁状态的人或以消极方式看待 CISD 的人，可能会给其他参加者增加负面影响。

二是鉴于 CISD 与特定区域人群的文化性相一致，有时某些民族文化仪式可以替代 CISD。

三是对于急性悲伤的人，如家中亲人去世者，并不适宜参加 CISD。因为时机不好，可能会干扰其认知过程，引发精神障碍；如果参与 CISD，受到高度创伤者可能为同一会谈中的其他人带来更具灾难性的创伤。

四是会谈结束后，干预团队要及时组织干预人员进行团队晤谈，缓解干预人员的压力。

（2）倾听

在危机发生后，当事人需要一个倾听者来表达自己的情绪、问题。干预者应当积极地倾听，引导当事人进行自我暴露、自我探索。通过倾听可以表达对当事人的关注、理解，对某些需要宣泄的当事人来说，倾听本身也是一种治愈。

倾听技术是心理咨询的重要技术和咨询过程的基础，是指在接纳的基础上，认真、积极、关注地倾听，并主动引导、积极思考、澄清问题、建立关系、参与帮助的过程。常见的倾听反应有鼓励、澄清、释义、情感反应和归纳总结。

鼓励：运用言语或非言语的方式使当事人介绍更多信息。包括点头、张开手，运用“嗯”“哼”等肯定性短语，以及重复当事人话语中的关键词等。复述是更深一层的鼓励方式，是指准确地重复来访者使用的两个或更多词。此外，适当的微笑和关心是两种主要的鼓励手段，能使当事人在会谈中感觉更轻松，从而更能表达自己。

澄清：它是在当事人发出模棱两可的信息后向其提出问题的反应。它开始于“你的意思是……”或“你是说……”这样的问句，然后重复当事人先前的信息，目的是鼓励其更详细地叙述，检查所听到内容的准确性。

释义：将当事人信息中与情境、事件、人物和想法有关的内容进行重新解释，目的是帮助其注意自己信息的内容。

情感反应：它是指对当事人的感受或信息中的情感内容重新加以解释，目的是鼓励当事人更多地倾诉其感受，帮助其意识到自己的情感，认识和管理情绪。

归纳总结：它是将信息的不同内容或多个不同信息联系起来，并重新编排，目的是把当事人信息的多个元素连接在一起，确定一个共同的主题或模式，清除多余的陈述，回顾整个过程。

（3）开放式提问和封闭式提问

开放式提问有助于引导当事人说出自己的感受、情绪及行为等，从而完整地进行叙述并触及更深层次的内心世界。干预者经常对当事人缺乏反应和热情的情况感到束手无策，而很难得到求助者更多的信息。这时，干预者应避免使用封闭式提问，如“你有没有……”“你是否……”等，而是采用开放式问题，如“请告诉我……”“跟我说说……”等。

封闭式提问的目的是获取具体的细节性信息，澄清事实。当会谈内容较为深入时，或探讨某些特定问题时，可使用封闭式提问。封闭式提问常以“是不是”“有没有”等作为开头，它限制了当事人的回答，也可以用来制止当事人偏离主题的叙述。但在危机干预的初期不宜过多使用封闭式提问，以免压制当事人自我表达的积极性。

（4）同理心

同理心并不等于同情心。同理心是要求放下自己的参照标准，不带偏见地从对方的角度出发，理解对方的内心感受，聆听对方的表达，设身处地地去感受对方。在实施的过程中，应注意以下事项。

干预者应适当地运用同理心，将自己放在当事人的处境中进行感受。能进入当事人的参考框架去充分感受其想法。情绪是同理心的前提。当不太肯定自己的理解是否准确时，可使用尝试性、探索性的语气来表达，请当事人检验并做出修正。

同理心的表达应适时适度、因人而异，表达尽量简短，避免长时间的陈述。在表达的时候，也要考虑到当事人的文化背景和其自身的某些特点。

同理心可以用言语表达，也可以用非言语行为进行表达，或者将二者结合起来。避免说教式地、机械式地回应，避免将同理心理解为同情或同意。

（二）面谈的组织

1. 面谈的对象

进入受危机影响的学校进行面谈前，有时需要先接触或面谈相关教育主管部门，经过允许后才能深入学校进行调查研究和施援，在初步走访查看的基础上，开展一系列接触面谈。

（1）面谈学校领导

了解学校发生危机前后的基本情况，听取危机发生后采取的应对措施、取得的效果、存在的问题，征求对实施心理援助的建议和要求，商定心理援助的时间、内容、联系人等相关事宜，最大限度地寻求对心理援助的支持和帮助。

（2）面谈教师

召开教师代表座谈会或班主任座谈会，并约谈参与危机干预的个别老师，了解危机后学校师生的伤亡状况、心理现状、应对处置的措施及效果和危机事件发生当时的具体情况，听取他们对心理援助的意见和建议，推荐需要紧急干预的老师和学生。同时，将从老师那儿了解的有关对校方和上级主管部门的意见和建议，以及需要引起足够重视和紧急处理的事宜，汇总后及时反馈给学校及相关部门，促进纵向和横向交叉沟通和危机的协商处置，消除不良情绪和隐患，避免引发群体性情绪或事件。

（3）面谈学生

学生是心理援助的主要对象，及时、准确地了解每名学生的心理状况，是心理援助的关键任务之一。了解学生的基本情况，除了从校方领导和教师渠道了解之外，直接从学生那里了解情况是最基本的援助要求和最好的渠道。危机发生后，根据危机发生的规模、程度、涉及学生的范围确定面谈学生对象和面谈的形式。参与面谈学生的确定可以通过以下方式和途径。

一是由班主任或任课教师推荐确定。一般情况下，班主任对学生的情况了解得比较及时、全面。从班主任那儿可以了解到危机发生前后学生的具体情况，对当前学生的思想和心理状况的介绍和分析，可以帮助廓清心理援助的思路，寻找到恰当、合适的方法和途径。班主任老师会把需要紧急引起关注的孩子介绍给援助人员。援助人员通过面谈和开展相应的活动、问卷调查、心理测量等方式确定孩子的基本心理状况以及援助的具体内容及形式。对于受到危机侵害的群体，可以通过座谈、游戏活动、心理普查等来进行筛选，然后对一些特殊学生再通过面对面的进一步沟通和交流来确定实施进一步的心理援助。

二是由学生家长推荐确定。危机发生后，家长是最担心、焦虑的群体，他们时刻心系孩子的安危和康复，即使平常不怎么看好心理咨询的家长，也会主动寻求援助小组给予帮助。这也是援助小组全面了解孩子真实状况的重要机会。援助小组要谨慎对待、热情帮助。要耐心听取家长对孩子危机发生时的描述和孩子受到危机侵害的经历以及当下的状况。危机发生后，孩子经常和家长待在一起，除了教师之外，家庭应是孩子最安全的港湾。危机不仅对孩子造成伤害，对家长的身心也会造成空前的打击，加上对孩子的过于担心、焦虑以及对灾害、危机的恐惧，家长也可能成为灾害危机最大受害者或者潜在受害者，他们的情绪和心理状况必然会影响到危机中和危机后孩子的心理和行为，所以，听取家长的介绍也是让家长进行情绪宣泄的过程。不仅如此，对一些家长还要进行进一步的咨询、治疗和帮助。对于家长介绍需要帮助的孩子，综合其他渠道了解的情况，来确定是否进行个别干预、怎样进行心理干预。值得提醒的是，经观察认为家长的精神状态对学生有较大负面影响时，就需要把家长和学生同时确定为干预对象。

三是援助小组人员在校园观察后自行确定面谈对象。援助小组利用在校园内的走访、参与观察，会发现一些需要关注或比较特别的孩子。经过初步的接触后，会选择一些学生做进一步面谈了解情况，进行适时的疏导。通过深入学生当中，参与到学生的日常生活学习和活动当中，发现问题、解决问题，为学生提供必要的疏导和帮助。

面谈对象要注意针对性、特殊性和一般性的结合。一开始重点关注那些需要紧急援助的对象，比如，在危机中受伤的、家人中有伤亡的，班级或部门同事有较多伤亡或遭遇危机打击的，包括他们的家长或亲人。

2. 面谈的准备

确定要面谈的对象后，根据面谈的对象准备面谈的时间和地点，还要准备面谈所需要的录音、录像设备和纸、笔等文具资料与游戏道具等。

特别要注意的是，第一次面谈一定要跟学校或教育及其他主管部门提出申请和预约，不要私自进入学校，一定不要干扰学校的正常秩序和危机善后的正常进行。

（1）面谈的地点

面谈一般在学校的室内场所进行，也可在保持安全的条件下在学校室外进行。在室内进行时，尽量保持透风、整洁、安静和安全。但由于发生危机时和危机后一段时间内，环境相对恶劣、秩序也显混乱，要想保证绝对的安静和卫生也是不可能的，所以，只能因地制宜地选择最适宜的场所来接触学生。但无论选择什么样的场所，安全是放在第一位的，是必须要保证的。

（2）面谈的时机

面谈在危机发生后应当及早进行和跟进，但要做到不干扰生命救援和应急物品的集散和发放。初期的面谈援助活动，以起到慰问、疏导和安抚的作用为主，通过及时接触援助对象，实施快速、直接的简化式应急援助服务，伴以急需生活用品的发放和安全措施的保证。对学生主要利用课间的时间、自由活动的时间；对老师主要利用课间和不上课的时间，但教师连续上两节课时，课间一般不要安排正式的见面沟通。总之，要注意不要打乱师生正常的上课、学习和生活秩序，避免因谈话和调研造成不必要的工作混乱和心理波动。

3. 面谈的内容

（1）收集资料

需要收集的资料应包括当事人的一般资料、危机发生时的感受和体验，以及目前综合状态。一般资料包括人口学资料，如姓名、职业、宗教、联系方式等；当事人的生活状况，如生活方式和习惯、近期生活方式有无重大改变；当事人的工作或学习情况，如工作或学习的态度、兴趣、满意度等；当事人的社交情况，如社交网络以及社交内容；当事人对自我的描述；等等。

危机发生时的感受和体验包括当时的所见所闻、感知觉、情绪和情感体验、意志行为等。

目前综合状态包括当事人目前的身体状况，即当事人有无躯体异常感觉和不适；当事人目前的心理状况和精神状况；当事人目前的社会交往状况和适应状况。还有目前有没有什么困难和需要帮助的地方等，应尽量多地收集资料。

（2）初步评估

对面谈过程中收集到的资料和当事人的言语和非言语行为进行评估。对于情况较为严重的当事人，需及时进行适当的危机干预，并将面谈情况告知校方相关人员。

（三）面谈的实施

学校面谈适合于早期的心理干预，有利于收集相关信息进行鉴别诊断，还可以帮助个体释放情绪，可参照 CISD 的实施过程，对危机后师生心理进行筛查与评估。

1. 危机事件真实过程的重现

实施者请个体或团体成员从自己的角度出发，对危机事件发生过程中或发生后自己的一些实际情况进行描述，包括自己对危机事件的所见、所闻，每个人都有机会对事件进行细节补充。本阶段的目的在于帮助个体重现危机事件发生过程中的真实情况，了解个体的基本情况，以及个体对危机事件的认识。

2. 感受的表达

实施者引导个体或团体成员谈论自己的真实感受，鼓励个体或团体成员描述自己对于危机事件的认知反应，将自己对危机事件最主要的想法表达出来，揭露自己感受最深刻的情绪。这一阶段需要做进一步的情感表达，实施者在此阶段应给予充分的理解、关心和支持。通过引导个体认识、分享自己的危机体验，使个体对事件有更深的认识，不仅仅局限于情绪上的反应，同时，实施者也可以了解当事人的认知反应和情绪反应。

3. 现状的了解

实施者引导团体成员从认知、行为等方面按时间顺序描述自己的体验，例如，询问个体在危机事件发生时有什么体验？危机发生后是怎么样的体验？让团体成员讨论这些体验对现在的生活、学习、工作有什么影响。本阶段可以帮助实施者了解当事人目前的现状，以及危机事件对现状的影响。

4. 必要的干预

实施者在面谈过程中可以向个体或团体成员介绍危机后的正常反应、应激反应等，使他们意识到自己的认知、行为是可以理解的，强调人是有潜能的、有适应的能力。向个体或团体成员提供相关的危机后应激管理技巧和积极应对方式，对于情况较为严重的个体进行及时的危机干预。

5. 面谈结果的筛选与使用

按照问题的严重和紧急程度，进行梳理和分类，确定需要干预的先后人群，建立对特殊人群的持续跟踪联系和约定，制定紧急干预方案，进行心理干预。

（四）面谈的注意事项

1. 以第一人称进行交流

干预者用第一人称来与当事人进行交流，传达对当事人的理解，避免不懂装懂的陈述。第一人称的表达方式在危机干预中经常使用，因为当事人常处于一种失衡状态，失去原有的能动性，需要干预者采取一种指导性的态度。在会谈的过程中，干预者要明确自己的感受、思想和行为等，为当事人建立一个榜样的形象。但也要注意使用的限度，毕竟当事人是危机干预中的主要对象，而不是干预者。干预者可以使用第一人称来表达对当事人的理解，例如，“我虽然不能在体验的层面上理解你的感觉，但我能理解你的焦虑情绪”。许多心理干预的初学者会假装自己完美无缺、什么都懂来赢得当事人的信任，当事人往往会出现要么完全依赖、要么完全不信任的态度。因此，在没有听懂当事人的表述时，不妨尝试以自己含糊、不解来进行澄清，反而有助于强化会谈的信任关系。

2. 鼓励和支持

在会谈的过程中，干预者要对当事人进行积极的强化。这种积极的强化不能针对人格特征，而是用于对行为的鼓励、欣赏。同样地，对当事人尽量不做人格的评判，以免使当事人有不良的情绪体验。但对于当事人过分的冲动及行为，干预者也没有必要隐藏自己失望、愤怒的感觉，可以冷静地使用第一人称来表达自己，控制干预现场。

3. 做好未成年人监护

在中小学里面谈的对象大多数是未成年人，因此，对处于危机中的未成年人要加强保护，面谈的时候尽量让家长或老师陪同。在没有家长和老师陪同的情况下，援助者要起到临时监护人的作用，注意面谈对象的情绪行为变化。面谈结束时要亲自交接给学校负责人或家长，并就如何帮助学生给予指导性建议和方法。另外还要注意跟家长签署知情同意书。

二、心理测试的组织与实施

心理测试或心理测量是了解个体或群体心理状况的一种比较客观的方法。在进行筛查与评估的过程中，心理测试是最常见的方式之一，它可以直观地将心理现象、行为反应以数量化的方式呈现出来，便于进行描述和定量分析，制定方案。

（一）心理测试的内涵和原则

1. 心理测量与心理测试

心理测量是指依据一定的心理学理论，使用一定的操作程序，给人的能力、人格及心理健康等心理特性和行为确定出一种数量化的价值。广义的心理测量不仅包括以心理测验（测试）为工具的测量，也包括用观察法、访谈法、问卷法、实验法、心理物理法等方法进行的测量。测量就是依据一定的法则使用量具对事物的特征进行定量描述的过程，心理测量在心理咨询中能帮助当事人了解自己的情绪、行为模式和人格特点。心理测量着重在数量化方面，通常是采用数字对事物的特性进行定量描述和确定的过程。

心理测试，即心理测验，是根据心理学原理设计程序和量表，对心理状况进行测量。心理测试类似问卷调查，不同之处是心理测试一般利用现成的量表要求被试者以最好的状态完成测验，而问卷则只要求被试者按平常状态发挥就行。一个实用的心理测验必须要具备一定的信度和效度。

2. 心理测试的原则

（1）要注意对测试者的隐私加以保护

在未进行专业的隐私处理之前，不能公布测试者的心理测试结果。因为心理测试涉及个人隐私，这些内容严格来说应该只有被试者及其授权的人才能了解，所以有关测试内容应该严加保密。

（2）要有严格的程序

心理测试选择的内容、测试的实施和计分，以及测试结果的解释都是有严格的顺序的。一般来说，主试及施测者要受过严格的心理测试方面的训练。主试要事先做好充分的准备，包括要统一地讲出测试指导语；要准备好测试材料；要能够熟练地掌握测试的具体实施手续；要尽可能使每一次测试的条件相同，这样测试结果才能比较正确。从心理测试准备，到心理测试实施，以至最后心理测试结果的评判，都要遵循严格的程序。

（3）心理测试的结果不能作为单独评定的依据

尽管心理测试是心理学研究的必要手段，在实际的生活中也得到了越来越广泛的应用，但是需要注意的是，心理测试只是为我们了解人们的心理提供一定的参考。人是发展成长和变化的，心理测试仅仅提供个人在进行测试的那个时间点的状况特点，因此不能过分夸大心理测评的效果，它只能提供一个专业的心理学方面的参考。心理援助者在对测试结果进行解释的时候必须慎之又慎，不要把心理测试结果当成是“终身的标签”，应结合多种方法，做出客观评价，不能将心理测试作为绝对的评定依据。

（二）心理测试的组织

根据危机发生的范围和受灾程度，确定要进行测试的学校、对象、人群、时间，进行必要的调研、协调和沟通，制定心理测量方案，然后才能进行具体的心理测试。

心理测试的组织需要经过选择对象、确定时间、选择量表和测验前的准备几个步骤。

1. 心理测试对象的确定

心理测量适宜以每一个学校为单位，便于组织测查、评估和制定援助方案。以经历过危机灾难的个人或人群为主要对象，也可包括危机发生后参与救援的部分人员。比如参与救援的解放军、医务人员和部分志愿者，他们由于目睹灾难等危机带来的惨状和直接救援过程中的心灵冲击，往往容易患上应激性心理障碍。了解救援人员的心理状况并给予及时的心理援助，有助于提升灾害救助的水平，做到有效救助。

2. 心理测试的时间

危机刚刚发生后，不太适宜马上对处于危机状态的人群做心理测量。这个时候抢救生命、救治伤员、安抚情绪为第一要务，在这个阶段中，可采取观察测量，即通过注意观察，了解受难对象的心理和情绪，在进行有针对性的实时抚慰的情况下，考察援助对象的心理状况，为进一步的心理调查做铺垫。待危机救援黄金时期过后，针对特定的对象，在前期观察、考察基础上，进行进一步的心理测量，以搞清楚危机对象受到危机侵害后心理伤害的程度、类型和内心需求。

3. 心理测试量表及问卷的选择与编制

心理测试量表及问卷的设计与选择，应当注意量表、问卷要适合学生的年龄和身心特点，避免把适用于成年人的量表生搬硬套过来，问卷也要考虑少年儿童的语言文化水平，便于少年儿童的理解和作答。问卷的长度适中，尽量做到缩短答题时间。青少年可塑性强，许多心理危机并没有给他们造成如同成年人感受到的那么大的危机，创伤随着时间的推移和自身的成长消失得也快，测量的目的在于及时掌握信息，给予及时的心理辅导。但也有一些儿童，年龄的增长、生活事件的冲击、认知水平的提高，亲人的缺失、家庭结构的破坏，往往对孩子们幼小的心灵造成深远的影响，灾难危机造成的缺憾反而会在一段时间内被放大，心灵的创伤会突然爆发，在选择编译量表时还要注意对这些蛛丝马迹的考察，可考虑加一些常用儿童青少年危机量表测量。

4. 测试前的准备

测试前的准备工作是保证测试顺利进行和测验实施标准化的必要环节。准备工作主要包括以下几个方面。

（1）预告测验

事先应当通知受测者，保证受测者确切知道测验的时间、地点等，心理测验一般不搞突然袭击。当然，对于受灾师生可以根据实际情况，选择是否告知测验的根本目的。

（2）施测者自身的准备

施测者需要熟悉测试的具体程序，保证测试的顺利进行。测验的实施并不仅仅是分发、收集试卷，对于某些个别测验和团体测验来说，测验的实施必须要由受过专门训练的人来完成。施测者的训练，通常包括讲解或阅读测验手册、观察演示和操作练习等。

施测者还必须做好应付突发事件，以及受测者随时提问的心理准备。

（3）测试材料的准备

测验材料包括测验题目、答卷纸、记分键、指导书、纸、笔及计时表等必需材料和工具。施测者可以通过详细的模拟测验过程，以确认材料是否准备齐全。

（4）测试环境的准备

心理测试对环境的要求很高。许多研究表明，测验环境会对测验的结果造成影响。例如，一个人在酷暑等恶劣极端天气和正常天气下所做的智力测验的结果会有差别。因此，施测者必须对测验时的光线、通风、温度及噪声水平等物理条件做好安排，统一布置。测验房门上最好有牌子，示意测验正在进行，不允许随便进入。

对于灾后心理测试，可以适当降低对环境的要求，但也要确保受测者处于安全的环境之中。

5. 灾后常用心理测试

（1）90 项症状清单（SCL-90）

90 项症状清单（Symptom Checklist 90，SCL-90）在国外应用甚广，20 世纪 80 年代引入中国。量表共计 90 个项目，包含从感觉、情感、意识、思维、行为到生活习惯、人际关系、饮食睡眠等广泛的精神症状学内容[①]。每个项目采取 5 级评分制：自觉无该项症状（或问题），记 1 分；自觉有该项症状，但对受检者并无实际影响或影响轻微，记 2 分；自觉有该项症状，对受检者有一定影响，记 3 分；自觉常有该项症状，对受检者有相当程度的影响，记 4 分；自觉该症状的频度和强度都十分严重，对受检者的影响严重，记 5 分。

结果各因子包括躯体化、强迫症状、人际关系敏感、抑郁、焦虑、敌对、恐怖、偏执、精神病性及其他，因子分超过 2 分为阳性项目。躯体化主要反映主观的身体不适感；强迫症状反应临床上的强迫症状群；人际关系敏感主要指某些个人不自在感和自卑感，尤其在与他人相比较时更突出；抑郁反映指与临床上抑郁症状群相联系的精神症状及体验；焦虑指在临床上明显与焦虑症状相联系的精神症状及体验；敌对主要从思维、情感及行为三方面来反映受测者的敌对表现；恐怖与传统的恐怖状态所反映的内容基本一致；偏执主要是指猜疑和关系妄想等；精神病性中有幻听、思维播散、被洞悉感等反

① 唐秋萍、程灶火、袁爱华等：《SCL-90在中国的应用与分析》，《中国临床心理学杂志》1999年第1期。

映精神分裂样症状项目；其他主要反映睡眠及饮食情况。

该量表操作简便，反映的症状丰富，能较准确评估自觉症状的特点，有良好的实证效度。总得分超过 160 分，或阳性项目数超过 43 项，或任意因子分超过 2 分，可考虑筛查阳性，做进一步检查。该量表在危机后中小学心理援助中主要针对作为成年人的教师使用，对低年级中小学生一般不用。

（2）创伤后应激障碍检查表（PCL）

创伤后应激障碍（Post Traumatic Stress Disorder，PTSD）是指个体经历不平常的威胁性或灾难性的应激事件或情境后，导致延迟出现和长期存在的精神障碍，个体会出现反复的痛苦回忆、噩梦、幻想以及相应的生理反应；有长期回避与创伤事件有关的想法、情感以及引起回忆的活动等表现；长期处在高度警觉状态，如入睡困难、情绪烦躁等；并且导致个体在社会、职业、婚姻等生活方面的功能受损[①]。

创伤后应激障碍检查表（the PTSD checklist，PCL）是 Weathers 等于 1993 年编制的自评量表，是国外众多用于评估 PTSD 工具中使用最为广泛的自评工具之一[②]。在 DSM-V（2013）中，PTSD 共有 17 条症状，包括再体验（reexperiencing）5 项症状、回避（avoidance）7 项症状和过度唤起或高警觉（hyperarousal）5 项症状。根据诊断标准，必须同时具有 1 项以上再体验症状、3 项以上回避症状和 2 项以上过度唤起症状，才能做出 PTSD 的诊断。该量表按照 DSM-V 所描述 17 个症状编制了 17 个条目与之对应[③]。量表采用 1—5 五级评分，没有什么反应，记 1 分；轻度反应，记 2 分；中度反应，记 3 分；重度反应，记 4 分；极重度反应，记 5 分。根据 DSM-V 的规定，每个条目上的得分超过 3 分时才能确定存在该项症状。

将 17 项得分相加得到总分，总分越高说明创伤事件对其影响越重。PCL

---

① Carmassi, C., Akiskal, H. S., Yong, S. S., et al., "Post-traumatic Stress Disorder in DSM-5: Estimates of Prevalence and Criteria Comparison Versus DSM- Ⅳ -TR in A Non-clinical Sample of Earthquake survivors", *Affect Disord*, 2013, Vol. 151, No. 3, pp. 843-848.

② Weathers FW, Litz BT, Herman DS, et al., "The PTSD checklist: Reliability, validity, and diagnostic utility", in *The Annual Meeting of the International Society for traumatic Stress Studies*, San Antonio, TX, 1993.

③ Carmassi, C., Akiskal, H. S., Yong, S. S., et al., "Post-traumatic Stress Disorder in DSM-5: Estimates of Prevalence and Criteria Comparison Versus DSM- Ⅳ -TR in A Non-clinical Sample of Earthquake Survivors", *Affect Disord*, 2013, Vol. 151, No. 3, pp. 843-848.

的施测需要5—10分钟，操作简便，但只能作为辅助工具使用，需要结合其他资料对PTSD进行诊断。该量表既适用于教师也适应于学生。

（3）Achenbach儿童行为量表（CBCL）

Achenbach儿童行为量表（Achenbach Child Behavior Checklist，CBCL）由美国心理学家Achenbach TM和Edelbrock C于1976年编制、1983年修订的父母用儿童行为量表，主要用于评定儿童广谱的行为和情绪问题及社会能力。1991年Achenbach对CBCL再次进行修订，将年龄范围扩大到18岁，并将教师报告表和青少年自我报告表加入CBCL，这样就可以从父母、教师、儿童自己三方面获得信息[①]。CBCL所评估的内容包括社会能力和行为问题两部分。社会能力有3个分量表，活动能力、社交能力和学校能力，包含7个项目。分数越高表示儿童在此方面能力越强，以各分量表第二百分位（T分=30）作为划界分，低于划界分的认为儿童可能在此方面有能力上的缺陷。行为问题共有120项，其中有2个需要家长填写，其他项目按0、1、2三级评分。行为问题分为内化性和外化性，内化性是以退缩、躯体化、焦虑、抑郁为主要表现的情绪问题；外化性是以攻击、违纪为主要表现的行为问题。部分项目需要描述，按描述内容进行判断是否记分。量表中分量表的得分越高，表明问题越多或越严重；内化—外化两维度的划分要求两者差值T分超过10分才有意义。量表要求由父母或儿童监护人填写，一般需要15—20分钟。

该量表信度、效度较好，内容较全面，但评分方法复杂，内容较多，需要经过专业学习，借助计算机进行评分。

（4）小学生心理健康评定量表

小学生心理健康评定量表是为了筛选、诊断我国小学生在心理健康方面存在的问题而编制的。该量表共80个项目，每10个项目组成一个分量表。分量表以英文字母排序。各分量表的定义及其所属项目序号是：A学习障碍、B情绪障碍、C性格缺陷、D社会适应障碍、E品德缺陷、F不良习惯、G行为障碍、H特种障碍。小学生心理健康评定量表采用家长评定、班主任评定两种形式。考虑到心理健康问题专业性较强，小学儿童特别是低、中年级学

① Achenbach TM,"Manual for the Youth Self-Report and 1991 Profile", *Burlington, VT: University of Vermont, Department of Psychiatry*, 1991.

生尚难客观、准确地评价自己的心理障碍或行为障碍，因此未采取学生自评的形式。采用三级累加计分模式："没有"计0分，表示没有此种症状、缺陷或障碍；"偶尔"计1分，表示存在此种症状、缺陷或障碍，但表现不频繁、不严重；"经常"计2分，表示此种症状、缺陷或障碍在被试身上已经成为习惯，反复出现，频度、程度均较严重。每一分量表的原始分数累加后，由计分人填入答卷纸最下方的对应空白栏内；各分量表的累加值相加后即为量表总分。

（5）投射测量工具

投射测验可以让被试在不受限制的条件下做出反应，探索个体内心世界。通常采用无结构材料，由主试根据自己的理论假设对被试的反应做出解释，它不受文化的影响，既适用于儿童也适用于成人。儿童由于文化水平的限制，可能无法清楚运用语言将自己的感受和情绪表现出来，投射测验可以作为一种辅助工具帮助主试了解情况。常用的投射测验有绘画测验、罗夏墨迹测验、主题统觉测验、沙盘游戏等方式。

绘画测验是常用的工具之一，实施方式比较简单，根据要求和主题的不同，有"房树人"（HTP）测验、画人测验（DAM）等多种方式。房树人测验（House-Tree-Person），是较为著名的绘画投射测验，要求受测者画出一栋房子、一棵树和一个人。在实施过程中，给予简单的指导语即可，让受测者根据自己的理解进行绘画。测验完成后，可以从多个层面进行分析图画。例如图画的整体分析，房、树、人三者之间的位置关系等；还可以对绘画过程进行分析，受测者先画的部分、修改的部分等。分析过程中首先请受测者自己进行解释，其次对于图片中的细节问题可以提问，请受测者回答。通常房子可以投射出有关家庭的信息，包括家庭结构、家庭关系等[①]。

罗夏墨迹测验（Rorschach Inkblot Test）是由瑞士精神医学家罗夏（Hermann Rorschach）编制的[②]。测验材料为10张精心制作的墨迹图，其中5张为黑白图片，2张由黑白图片和红色墨迹构成，3张为彩色图片。施测过程主要分为四个阶。在阶段一，主试按一定顺序把墨迹卡片展示给受测者，并提问"这

---

① 李元榕：《我懂你的心：HTPC 房树人绘画识人技术》，中国财富出版社2016年版，第20页。

② ［瑞士］罗夏：《心理诊断法》，袁军译，浙江教育出版社1997年版，第1—3页。

看上去像什么?""这使你想到什么?"等简单问题,让受测者说出他看到了什么,自由地说出由此所联想到的东西。在阶段二,主试需要根据受测者的反应进行提问,了解其隐藏的想法。受测者会在不知不觉中将自己投射到情境之中,主试从受测者的反应中,可以了解其生活经验、情感等心理状态。在阶段三,主试通过类比的方式,对上一阶段尚未充分明白的部分进行补充,从而确定受测者的反应背后是否有某种决定因子的存在。在阶段四,主试对过程中受测者的反应进行分类、比较,并从结构、顺序、内容方面进行系统、综合分析。

主题统觉测验(Thematic Apperception Test,TAT)也是投射测验中常用的测验工具之一[①]。由30张比较模糊的黑白图片组成,根据被试的年龄、性别采用其中20张进行测试。测验过程中,要求受测者根据图片讲故事,受测者在讲故事时会将自己的思想感情投射到图画中。故事的叙述应该包含四个基本维度,即图片描述了一个怎样的情境、图片中的情境是怎样发生的、图片中的人物在想什么、结局会怎样。主试根据故事进行分析,TAT记分时要同时考虑故事的内容(情节、心理背景等)和形式(如长度、种类等)。通过TAT可以反映一个人的人格特点,但为了更好地研究不同的对象,TAT还产生了多种变式,如儿童统觉测验、黑人统觉测验等。

投射测验的弹性较大,受测者可以不受限制地做出任意反应。且材料方便、易懂,可以对没有阅读能力的受测者进行施测。但投射测验缺乏客观的评分标准,难以进行客观的解释,测验花费的时间相对较长。

(6)其他常用测量工具

生活事件量表(LES)对生活事件进行定量、定性评定,LES总分越高,反映个体承受的精神压力越大。

应对方式问卷(CSQ)对个体或群体的应对方式进行研究,帮助改善和提高个体应对方式。

社会支持评定量表(SSRS)对社会支持进行评定。良好的社会支持有利于身心健康,可以在应激状态下起缓冲作用。

少儿心理健康量表(MSH-CA)对儿童和青少年的心理健康状况进行多

---

① Murray H A, *Exploration in Personality*, New York: Oxford University Press,1938.

维度评估。

抑郁自评量表（SDS）对抑郁症状进行快速筛查

（三）心理测试的实施

1. 对受灾小学生进行学习适应性测验的实施过程

学习适应性测验（Academic Adjustment Inventory，AAT）是用来测量学生克服内在和外在种种困难而取得较好学习效果的一种学习适应能力测验，该测验根据日本教育研究所学习适应性研究所编的《学习适应性测验》，由我国心理测量专家进行修订，并制定出中国的常模，成为适应于我国中小学生学习诊断与指导的标准化测验工具。

（1）指导语

指导语一般是指对测验的说明和解释，有时包括对特殊情况发生时应如何处理的指示。在实施测验时，必须使用统一的指导语。向受试者讲清测验的目的，可以使受试者了解测验，以正确的态度参加测验。

测验指导语：这个调查不是要了解你的能力性格是好还是不好，而是要详细地调查研究，如何根据你的性格、状况和环境条件，充分提高你的学习能力。因此，你实际上是怎么做的、怎么想的，就怎么回答。如果不说实话，回答的内容与平时情况不同，那这项调查对你是没有用处的。

（2）测验内容和方法

小学一、二年级的学习适应性测验由 5 个内容量表组成，包括学习态度、听课方法、家庭环境、学校环境，以及独立性和毅力。

小学三、四年级的学习适应性测验由 7 个内容量表组成，在一、二年级的学习态度、听课方法、家庭环境、学校环境、独立性和毅力 5 个量表的基础上，增加了学习技术和身心健康 2 个内容量表。

小学五、六年级的学习适应性测验由 9 个内容量表组成，即学习热情、学习计划、听课方法、学习技术、家庭环境、学校环境、独立性、毅力和心身健康。

在测验实施过程中，学生将答案写在答题卡上。主测者应在教室内巡视，如果学生有不识的字或意思不懂的单词，应小声地告诉他，不要打搅别人。但是，不能暗示答案。如有学生问"我未遇到过此种情况怎么办?"，可回答："按照假设的情况去回答"。对于小学低年级的学生，主测者可以朗读测试题让学生回答。

（3）记分

内容量表的原始分加起来，即为全量表的总分，对照常模表，将总分换标成标准分，可由此来判断对于学习条件的适应。

假定某人的标准分为 65，说明在同一年级的同学中，他的学习适应性已进入上位 7%，可以判断是优等。标准分在 14 以下，说明他比该年级的平均值还低，因而，遇到第 2 或第 1 等级时，必须做个别指导，以改善其适应性。

（4）测验结果分析

在本量表中包含了学习态度、学习技术、学习环境、心身健康 4 个分测验，所以不仅能从整体上看受试者对于学习的适应性如何，而且还可从上述 4 个分测验中分别对其进行观察。

2. 对受灾初中生进行中学生心理素质的测量过程

实施心理素质测量的指导思想是：通过从耐挫能力、社会能力及其倾向、个性和学习能力 4 个方面来评价中学生的心理素质，调查了解中学生的综合心理素质状况。在中学生心理素质测验中要坚持如下原则。

一是导向性原则。充分发挥测验的教育和导向功能，有利于反映学生的心理健康状况，发现潜在问题；有利于教师了解学生的心理素质，转变教育观念和教育教学行为；有利于学校改进教育教学工作。

二是发展性原则。坚持用发展的眼光看待学生，既要看到学生现有的发展水平，更要发现潜在的发展可能性；既要重视结果，更要重视发展和变化的过程。

三是可行性原则。制定的测评实施方案、实施方法力求灵活、简便易行，避免烦琐和形式化。

（1）指导语

测验的指导语必须清楚、明确、易懂、有礼貌，有时有必要作适当的演示，并且注意观察被试的反应。中学生已经具有相当的认知和思维能力，也开始关心自己的隐私是否会受到侵犯，尤其对于危机后的中学生来说，他们的体验更为敏感。因此在心理测验前应将问卷的目的和作用告诉被试，避免采取欺骗和隐瞒的方式，对被试提出的忧虑进行耐心解释，从而保证测验客观顺利地进行。

例如，“这个测验是调查你的心情和感受的，不是测验智力和学习能力，与学习成绩无关，答案也没有好坏之分，请按照你平常所想的如实回答”。

（2）测验内容和方法

采用中学生心理素质量表，用于调查了解中学生的综合心理素质状况。本量表包含4个分量表，分别从耐挫能力、社会能力及其倾向、个性、学习能力4个方面来评价中学生的心理素质，4个分量表内部又各自包含若干要素。

中学生心理素质量表（MSMQS），主要采取学生自评的方式，即学生根据本人平时表现，依据心理素质测评各维度的要求，确定自评等级。

（3）记分

正向题所得的分数就是所选同意程度的数字，反向题选择从1到4依次得4、3、2、1分。把各个分量表各题得分加起来就是该分量表的得分，全部题的得分加起来就是整个量表的得分。把分量表、总量表的原始分除以各自所包含的题目数就可以得到平均分。

（4）测验结果分析

根据问卷调查的结果分析各因素，在解释测验结果时应充分考虑测验中各种影响因素，结合被试的其他相关数据进行综合分析，才能得出结论。

（四）注意事项

心理测量比较节省时间，效率高，测量结果一般也较为客观，便于比较和分析。然而，由于危机的特殊性，危机发生后的心理测试有一些需要特别注意的地方，这也是危机后心理援助特别容易引起歧义的地方。2008年汶川地震后灾区一度盛传的“防火、防盗、防心理咨询”，在很大程度上是由于一些不合时宜、不合规范的心理测量造成的。

1. 测量的时间

测量的时间需要根据受测量者的实际情况来确定，而且要科学规范，符合测量的程序要求。汶川地震发生后，一些志愿者和科研人员到灾区后拿着各式各样的问卷或量表，让刚刚从地震中幸存的人们解答，也有的在测量完后做个现场报告完事，有的甚至一走了之、泥牛入海杳无音信，引起当地群众很强烈的反感。测量的后续反馈不足和随之而来的心理援助的缺乏，在灾区产生了一些消极的影响。所以，如何选择合适的时机进行心理测量显得尤为重要。一定要看受灾人员的身心状况，采取“软着陆”的方式，温和地、负责任地进行。

2. 选择量表

心理测量需要选择科学的量表和问卷，面对不同的人群需要选择不同的量表。汶川地震后，许多测量大都根据自己的判断和知识背景选择，没有相关部门和专业督导队伍统一有效的规范、检查和督导，所以测量的科学性也就打了折扣。

（1）在选用某个心理量表时，应根据测验的目的进行选择，不能盲目滥用心理量表。

（2）了解量表的适用范围、信度和效度，以及该量表是否有常模，根据常模样本的构成，选择适合的心理量表进行施测。相对成熟的心理量表能更可靠地提供数据，进行分析解释。

（3）考虑测验的时间长短，以及受测群体的接受程度。针对学生年龄阶段的不同应采用不同的量表进行施测，考虑学生的理解能力对测验结果的影响。

3. 测验实施

对儿童少年学生的施测应由专门人员来进行。这些专门人员包括设计、组织测验的心理专家，受过心理专家培训的志愿者、部分班主任教师和其他心理学工作者。要安排统一时间，统一进行。施测者按照指导语要把施测的目的、内容和结果的使用给同学们讲清楚，打消其顾虑，让他们能从容作答。有些家长作为孩子的监护人，出于对孩子的担心，可能会问及有关测验的内容和目的。在测量之前和之后的时间，有必要跟家长交代清楚测验的内容和目的，避免引起误会。同时也提醒家长注意观察孩子测量前后的心理变化，如有特殊情况及时跟学校沟通。

（1）进行测量的人员应尊重他人权利，平等对待受测者，采取自愿的方式进行施测，遵守相关职业道德和保密原则。

（2）正式开始前，主试要认真讲解指导语，解释受测者的疑问。与受测者建立良好的、信任的关系，特别是受到灾害危机创伤的人群，应让受测者尽量感到安全。

（3）尽量采用现场回收量表的方式，保证结果分析的可靠性和有效性。

4. 心理测量的统计及心理测量结果的应用

危机后心理测量的目的是准确地了解危机后人们的心理状况，为迅速和持续的心理援助提供比较客观的信息，有助于制定科学而有针对性的心理援助方案，促使心理援助有针对性地科学实施。如果仅仅为了科研的目的，或仅仅为了了解灾区状况而收集数据资料，而没有投入应有的精力根据测量结果给予之后的实际帮助和指导，那么这样的援助在态度上是欺骗，在行为上是不道德的，在结果上是不诚信的，它会大大透支受灾者对心理援助的信任与合作，换来的将是厌恶和不欢迎，受灾学校就会对施测人员下逐客令，这样的援助即使能够进行下去也是不真实的，对整个心理援助工作也会带来阻碍或破坏，使真正有效的心理援助面临很大的困难。

测验完成后，要及时对心理测验数据资料进行统计分析和结果分析，根据心理学原理，结合实际情况解释结果。尤其使用国外心理量表时，要注意文化差异带来的影响。了解影响测验结果的误差来源，包括趋中误差、宽大误差等，以及由于主试、测验环境或其他因素引起的误差。在进行结果讨论时，充分考虑各种误差，结合受测者其他相关资料，综合得出结论。然后，根据测验结果及时采取应对措施。测量结果要注意在一定范围内使用，避免给学生和家长贴上不利的标签。对测验结果的解释要客观、理性，注重发展性，对孩子反映出的问题要给予足够的重视，但又不大惊小怪。测验是为了聚焦问题，了解学生的实际情况，给予科学、及时的帮助和个性化、有针对性的关怀，以帮助孩子尽快走出危机造成的阴影。

关于测量结果的使用，特别需要注意的是测验和科学研究的关系问题。对未成年学生进行测验，主要目的是了解孩子们的心理状况，预测和诊断他们受到危机伤害的程度、症状和走向，然后促进心理援助有针对性的科学实施，这当中当然有科学的分析和研究，而且只有进行科学的分析和研究，心理援助才更科学、更有基础。但是，单纯把收集信息资料用于学术研究，没有把理论成果转变为指导心理援助的实践和动机，对受到危机侵害的孩子们来说，就是盲目、虚妄和不道德的，即使单纯从学术上来说也是不诚实、不道德的。当然，科学研究也不可能马上指导实践，问题是，我们在进行青少年心理危机干预前，应当具备必要的心理干预理论与实践的前提条件，否则是没有资格进入危机现场干预的，所以进入危机现场干预的专家或者志愿者，都是具备一定心理干预资格或受过专门培训的，而且是来了马上就能帮助解决问题的，这一点必须要搞清楚。当然，现场人员并不一定都是科学正确的，但我们确实需要带着科学理性思维来实施援助，不断总结经验教训，做到科学援助，从这个意义上来说，科学研究也是贯彻于心理援助的始终的。

另外，测量结果、个案信息等资料应妥善保存。如果要用来发表或对外公开，须特别注意保密处理，避免隐私和其他不该泄露的信息被披露，给孩子们的心灵造成二次伤害。除了专业伦理上的考虑外，如果涉及学校或个别学生看起来很有正面意义的信息，也要做些专业的整理，并征得学校、学生及监护人的同意。

三、家庭走访的组织与实施

在经历危机事件或危机情境后，需要对个体情况进行了解和评估。家庭走访作为了解个体情况的方式之一，可以帮助了解个体的家庭情况、成长环境情况，评估个体的心理健康状况。

（一）家庭走访的内涵和作用

1. 家庭走访的内涵

家庭走访，即前往学生的家里进行访问或拜访，是心理援助的一种形式，也是心理调查的一项有效方法。家庭走访也可称为家访或心理走访。

危机发生后，家长与学生的整个家庭作为一个整体，都受到了冲击，有的家庭也因危机的发生产生变故，家庭结构发生变化，家庭财产遭受重大损失，思想、情绪都会有很大的转变。

2. 家庭走访的意义

家庭走访可以准确地了解家长、家庭的变化和现状，及时地和家长沟通孩子在学校的表现，了解孩子在家庭中真实的心理和行为状况，有助于家校密切合作，共同渡过危机。

我们知道，孩子的心理状况会受到父母的态度、情绪和行为的影响。特别是危机后家庭结构的变化，预示着孩子在家庭中地位的变迁，这种变迁一定会影响这些孩子们，尤其是那些还没有从危机中走出来的孩子们，由此接踵而来的就是新的危机。这些细微的变化，父母因忙于生计和工作，可能无暇顾及，但孩子的不良情绪和行为反应，却在日常学习和生活中日积月累地表现出来了。通过家访，把孩子在学校的表现恰当地与家长进行适当沟通，了解孩子在家中的表现，关注家长的困惑和需求，与家长一起弄清事情的原委和问题的所在，找出解决的办法，达成默契，是家庭走访的主要目的所在。

由此，这种家庭走访也是一种心理走访。这种心理走访或者心理家访，是增进援助人员与学生、家长感情的一个纽带，是信息交流的重要渠道，有利于建立真实、可靠、亲切的信任关系，便于有效地沟通和问题的最终解决。走访还有助于了解当地的风土人情和习俗文化，使心理援助人员理解当地的文化特性、地域特点对人们心理行为的影响，并在援助过程中尊重当地的文化习俗，营造和谐的援助氛围，避免援助的无的放矢、自以为是和无知的冒犯。

（二）家庭走访的组织

1. 确定走访对象

走访对象为需要干预学生的家庭，一般包括父母、爷爷奶奶、姥爷姥姥等近亲属，或学生的其他监护人。走访前要将走访的意图告诉班主任和学生本人，由班主任和学生本人征求家长的意见，并告知走访的目的、时间和人员情况。走访人员要准备好被走访家长的联系电话，便于及时联系、节约时间，提高走访效率。

2. 心理走访的物质准备

走访要准备好路上的装备。如果是山路或乡下道路，一般要准备胶鞋或旅游鞋、休闲鞋等。走访一般由学生领路，要准备些矿泉水、小点心之类以适当补充学生和走访人员的水分和营养。根据走访家长的身体状况、年龄状况，适当带点水果、营养品以及学生的学习用品等物品。根据走访的路程和时间长短，解决走访人员的吃饭问题，或自带干粮，或在一些饭店就近就餐，但不可以在走访家庭就餐或接受走访家庭的在外宴请。

3. 确定走访路线

走访路线由走访人员与学生和班主任一起商定。之所以要班主任配合，是因为有些学生年龄小，对一些路途和走访意图说不清楚，班主任了解当地的环境和风土人情，甚至知悉孩子家庭居住地和家庭的情况，所以会给走访人员提供比较准确的走访线路和相关信息。走访路线确定了，大家心里有谱，对走访也充满期待和信心。走访线路周边的情况也要尽可能了解，尽量避开悬崖、工地和其他危险地段。

4. 撰写走访提纲

走访要按计划进行。在确定走访人员的情况下，就已经明确了走访目的，据此要撰写走访提纲，并熟记在心，一般情况下通常采用半结构式访谈，通过交谈实现走访的目的，很少进行量表问卷走访。

5. 走访的技术

走访要把心理慰问与心理疏导相结合。走访要文明礼貌，举止得体。走访要以情感人，充满尊重、理解和爱心，有助于孩子问题的解决和家校合作关系的有效建立。切记不要让孩子感觉到是在家长面前告状、批评从而让他们感到难堪。要从孩子在学校日常生活起居、闪光点和优点谈起，顺其自然地谈到孩子的一些心理问题或其他异常行为表现，并跟家长一起探究产生这些现象和行为的可能原因和改进办法。并可以在家庭环境下，与孩子一起开诚布公地谈论这些事情。让孩子在父母家长和走访人员面前把话说出来是消除隔阂、走出阴影的好办法。走访甚至可以成为家长和孩子沟通的绝好机会，因为许多家庭平常是缺少沟通或不会沟通的。专业走访人员，利用专业特长，带领家庭成员进行有效的交流沟通，既可以交流信息、查找原因、消除误会，又可以使他们学会一些沟通技巧、建立沟通理念，有助于家庭的和谐，创造孩子成长的健康家庭环境，有助于危机后孩子心灵的修复、痊愈和成长。有时，相邻的学生及其家庭可以组织在一起进行家访，可以综合运用团体辅导、个案咨询、游戏治疗等技术进行社区群体干预。

6. 心理走访人员的选拔与配备

走访人员要男女搭配，老中青结合。要根据走访对象的技术要求，根据走访咨询方案选派走访专家。走访要进行走访培训、走访演练，并制定走访预案。走访时各种突发事情都可能会发生，一定要把困难想象得多一些，并准备好应对办法。

（三）家庭走访的实施

家庭走访的目的在于了解个体家庭基本情况、成长环境和目前身心状况，同时向家庭成员普及危机与心理健康的基本常识、危机后的反应和基本的心理自救方法，帮助学生解决仍存在的心理问题，促进家庭成员之间的支持、关心，增强学生的社会支持系统，使学生身心得到健康发展。对学生进行家庭走访的人员应包括班主任、心理工作者及其他成员；对教师进行家庭走访的人员应包括学校相关领导、心理工作者及其他成员，一般2—4人一组。家庭走访前应拟定走访名单，兼顾各个群体，对有需要的个体进行重点关注，对家庭情况有困难的个体适当进行帮助。并拟定好家庭走访时间，协调家庭成员和走访人员各方的时间。在家庭走访过程中，由相关人员负责文字、影像的记录，在走访后进行汇总整理。

进行家庭走访时，首先，走访人员要进行自我介绍，说明来访目的，和受访家庭建立良好的走访关系。

其次，在家庭走访的过程中注意倾听家庭成员对学校管理、学生学习或教师工作的建议，以及对危机事件和危机后心理健康方面的看法、态度等。观察学生在家庭中的学习环境、生活环境，以及与其家庭成员之间的互动关系。同时，向走访的家庭普及与危机相关的知识、危机后的相关应对方法，反映学生或教师在学校的情况和表现，对积极的方面进行鼓励、表扬等，对一些认知、情绪问题进行适当的疏导。

最后，注意记录走访过程中的相关情况，以便综合整理。走访后，要填写走访记录表，对走访过程中发现的问题及时进行整理、分析，对学生当前的状况做出评估。如果学生当前的身心状况仍存在问题，需要进一步地干预和帮助。

对于个别教师在危机情境下也可以进行走访、慰问，但考虑到教师是成年人，与走访学生会有所不同。具体可参照学生办法进行，但要注意选择走访的理由和形式，在平等、尊重、支持、帮助的前提下进行。

（四）注意事项

（1）家庭走访前，相关人员需要了解该学生或教师的基本情况，做到知己知彼、心中有数。

（2）家庭走访时，相关人员应穿着得体、语言规范、平等交流，无条件接纳走访家庭成员的情况。

（3）家庭走访的时间不宜过长，在完成走访目的后主动告辞，同时对走访家庭给予的配合表示感谢。

（4）在家庭走访记录过程中，拍照前要征得走访家庭的同意。

四、应急措施的制定与实施

（一）应急措施的内涵

1. 应急与应急措施

应急是指应对突然发生的需要紧急处理的事件。应急措施，广义上是指面对突发事件如自然灾害、重特大事故、环境公害及人为破坏时的应急管理、指挥、救援计划等。狭义上是指面对突发问题和危机时的具体应对方式。

2. 心理应急措施

心理应急措施是在自然灾害、事故灾难、公共卫生事件、社会安全事件等突发公共事件发生后，为了最大限度地预防和减少心理危机的发生，维护社会稳定，保障公众心理健康，对相关人员进行心理危机应急干预和心理援助的行动。

（二）应急措施的制定

心理学领域中，危机干预是指对处在心理危机状态下的个人采取明确而有效的措施，使之最终战胜危机，重新适应生活。心理危机干预的主要目的有二：一是避免自伤或伤及他人，二是恢复心理平衡与动力。

在突发事件中，有效的危机干预，就是帮助人们获得生理、心理上的安全感，缓解乃至稳定由危机引发的强烈的恐惧、震惊或悲伤的情绪，恢复心理的平衡状态，并对自己近期的生活有所调整，学习到应对危机有效的策略与健康的行为，增进心理健康。

1. 初始心理评估与心理应急干预

为了进行有效的危机心理干预，必须了解人们在危机状态下有哪些心理需要。在突发事件中，人们会更关心个人基本的生存问题，如环境是否安全、健康是否有保障等，会特别担心自己及所关心的人（如父母、亲戚、子女、朋友、老师）的生命安全。在此危机情境下，人们容易表现出惊慌、无助、逃避、退化、恐惧等行为，既渴望生活能够尽快安定，恢复到正常状态，又有吐露自己对突发事件的内心感受的愿望，希望得到他人情感的理解与支持等。这些心理需要为危机心理干预提供了依据。

灾难危机发生后，救援一般分三个阶段，即救助阶段、过渡安置阶段和重建阶段，心理援助在各个阶段有着不同的侧重和要求。心理援助对象的区域可以分为灾难中心、灾难周边地带和远离灾难中心及其周边地带的非灾区三部分。非灾区的心理援助主要通过媒体、网络、灾害教育等各种渠道稳定恐慌情绪和缓解焦虑。而应急心理援助的重点则应首先放在处于灾难中心和灾难周边地带的人们身上。

灾难危机发生后，最迫切的任务是进行生命救援，抢救生命和伤员，保证生命的延续和生存，而对于那些急需外界援助来帮助解决心理问题的人，可由救援人员在实施生命救援的同时伴随简单的心理危机干预，情况严重的及时转移到专门的心理辅导站或交由应急心理援助人员进行紧急干预。

危机发生后，心理援助人员需要及时地对发生危机学校的师生进行心理评估，并进行必要的及时援助。无情的灾难危机会给孩子们造成身体和心理的双重伤害。身体方面，可能会导致流血、剧痛，甚至终身残疾。通过发达的医疗技术和及时的救援，身体上的伤口可以及时治愈，危机造成的身体伤痛很快可以消除。但是，失去亲人、同学和好友的痛苦，以及因为灾难危机导致的身体上的残疾，可能会一直折磨着孩子们的心灵。在灾难危机发生之后，学龄前儿童、小学生和其他青少年可能会立即出现心理问题，出现心理危机，但心理问题也可能在几天或几个星期后出现。对于有些青少年，灾难危机导致的心理问题可能要持续四五年，甚至更长的时间。心理援助需要针对不同青少年的心理状况，有针对性地制定援助方案，进行恰当的援助。对那些立即出现心理问题的学生，在灾难危机发生的初期，就应当给予即时的心理支持。

为了及时发现孩子是否因为灾难危机出现了心理问题，我们可以参照以下的方法做一初步的评估。将下面的条目得分加起来，如果总分超过 35 分，建议对孩子进行心理帮助，提供心理援助服务。

（1）在灾难发生前，孩子是否经历一次以上的重大的坏事情，例如，家庭成员离世、父母离婚或重大疾病（如果“是”，加 5 分）。

（2）孩子是否有良好的家庭和社会支持，在灾难后，提供支持和照料的人是否能够维持孩子正常的生活（如果“是”，扣 10 分）。

（3）灾难发生后，孩子是否必须离开原来居住的环境（如果“是”，加 5 分）。

（4）在灾难发生一星期内，孩子所在的家庭是否能够得到稳定的居住环境，使得原来的家庭成员依然可以像往常一样生活在一起（如果“是”，扣

10 分）。

（5）孩子有没有出现严重的反抗、攻击等问题行为（如果“是”，加 5 分）。

此外，在灾难发生后，儿童是否出现以下新的行为，并且持续三周以上（如果“是”，加 5 分）。

（6）晚上惊醒。

（7）从梦中醒来，感到痛苦或者流汗。

（8）注意力难以集中。

（9）非常易怒。

（10）行为能力退化，例如，以前会自己使用卫生间，现在不会了。

（11）说话结巴，口齿不清。

（12）持续的严重的焦虑或者恐惧。

（13）脾气变得固执、倔强。

（14）过度恐惧。

（15）意识性行为或者强迫行为。如经常坚持重复刻板的游戏模式，重复一些身体动作。例如，反复给玩具排队，总要玩弄自己的脚趾，穿衣顺序必须相同，坚持某些物件的摆放方式，不能移动。

（16）对成年人过度依赖。

（17）难以入睡，或者不能熟睡。

（18）提到灾难时，感到恐惧。

（19）对未来失去信心。

（20）对日常的活动失去兴趣。

（21）失去好奇心。

（22）长期感到悲伤，经常哭泣。

（23）经常头痛或者胃疼。

（24）疑病症：总是怀疑自己得了某种疾病，但是却没有医学上的根据。

（25）孩子的直系亲属是否在灾难中丧生或者严重受伤，孩子是否严重受伤。[①]

---

① 肖旭、陈正权：《开放式叙事——灾后心理重建“五彩石”活动镜像》，电子科技大学出版社2011版，第 19—22 页。

2. 心理应急措施的制定

对需要紧急援助的学生，应当马上成立应急援助小组，安排专人进行及时援助。要首先评估学生心理危机的程度、种类，制定应急援助方案，然后进入学校或者孩子的家庭提供帮助。对学生的其他近亲和学校周边地带的群众，要通过直接或间接的接触等方式稳定其恐慌情绪、缓解焦虑，并根据情况采用设定固定及流动心理辅导站和发放资料的方法，对灾民进行心理干预，并针对特殊人群如儿童、老年人进行群体心理干预，间接促进学校师生心理援助的顺利进行。应急措施的制定主要由心理专家会同学校和教育等行政主管部门协商制定。心理应急是政府和社会应急管理的一环，必须在政府应急部门的统一协调下进行，以维护整个危机援助的顺利实施。心理专家要根据援助对象的实际情况，提出援助预案，纳入应急管理体系，进行系统的组织和实施。

（三）心理应急措施的实施

学校灾害危机的发生一般经历以下 4 个阶段：

一是灾害危机预防期。主要是灾害危机发生前的防范措施，如灾害危机性质的分析、灾害危机风险分析、预警系统的建构、灾害危机管理政策与规划、防灾教育、防灾措施等，又称“减灾”（mitigation）准备。

二是灾害危机整备期。指预测灾害危机可能发生，而先前建立起的因应灾害危机的各种准备，如紧急灾害危机应变的任务小组、因应灾害危机的预案、防范灾害危机的组织与演练、救灾资源与器材的充实与管理等。

三是灾害危机应变期。包括灾害危机预警、救灾资源的动员、灾害危机现场指挥系统的建立、紧急救灾行动的执行，包括财物、人员、设施的救援，并减少灾害危机事件的二度伤害。由此真正进入灾害危机救援阶段。

四是灾害危机复原阶段。指灾害危机发生后的修复与重建，通常先让受到灾害危机冲击的师生的生活恢复到平常状态，再进一步追求重建与发展。复原的工作包括校园危险建筑物的清除、基础工程建设的修建，受灾师生的救济、创伤后压力的舒缓，学校各项功能的重建，复学或心理重建等。

以上四个阶段环环相扣、相互影响，前阶段做得好，后阶段就省力；前一个灾害危机预防和管理得好，后一个灾害危机就较好管理。

在危机刚刚发生初期，首先要帮助孩子获得安全的学习、居住环境。对于有自杀或伤害自身及他人行为的学生，要给予24小时监护，防止出现危及生命等现象。对于症状较轻者，可以通过团体或小组辅导宣泄情绪、了解常识、提供伙伴帮助、建立支持团队等方式缓解孩子们的压力和恐惧情绪。帮助学校成立危机干预小组，由校领导、教导主任、班主任、心理辅导员以及宣传、保卫、饮食等部门人员参加，为学生提供心理上的疏导、安全上的防范、生活上的方便、饮食上的可口饭菜供应等服务，创设安全、顺心、如意、可靠的校园环境氛围。同时，要保持跟家长的信息沟通和联络，及时相互通报学生在学校或者在家里的信息。

心理危机会给个体带来持续而深刻的痛苦，心理危机干预作为一种帮助个体恢复身心健康的方式，近年来受到了越来越多的重视。由此，在危机干预领域逐渐发展起来一个综合的危机干预体系，即危机事件压力管理（Critical Incident Stress Management，CISM）。CISM系统包括了多种危机干预技术，这些技术可以用于危机前的预防、危机时的反应和危机后的干预，适用于个人、团体、社会组织等不同层面①。能够减轻创伤事件的影响，促使个体或群体恢复适应性功能，并对需要额外帮助的个体进行鉴别，以期进一步地教育引导和心理治疗。CISM的理论基础来自于危机干预、团体治疗等，核心内容包括危机前的准备，因灾难、社区危机、学校危机等开展的个人和团体危机管理手册，个体急性危机干预，等等。

学校作为一个特殊的组织机构，可以结合学校实际，借鉴CISM系统中的内容，建立适用于本校的心理危机干预体系。

首先，学校危机干预体系的构建应以预防为主，提高个体面对危机时的心理抵抗能力。在CISM系统中，危机前的准备阶段要建立安全的校园，提供灾害危机预防的相关信息，还要进行各种演习、压力训练、安全预防教育等。学校作为进行系统教育的地方，要从多方面做好预防教育。班主任、心理教师需要对学生进行生命教育、自我认知教育、危机应对教育等一系列预防教育。引导学生热爱生命、热爱生活，正确认识自我、接纳自我，了解危机是什么，危机后哪些是正常的反应以及应该怎样面对危机。针对不同学龄阶段

① Flannery R.B., Everly G.S., "Crisis intervention: A review", *International Journal of Emergency Mental Health*, 2000, 2(2).

的学生进行适应问题、情绪问题、人际关系问题、学习问题等方面的心理教育，组织不同主题的班会。通过谈话、疏导、团体活动等方式，对出现问题的学生进行及时的帮助和干预。学校应普及心理健康的相关知识，开展形式多样的心理健康教育活动，营造积极、健康的校园氛围，帮助学生形成良好的价值观念，促进学生身心的全面发展。

其次，校园危机适用CISM系统中的大规模危机干预计划，包括解压过程、劝导过程和危机处理报告[①]。在危机事件、危机情境发生后，立即对受灾学生和教师进行暂时的心理减压，提供心理咨询，进行危机处理报告。通过小组的方式进行减压和紧急晤谈，帮助个体宣泄情绪、正确认识危机，并筛查出心理问题相对严重的个体。对有心理危机的学生或教职人员进行及时的干预和治疗，症状较轻的可以由专业人员进行心理咨询，严重者需立即送至医院等专业机构接受治疗。学校在危机后还应建立多层次的支持系统，帮助学生和教职人员尽快恢复正常的学习和生活。通过团体活动、结对帮扶等方式，进行相互帮助、相互支持，为需要帮助的个体提供支持，培养学生乐观向上的心态和积极恰当的应对方式。

最后，要成立相关的心理干预小组，建立相应的跟踪回访和评估机制。大多数个体的危机反应症状会随着时间的消逝逐渐减缓，但有些个体也会存在持续的心理症状。因此，跟踪和评估的主要目的是在了解危机后个体心理健康状况的基础上，对仍存在心理问题的个体进行诊断，为进一步实施有针对性的心理干预提供依据。要进行阶段性的评估，并根据评估的结果调整心理干预的方式。相关心理干预小组应该由学校教师、心理专家及相关人员构成，在学校危机事件中为学生和教师提供危机心理干预，并为危机后的心理恢复提供长时间的支持。心理干预小组在平时要多关注学生和教职人员的心理健康，建立相关心理档案，这有助于在危机事件发生后有针对性地进行干预。

（四）心理应急与长期干预

心理应急阶段大体对应着灾害危机救援的救助阶段和过渡安置阶段的初

---

① 孙红梅、高健、张丽萍：《CISM对我国建立灾难心理危机干预体系的启示》，《医学与哲学》（人文社会医学版）2010年第2期。

期。对于那些需要较长时期心理援助的学生或者老师，要在应急援助后，逐渐转入中长期的心理援助计划中去。心理应急作为长期援助的有机组成部分，不是随意确定的，而是根据援助对象的实际心理状况确定的。应急干预是为了及时地稳定师生，特别是孩子的情绪，营造一个安全的环境和心理氛围，让大家顺利地渡过危机。在应急阶段，有些老师和学生走过来了，有些暂时还没有走出危机造成的阴影，因此，需要进一步的自愈或者援助，所以，长期援助是应急援助的自然延伸，是客观必要的。

中科院心理研究所原所长张侃教授指出，对灾区的心理援助应持续20年，甚至更长。灾后心理危机干预是一个长期的事情，学校需要对师生的灾害危机后的心理健康进行长期的关注。在心理应急阶段后，应制定未来的心理援助计划，结合现代科学技术，对相关个体进行追踪和帮助，直至灾害危机后师生的心理恢复到正常状态。

第二节　危机后师生心理援助步骤

危机后人们的心理变化有一定的规律可循，在危机后的各个阶段具有不同的心理与行为特点，因此，危机后的心理援助也要根据各个时期受援助对象的不同特点，有针对性地逐步推进，切不可急于求成。危机后师生的心理援助一般经历以下几个阶段和步骤。

一、初期心理援助关系的建立——博爱温暖心灵

此阶段为心理破冰阶段。经历了地震等灾害、灾难之初的激荡期，生活慢慢地趋向稳定，但危机带来的生活巨变所导致的痛苦只会慢慢显现，并吞噬着受灾人们的心灵。而且，恢复重建过程中一些现实的困难也在考验着大家。这个阶段，社会支持与援助是很关键的，广博的爱是融化坚冰、痛苦和恐惧的良药。心理援助要试图通过一系列的援助活动，让处于灾害危机中的人们感到自己没有被抛弃，感受到社会就是一个大家庭，有很多人在关注着

他们、陪伴着他们，让一颗颗受伤的心灵被社会的温暖所包围。

心理援助始于关系的建立。心理援助不是施舍，是接纳和奉献。首先是接纳。好的心理援助，人们会像获得瑰宝一样，爱不释手，打心底里喜欢；坏的心理援助，人们会像对待苍蝇一样，避之不及，打心底里厌恶。要使心理援助受欢迎，“专业、爱心、尊重、奉献、专注、持久”是非常重要的，要做到这一点，接纳是顺理成章的事情。一方怀着奉献、关爱之心；一方怀着接纳、欢迎之意，一拍即合，心理援助关系也就牢不可破地建立了。

心理援助的时机很重要。在人们遭受危机的紧要关头，通过心理援助人员的努力，吸引了来自四面八方的物质援助和精神关爱，对于处于危机的人们至关重要。但即使这样，在地震等灾难危机发生之初，人们最需要的仍是生命的救治和生存的满足，因此，初期的心理援助应当给予参与救助和救治的救援人员更多的时间，当生命的黄金救治时间过后，心理援助人员就要开展全面的心理援助工作了。在生命的救治阶段，心理援助人员还要多关心和了解受难人员的医治、生活和寻找亲人下落等方面的需要，这也为今后的心理援助奠定良好的关系基础。

汶川地震发生后，心理援助在灾区并没有如想象中的那样受到欢迎，效果也远不如大家设想的那么好。有的学校婉言谢绝心理援助志愿者进入，甚至在灾区出现了“防火、防盗、防心理咨询”的极端说法。是灾区人民不需要心理援助吗？答案是否定的。那么，是什么原因造成这样的尴尬呢？除了技术方面欠缺外，最根本的原因还是一些心理援助志愿者的心态出了问题，没有真正地以灾区人民的心理需求为出发点，因而出现了“援助失灵”现象。各种心理援助的方法要真正产生效果，必须从灾区人民的实际情况和实际需要出发，了解并尊重灾区人们的需求结构，在科学的理论指导下由专业人员按照科学的方法来展开。

按照马斯洛的需要层次理论，人的需要是有结构的，人的需要按照从低到高依次为生理的需要、安全的需要、爱和归属的需要、尊重的需要（交往的需要）和自我实现的需要。危机发生后教师与学生的各种基本需要，可以根据这个需要结构进行划分和归类。

灾害危机发生后，人们有各种各样的需要，这些需要相互关联，形成一个有机的需要结构，其中包括安全；食物、水；临时性住房，永久性住房；

医疗；祭奠遇难亲人；生存、就业、就学；体现自身价值的、有意义的生存；心理健康和幸福感；校舍、办公场所、居所；学习、工作、生活秩序的恢复；灾后人际关系的重建和协调；对国家方针政策的了解；对外部世界各种信息的获取（尤其在通信中断的日子里）；文化知识、技能技术的学习；重构家庭、重建家园、重塑自我；创新、创造；等等。

对于受灾师生而言，在基本的生存需要大体得到满足的情况下，他们突出的需要主要集中在以下几种情况。

第一，学习的需要。学生们从惊恐中幸存下来，还是不想把功课拉下，既是为了完成学习任务，也有满足家长和老师对学业要求的需要，同时学好功课，也有利于满足将来升学的需要。汶川地震发生后，学校一般都设在比较安全的临时板房内，板房学校空间狭小、嘈杂、混乱、隔声效果差，这些都会影响到学生学习的效果，大家很希望尽快改善学习条件。快速有秩序地复校有助于稳定学生和家长的情绪，有助于家长和社会集中精力进行灾后恢复重建。

第二，心理健康的需要。学生和教师经过地震等灾害危机，出现了一些心理上的问题，有需要尽快加以解决的愿望。危机灾害对学生的情绪和认知带来的冲击和改变，需要家长、学校和社会帮助他们尽快地平复和调整，尤其对在学生中出现的恐惧、焦虑、抑郁等情绪，必须给予及时的疏导和干预。对于出现的一些行为上的巨大改变也需要给予适时的关注和引导。

第三，沟通和交流的需要。这些需要包括学生之间、学生与教师之间、学生与家长之间、学生与外来人员之间，以及学生与其他外界环境的沟通和交流。师生更容易抱团取暖，相互之间通过沟通交流以获取相关信息、得到同伴和学校的支持，进而减少孤独、恐惧、焦虑、紧张等情绪。

第四，了解各种信息的需要。对一些传言和事情经过，学生和教师都希望得到权威的解释和说明。师生迫切需要了解自己所处周围环境的实际状况，了解发生了什么，还有可能发生什么，自己是否处于危险当中，外界是怎样看待和反应的，等等。

第五，创新和拓展的需要。危机发生后，学生需要从痛苦迷茫中走出来，传统的方式方法和渠道已经不能适应危机造成的新状况，需要借助外界的帮助，重新激发人们的潜能、激情和信心，因此，需要有新的技能训练来帮助他们改变现状，通过参加各种创新拓展活动来满足其激发潜能、展示自我、体现自身价值的需要。

要做好危机后师生的心理援助工作，必须把他们的各种需要综合起来考虑，按照轻重缓急，逐一加以满足。在初期的心理援助中，援助重点还是要放在安全的需要、爱和归属的需要上，在此基础上，根据援助对象的不同，兼顾其他方面的需要。其中，非常关键的一点就是要从学校的主题需要——学习需要出发，围绕这个主题，从培养积极健康向上的学生出发，尽其所能提供援助和帮助。

1. 危机后心理援助关系的概念及特征

（1）心理援助过程中援助关系的界定

心理援助，是心理援助者运用心理学的原理和方法，帮助被援助者发现自身问题及问题产生的根源，从而挖掘被援助者本身潜在的能力，借助外来资源的引入，帮助被援助者改变原有的认知结构和行为模式，以提高对生活的适应性和对周围环境调节能力的过程。在心理援助过程当中，有三个要素是不可或缺的，一是援助者，二是被援助者，三是二者之间关系的建立。在心理援助的过程中，援助者与被援助者援助关系的建立尤为重要。没有宽松信任、和谐融洽的心理援助关系，心理援助是很难进行下去的，甚至在开始的目标、计划建立环节都十分困难。良好的援助关系是援助情境产生和发展所必需的联结纽带。而这种联结纽带的形成在很大程度上则取决于援助人员的个人主观努力，同时与被援助者的配合，被援助者与援助者的匹配也有一定的关系。

对于援助关系的解释，不同的学者有不同的定义。总体来说，援助关系是援助者与被援助者之间的一种联结和纽带，是一种特殊的人际关系，是援助活动双方情感和认知互动的关系。在心理援助初期援助关系的建立是主要的工作目标，是心理援助成功的基础和保证。援助关系的建立贯穿于心理援助的始终，决定着心理援助的方向和效果，因此，可以说，关系也是治疗，关系也是援助。

（2）心理援助关系的特征

援助关系作为一种特殊的人际关系，就像心理咨询中的咨访关系一样，也具有许多不同于一般人际关系的特征。

协助性。援助关系是因被援助者的特别需要才建立起来的，援助者旨在通过这种关系使被援助者获得心理上的支持和帮助。其协助性主要表现为：首先是被援助者主动要求或者能够理解和接纳援助。如果援助引起对方的反感，建立起来的关系当然就不是真正意义上的援助关系。其次给被援助者以心理上的支持和帮助，而不是直接提供物资援助，即使有物资方面的支持，也是基于生活上的临时救急，更应注重精神上的关怀。

隐密性。援助关系不是建立在一般的社会交往的立场之上，而是建立在具有隐蔽性和保密性的职业规范的前提之下，旨在创造宽松安全的心理氛围，使被援助者易于敞开心扉。

时空性。援助关系是限制在特定的时空当中的，离开了这种特定的援助时空，援助关系就不复存在。具体地说，援助关系一般限定在工作时间和心理援助室内（或周围），不可以将援助时间和场所随意延长和外展，更不可将这种职业关系随意向其他社会关系方面转变。

非评判性。援助关系好似一个安全的港湾，被援助者在这里可以自由自在地驾驭自己的人生之舟，不断地进行自我暴露、自我探索和自我发现。它不容许援助人员对被援助者进行任何埋怨指责以及是非评判。

纯洁性。由于援助关系是援助人员在特定的时空环境里自觉地利用人际交往的科学原理建立起来的，因此，它具有高度的纯洁性，不像其他社会人际关系那样常伴之以世俗间种种利害冲突和一些不可告人的私心杂念①。

2. 心理援助关系的建立

（1）共情、理解、无条件地积极关注

援助关系的水平是心理援助质量的基础。根据人本主义心理学家罗杰斯的"来访者中心疗法"等人本主义心理学理论，结合心理援助过程的特点，援助者在建立心理援助关系时需要注意以下几点。

共情或准确地理解共情，就是从被援助者角度而不是从援助者自身的参照坐标去理解被援助者。以共情的方式对被援助者做出反应，是"尝试与被援助者一起思考，而不是代替其思考"。共情是由多种元素组成的一个多阶段过程。一般来讲，在促进治疗关系的质量和效果方面，共情是有用的。通过

---

① 邢邦志：《论心理咨询关系及其建立》，《上海铁道大学学报》（自然科学版），2017 年第 2 期。

表示理解、展示有礼貌的行为，表示援助者与被援助者站在“同一立场”，鼓励被援助者进行自我探索等。共情可以帮助双方建立起融洽的援助关系，并引发被援助者讲述自己的问题，它可以通过理解性的言语信息验证反应、设置界限反应以及提供安全与支持性环境等方法传递给被援助者。

常用的有以下几种实现共情的具体手段。

表示愿意理解。援助者不仅要有对被援助者问题的准确理解，而且要站在被援助者的角度去理解他们的问题，讨论被援助者认为重要的事情。通过提问和陈述，向被援助者表达出你很清楚对他（她）而言最重要的事情是什么。

应用语言来表明被援助者的情感。这是一个澄清的过程，援助者准确地表达出被援助者当下的体验，让被援助者知晓你了解了他（她）的情感。

使用言语连接或补充被援助者内心深处的想法和观点，特别是当这些想法没有被说出来或表达得不明确的时候。

共情关系成为治疗中最有治疗效果的因素。它提供了一种必要的环境，使被援助者被压抑的自我及痛苦的情感能够浮现出来，能够被理解，并受到援助者的帮助和调整。让被援助者知道，从他们自己特殊的个人发展史出发，他们的方式是合理的，这就是验证反应。

基本需要未被满足的被援助者常常向援助者提出要立即满足的强烈要求，因此提供共情的部分工作是要反映出被援助者们的希望，但又不要真的去满足这些需求，这就是界限设置反应。将它与关怀和共情结合在一起有助于被援助者的成长，也有助于创造一个安全的氛围。

支持性环境意味着援助者用言语或行为向被援助者传递信息，表明援助者知道并理解被援助者最深层的情感和体验，同时表明援助者可为被援助者提供一个安全而又具有支持性的气氛，使被援助者能够深入地体会情感反应。通过这种方式，援助者让被援助者知道，援助者能够接受他们的痛苦情感，并且与他们保持情感的交流，促进被援助者的成长。

真诚意味着真我，没有虚假和做作。尽管绝大多数援助者受过专业训练，但是援助者完全可以通过作为普通人与被援助者进行合作而传递真诚。真诚可以缩短援助者与被援助者之间的距离，帮助被援助者认同援助者，并将援助者看作是与他相似的另一个人。因而真诚有助于形成有效的心理援助关系。

真诚包括以下几个方面。

支持性的非言语行为：援助者可使用恰当的支持性非言语行为来传递真诚。传递真诚的非语言行为包括目光接触、微笑以及面向被援助者而坐。这些非语言行为应该用得谨慎而得体。

角色行为：不过分强调角色、权威或地位的援助者，可能使被援助者觉得更加真诚。过分强调自己的角色和位置，会造成过大而不必要的情感距离。

一致性：意味着援助者的言行和情感相辅相成、保持一致。例如，被援助者不停地用言语搪塞、拒绝，甚或侮辱，使援助者感到不舒服，援助者应当承认这种感觉。援助者若对自己的情感与言行不一致没有做出觉察，可能会向被援助者发出含混或矛盾的信息，这样的信息会使被援助者感到困惑，甚至会令被援助者受到激惹。

自发性：在没有刻意或造作的行为情况下自然地表达自己的能力。但自发性不是让援助者向被援助者说出任何想法或情感，尤其是那些负面的情感。罗杰斯认为，只有当不利的情况持续不断，或他们干扰了援助者传递共情和积极关注的能力时，援助者才可向被援助者表明自己的负面情感。

开放和自我流露：援助者向被援助者用言语泄露个人的情况，不仅限于言语，还可通过非言语的渠道和行动泄露自己。它可以作为有目的传递真诚的一个途径。

积极关注：也称尊重，意味着把被援助者看作是一个具有价值和尊严的人而予以赞扬和尊重。积极关注对于建立有效的治疗关系有几个重要的功能，包括传递愿意同被援助者一起工作的愿望、对被援助者本人抱有兴趣、接纳被援助者等。它包括 4 个组成部分：对被援助者的承诺、努力理解被援助者、不急于做出重大结论、表现出适度的热情。积极关注包括以下几个方面。

承诺：意味着你愿意与被援助者一起工作，并对此感兴趣。它可被转化为具体行动，如及时帮助被援助者，确保援助过程和结果保密，以及应用各种技巧帮助被援助者。

理解：当援助者试图理解被援助者并十分关注他们的问题时，被援助者就会感觉受到了尊重。

非评判的态度：援助者不予或推迟评判被援助者的行为或动机，避免出现遣责或者宽恕被援助者的想法、情感或行为，即无条件或无保留地接受被援助者。但并不意味着援助者要支持或同意被援助者所说或所做的一切。

亲切：可减少援助过程或干预措施的非人性化特质，又可引起被援助者亲切的回应。在与有敌意或态度勉强的被援助者的互动中，亲切和关怀可用来减少他们的愤怒。

（2）利用多种技术建立良好的援助关系

在心理援助关系的建立过程中，援助者应当根据被援助者的受灾情况和援助者本身的特长，利用不同的技术与被援助者进行沟通和交流，以此与他们建立良好的援助关系，给予他们心理上的支持，温暖他们受伤的心灵，并有利于对被援助者信息的收集，便于制定与实施心理援助方案。

常用的技术有以下几种。

询问技术。询问是指在心理援助（咨询）的初期，咨询老师运用各种提问方式来获取、核实信息，并促使会谈向正确的方向进行的过程。特别需要指出的是，这里的询问并不是单纯地问，而是一种以问促答、问答并进的互动过程；不仅仅是为了获取信息，也是交流感情、创设援助（咨询）和发展援助（咨询）关系的过程。由于危机后的中小学生会因为突发的危机受到心灵的打击，所以往往不愿意敞开心扉积极主动地与他人进行沟通和交流。在这种情况下，援助者要运用询问的技术来鼓励受灾学生比较完整地叙述事情发生的经过及自身的一些感受。询问的目的有以下几点：全面、详细地获取信息；真正准确地理解学生；控制会谈的方向和内容；启发思考和引发领悟。询问按照所问问题开放性的不同分为封闭式询问和开放式询问两种。封闭式询问是可以用“是”或者“不是”，“有”或者“没有”，“对”或者“不对”等简单词语来回答的提问。这类问题通常用“对不对”“会不会”“要不要”等形式提出。例如，“当时你是不是脑子一片空白，发生的事情都忘了？”“你现在心情好吗？”开放式询问是以“什么”“怎样”“为什么”“当时你有什么感受”“你当时做了什么”等形式来提出的提问。当对封闭消极的受灾者运用询问技术时，应当尽量避免封闭式询问，尽量用开放式询问，让他们宣泄自己的情绪，表达自己想要表达的内容。

非言语关注。在倾听过程中，非言语活动常常起着重要作用。目光接触、身体语言、空间距离、沉默等都是传递信息的重要方式。运用非言语关注时，一是要让被援助者有被关注感，感到援助者正在注视着他，在倾听他的诉说，从而促进其自我表达、自我开放。二是援助者在倾听的同时也要给予适当的非言语反应，如点头、微笑，用表情动作特别是面部表情表示理解或惊讶，使其产生“他十分重视我说的话”的感觉。这既有助于温暖受灾者的心灵，也有助于促使他们进行暴露和表达，使咨询关系顺利建立。

具体化技术。具体化技术是指在危机援助过程中援助者协助被援助者准确清晰地表达出他们的观点、概念、体验到的情感和经历的事件。在经历危机事件的初期，许多幸存者的认知出现问题，往往思维混乱，出现思想、情感和事件的表述上相互矛盾、不合常理、模棱两可。这些异常的变化使被援助者自己感到困惑和烦恼，同时也使问题变得更加复杂。这时援助者应该根据具体化技术协助被援助者澄清那些模糊的问题和观念，弄清楚真实的情况，并且促使被援助者弄清楚自己的真实想法。

（3）援助关系建立时的注意事项

一是告知被援助者保密原则。

心理援助是一项需要援助者十分严肃认真而富于情绪变化的工作。它是人与人之间的心灵沟通，也是人际交流的艺术。当一个人将自己埋藏心底的伤痛、困惑与苦恼讲述给另一人时，不仅希望对方能够理解他的心境，分担其痛苦，还希望对方不会将自己的隐私和心事告诉他人，因此，心理援助的首要前提和基础保证是保密原则。

心理援助关系不同于一般的朋友关系。它禁止将当事人个人资料及其在心理援助过程中的讲话内容泄露出去，除非在某种特殊情况下。那样做就失去了信任这一心理援助关系存在的基本条件，有悖于心理援助工作者的职业道德。即使心理援助人员需要向外人介绍其个人的援助案例时，也必须要对所介绍的个案涉及的人与事予以专业的处理，以确保当事人的个人信誉、自尊、隐私等不受到伤害。

二是注意移情与反移情程度。

援助关系能极大地激起强烈的情感，援助者和被援助者都可以体会到这一点。在历来的危机事件干预过程中，也发生了许多援助者与被援助者之间的感人事迹。援助者需要在某种程度上对相互关系投入感情，投入得过少，被援助者会感到援助者冷漠、机械和漠不关心；而投入得过多又容易使被援助者退却，并会降低他们自己的判断力。援助者的情感客观性和情感强度可以影响相互关系中的两个问题：移情和反移情。

移情是被援助者将自己过去对生活中某些重要人物的情感或态度投射到援助者身上的过程。发生移情时，被援助者过去未曾解决的问题会使他们对援助者的知觉和反应方式发生变形。这些未解决的问题源于被援助者过去的人际关系，而现在又直接指向了援助者。移情在不同受援助背景的援助者身上都会很容易发生。当被援助者的情感达到一定的强度，以至于他们失去了客观判断力时，就开始向援助者移情，就好像援助者是他们生活中的一些重要人物一样。移情的价值在于它帮助我们发现，当被援助者早些时候受到某种特殊的对待时，他们是如何感受的。移情通常发生在治疗中做了或说了什么，从而触动被援助者心中未得到解决的问题，这些问题出在被援助者与其家庭成员或其他重要人物之间。援助者能够利用移情帮助被援助者看清他们在援助中对援助者的期望，实际上就是他们对生活中其他人的期望。

反移情包括援助者对被援助者的情感和态度。它是援助者针对移情或影响自己的事物做出的真实、本质的反应，但可能是有益的，也可能是有害的。有危害性的反移情出自援助者本身的问题，如盲目地进入一个重要的探索领域；援助者关注的是与自己相关的问题；利用被援助者作为满足对象；按照被援助者想要我们扮演的角色进行援助等。而当反移情反应成为一种潜在的“共情发生器”时，对援助关系是有益的，援助者能够保持最适宜的情感距离，而不被情感吞噬、淹没。

二、中期心理援助方案的实施——激情塑造心灵

此阶段为心理重塑阶段。信任和温暖的关系逐渐建立之后，人们必须学会应对生活中的改变。人们在灾害或灾难危机中不管失去了什么，不管是遭受了什么样的伤痛，都需要能够面对现实、接纳现实，以积极的应对方式陪伴痛苦，在痛苦中重新找到生活的意义，走出痛苦。当人们的生理需要、安全需要被基本满足后，人们爱和归属的需要、尊重的需要（交往的需要）和自我实现的需要逐渐走到前面，广大师生需要重新恢复生活的常态，焕发新的激情。幸福是可以学习的，心理援助的任务，就是要帮助他们找回获得幸福的力量。世上找不出同样的两片树叶，如同树叶一样，人也各有不同。这种大范围的心理援助，就是一项极富挑战性和创造性的工作。它需要依据不

同的理论，结合多种文化资源，采用多种科学的干预手段，才能将援助效果最大化。

1. 心理援助方案的制定

在初期的心理援助关系建立后，援助者要对受灾害危机影响的师生进行心理危机干预方案的制定，在制定的过程中，综合各种理论与技术，要注意从以下几个步骤进行。

第一步，确立问题。

经历危机后的人们往往会产生悲伤、害怕、焦虑、愤怒等强烈的情绪体验，而危机事件后的焦虑反应是人们增加警惕性和保护安全所需要的，危机发生之后产生一定的应激反应是正常现象。一般情况下，受灾人员会逐渐从悲伤中恢复，承认丧失、接受现实，并逐渐回归到正常的生活。但如果情绪紧张、焦虑等状态持续加剧或持续过长，影响睡眠、饮食和正常生活，就可能导致焦虑障碍。而过于激烈的情绪，即使在灾害危机发生后不久，也可能会惊恐发作，这可能预示着创伤后应激障碍的出现。因此心理危机干预或心理援助的第一步是从被援助者的角度出发，确定和理解被援助者自身的问题。如果工作人员所认识的危机并非被援助者所认同或实际存在，那么工作人员所应用的干预策略和付出的努力也就偏离了重点，甚至对被援助者没有任何价值。在整个危机干预的过程中，工作人员应该围绕所确定的问题来把握和运用相关的技术。

第二步，帮助被援助者建立安全感。

在危机干预过程中，心理援助工作者将保证被援助者安全作为首要的目标，这是非常必要的。我们所讲的被援助者的安全，简单来说就是使被援助者对自我和对他人的生理和心理危险性降低到最小。危机事件发生后逐步落实安全措施后，受灾民众的安全感得以逐渐确立，心理应激反应将随着时间而减少。即使客观环境仍能威胁公众的生存，但安全感的重建也能显著降低未来几个月发生的创伤后应激障碍的概率。虽然我们将被援助者安全放在第二步，但在整个危机干预过程中都应该将这一点作为首要考虑加以重点对待。在工作人员的检查评估、倾听和制定行动策略的过程中，安全问题必须予以同等的、足够的关注。

社会、传媒、专家等各方面力量应采取科学的方法和合理的举措帮助受灾师生重建安全感。政府部门应尽力为受灾师生提供必要的生活生存保障，建立临时的安置地，保证相应设施的卫生与安全，并关注自然灾害等各种危险信号，实施合理疏导以及科学救援，利用多种途径宣传避灾减灾知识。

心理救援人员应宣传应急反应知识，对相关应激进行科学解读，普及危机事件发生后人们常见的心理反应及疏解方法，帮助受灾师生更好地理解灾情，了解灾害危机面前的正常身心反应和可寻求的各种资源，逐渐恢复心理健康。

第三步，给予被援助者心理上的支持。

危机事件心理干预的第三步是强调与被援助者的沟通与交流，使被援助者知道工作人员是能够给予其关心与帮助的人。面对各种突发的危机事件，受灾者如果不能得到足够的支持，就会增加创伤后应激障碍的发生概率；相反，个体对社会支持的满意程度越高，创伤后应激障碍发生的危险性越小。良好的支持是预防创伤后应激障碍的保护因素。对受灾者来说，从家庭亲友的关心和支持、心理工作者的早期介入，社会各界的热心援助，到政府全面推动灾后重建措施，这些都能成为有力的社会支持，可以极大地缓解他们的心理压力，使其产生被理解感和支持感。

心理援助者在工作中，要努力取得被援助者的信任。要恰当地安慰受援助者，努力与之建立良好的援助关系，并鼓励受援助者充分表达情感，提供实际而有效的具体帮助，做到不去评价被援助者的经历与感受是否值得称赞，或者是否心甘情愿，而是应该提供这样的一种机会，使被援助者相信“这里确实有一个人很关心你”。

提供心理帮助和支持的人是实施援助的工作人员。就是说，工作人员必须无条件地以积极的方式接纳所有的被援助者，不在乎报答。能够在危机事件中真正给予被援助者以支持的工作人员，就能够接纳和肯定那些无人愿意接纳的人，表扬那些无人表扬的人。要发掘个人内心积极的力量以重建受援助者的希望，发挥自我内部对话技术，控制自我挫败感及退缩行为，发展积极的应对策略。

第四步，提出应对方式。

危机事件心理援助的第四步侧重于被援助者与援助者常常会忽略的一点，那就是，虽然有很多的援助方法和途径，但由于被援助者处在高应激状态，其思维常常是不灵活甚至空洞或僵化的。所以大多数情况下，处于危机中的被援助者往往无法恰当地判断什么是最佳的选择，有些甚至认为无路可走了。

在这一步中，援助者有效的工作能帮助被援助者认识到，有许多可变通的应对方式可供选择，其中有些选择比别的选择更为适宜。应该鼓励受援助者多从各种不同途径思考变通的方式。

寻求环境支持时，社会环境、自然环境可以提供帮助援助者的最佳资源，使被援助者知道有哪些人现在或者过去能关心自己。建立应对机制时，受援助者能够用来增强战胜目前危机的行动、行为或环境资源。积极的、建设性的思维模式可用来改变受援助者自己对问题的看法并降低应激与焦虑水平。如果能从这三方面客观地评价各种可变通的应对方式，危机心理援助者就能够给予感到绝望和走投无路的被援助者以极大的支持。

第五步，制订干预计划。

危机事件心理援助的第五步是制订心理危机干预计划，这是从第四步逻辑地、直接地发展而来的。该计划应该具有以下主要内容。

第一，确定另外的个人、组织或团体和有关机构能够提供及时的支持。心理援助不是孤立的援助行为，心理援助工作应该与救援部队、医疗队、支教队、志愿者、学校工作人员等合作，要多方面立体地融入其中。

第二，提供被援助者现阶段能够巩固采用的、积极的应付机制，制定被援助者能够理解和把握的行动步骤。受灾者的心理行为问题有些是突发危机事件造成的，有些则是突发危机事件诱发了潜在的心理问题。因此在心理援助时要充分注意到被援助者的心理问题主要是由危机事件带来的还是原有问题在危机事件背景下的表现或是加强，并由此采取有针对性的措施。同时根据被援助者的应对能力，援助计划应着重放在拥有切实可行和系统地帮助被援助者解决问题上。可以采取一些诸如放松技术、小组辅导等方法，使被援助者与危机干预工作者共同合作来得到问题的解决和状况的改善。

第三，强调计划的针对性。一定要把握好什么时候，对什么人群，在什么环境做什么，由谁来做等相关问题。所处的时间节点不同，心理援助的侧重点就不同；对待不同的人、不同的问题，援助的方式和方法也不同；不同的工作者，援助方向、深度也有所不同。有些人需要马上做，有些人需要以后做，有些人需要短时快速做，有人需要慢慢做。所以针对不同的被援助者的需求，应当制订出不同的有针对性的计划。

制订计划时应该与被援助者协商合作，让其感到是自己的计划，认识到自己是完成自己心理危机干预的主力，从危机中尽快走出来是自己的事情，明确这一点尤为重要。协商制订计划的目的也在于让被援助者感到没有被剥夺他们的权利、独立性和自尊。有些被援助者可能不会反对帮助他们的那些决策性计划，但此时这些被援助者往往过分地关注于自己的危机而忽略自己的能力，他们甚至会认为将计划强加给他们是应该的。让饱受情绪困扰的被援助者接受一个善意强加给他们的计划往往很容易。因此，在计划制订过程中的主要问题是使被援助者具有控制性和自主性，将计划付诸实施的目的是恢复被援助者的自制能力和保证它们不依赖于危机心理援助工作者。

第六步，获得被援助者的承诺。

第五步之后紧着是获得承诺。同样，控制性和自主性问题也存在于得到恰当的保证这一过程中。如果制订计划完成度较高的话，则获得承诺这一步就比较容易。多数情况是，获得承诺这一步形式上比较简单，让被援助者复述一下计划："现在我们已经商讨好了你计划要做什么，下一步将看你如何向他或者她表达自己的愤怒，或者实施自己心理重建计划，请跟我说一下你的计划，好吗?"在这一步，危机干预工作者要明确，实施计划是否能达成合作的协议。

在第六步中，危机干预工作者不要忘记其他给予被援助者帮助的步骤和诸如评估、保证安全和给予支持的技术。在结束危机干预前，工作者应该从被援助者那里得到诚实、直接和适当的承诺。然后，在检查、核实被援助者的过程中用理解、同情和支持的方式来进行询问。也就是说，核心倾听技术在这一步骤中也很重要。

2. 多角度、多元化的心理援助方案的实施

危机后心理援助的实施是一个复杂的过程，需要与许多其他学科进行交叉融合，把心理学的理论和知识结合多样的文化资源，开展多角度、多元化的心理援助活动。

结合受灾者个人或群体的特定文化背景来实施。每个人、每个群体都有自身特定的文化背景，这些文化背景促成和影响了人格的形成，也影响了他们面对危机时的想法与状态。因此在实施心理援助方案的过程中，要结合援

助对象特定的文化背景，借助当地独有的文化资源，包括社区文化、校园文化、企业文化、科技文化、城市文化、民族文化、区域文化等，对援助对象进行干预。这样不仅体现了以人为本的特征，使受援助对象更容易接受，效果往往也超出预期。

利用多种心理咨询技术对受灾者进行个体或团体心理治疗。突发的危机事件给人们的身体与心灵带来了巨大的创伤，使人们陷入焦虑和恐惧之中，如果不及时对这些处于危机状态中的受灾者进行有效的心理干预，那么有可能导致他们出现创伤后应激障碍及其他心理障碍。所以除了物质的救援、身体的医治之外，更需要心灵的抚慰和压力的疏解，以尽快恢复他们的正常心理状态，增强他们面对生活的勇气和信心。在心理治疗的过程中，对心理援助危机干预者的危机干预技术和经验要求较高，干预者必须掌握许多相关的干预知识与心理咨询技术。常用的针对受灾个体与群体的心理咨询与治疗技术有：合理情绪疗法、叙事法、沙盘游戏治疗、团体心理辅导、线上心理疏导等。

目前表达性心理治疗广泛地应用在青少年心理援助中。表达性心理治疗是一种新兴的心理治疗方法，它通过游戏、活动、绘画、音乐、舞蹈、戏剧等艺术媒介，以一种非口语的沟通技巧来介入，释放被言语所压抑的情感经验，处理当事人情绪上的困扰，帮助当事人对自己有更深刻的、对不同刺激的正确反应，以重新接纳和整合外界刺激，达到心理治疗的目的。在危机心理援助过程中，常常使用表达性心理治疗技术对青少年进行表达性心理干预，通过使用表达性心理治疗的一些方法，如音乐治疗、绘画治疗、舞蹈治疗、武术治疗、体育治疗、心理剧治疗等，并借助一些表达性的活动，开展危机后青少年的心理援助。例如青岛心理援助队在北川曲山镇小学，就建立了鼓号队、舞蹈队和武术队，对全校同学，包括大多数老师进行了武术培训与音乐教育及文化熏陶。这不仅丰富了他们的学习与生活，更唤起了全校师生对生活的热爱与追求，塑造了生命的能量与激情。

3. 灾后复学复课

突发性危机事件不仅对学生的家庭和社会功能造成了极大破坏，而且也对学生和教师的学校生活造成了极大的破坏。突如其来的危机或灾害有可能摧毁了或破坏了原有的教学区域，或者由于不得不隔离在家，从而冲散了原来的学校班级建制。而且，学生原有的学习计划与节奏，教师正常的教学活动也都被打乱。这些都给处于学习黄金时期的学生的学习造成了很大的冲击。灾后复课，不仅要使学生恢复原有的学习节奏，继续接受知识教育，同时也促使他们学会面对陌生的环境、灾害的创伤等其他因素的影响。灾后复课应当注意以下方面的问题。

（1）受灾学生情绪情感的梳理

危机灾害给复课学生带来了不同程度的心理创伤。如果这些心理创伤得不到及时的排解，就有可能影响他们的身心健康。因此，让复课学生说出在灾害中每个人的感受和经验，引发共鸣，从而让复课学生学会接纳自己的情绪也是心理援助的一项重要内容，但要注意不同的时机和尺度。可通过一系列的团体辅导活动，在温暖、接纳、安全的沟通氛围中，协助他们自由地表达心中的感受，从而正视、舒缓不良情绪，使处于危机中的学生尽快恢复危机发生前的心理状态，重新进入危机前的学习状态。

（2）生命观、价值观的澄清

一些学生在地震等灾害危机事件中失去了自己的亲人、同学和好友，或者亲眼看见和面对了死亡，这对他们的心理造成极大的冲击。对于这种情况，除了心理援助和时间的修补外，更需要学生自己的感悟与成长。因此对受灾复课生进行生命观、价值观的澄清就显得十分重要。通过价值观的教育和引导，促使他们能够自觉地接纳对死亡的恐惧，重新认识生与死，进而更加珍惜生命。开展系列课程鼓励他们在参与活动中提升对自我和生命的了解，促进生命价值观的重构。开展系列活动，发挥活动本身独特的心灵慰藉的作用，驱散他们心中的恐惧和不安，平复他们的情绪，安抚他们的心灵，鼓舞他们乐观学习、努力生活下去的信心和勇气。

（3）学习观的澄清

帮助复课学生认识到学习的重要性，树立起新的学习观念，提高其学习的动机和积极性。针对复课生厌学、迷惘、信心不足等问题，可开展学习价值观的澄清活动，活动主要以小组讨论的形式进行，讨论分为焦点讨论和转轮讨论。焦点讨论主要以“为什么要学习”为主题，转轮讨论主要以“怎样更好地学习”“怎样处理好学习与感情的关系”为主题。这一阶段活动的目标主要是帮助复课生确立学习目标，提高学习兴趣及树立学习自信心。在整个活动的讨论过程中可调动复课生们学习及相互交流的主动性和积极性，激活学生们的敏捷思维，活跃班级与校园气氛，讨论结束后各小组可对不同问题发表看法，然后进行集体分享。实际上，无论是在原地复课还是异地复课，学生都有自己的理想，都有改变自己的愿望。此外，可根据学生们面临的灾害危机的性质、程度、范围，进行有针对性的团体活动或关于灾害危机的主题活动，进行群体心理疏导，对个别心理问题特别严重的学生给予个别咨询和特别关注，帮助复课生们认识到学习的重要性，澄清学习价值观，尽快适应灾害危机发生后的学习生活，建立学习自信心，为他们更好地融入新的学习环境奠定良好的基础。

4. 结合"台风眼效应"与受灾情况实施不同的干预策略

汶川地震发生后，中科院心理所"受灾人群的心理反应分析及干预方案"课题组分别对灾区和非灾区的居民进行了有计划的大规模调查及跟踪研究。研究结果发现，随着受灾严重程度的增加，居民对灾情的担忧反而降低。有意思的是，非灾区居民的担忧甚至高于全体灾区居民的平均水平。这便接近于气象学上的"台风眼"形态，即台风中心区的风力远较周边地区微弱。课题组形象地将此发现冠名为"心理台风眼效应"(Psychological Typhoon Eye Effect)，即越接近高风险地带，心理越平静。这种现象在汶川地震一年后仍未消失。

身处危机灾难中心的人因为短期内无法离开，甚至还将在那里生活很长一段时间，就造成了他们心理上的一种失调。如果整天担心灾难还会发生，那就没有理由在这个地方继续待下去了，所以为了证明自己留下来继续生活是合理的，他们就必须自己主动减少心中对灾难的担心，变得乐观一些。而远离灾区的人没有受到灾难的袭击，不存在这种认知失调，于是他们担心的是自己未来的安危。

除此之外，处于灾难中心的人们对灾难有更客观和真实的直接认识，而外围的人们则通过媒体上经过筛选的镜头或者其他通信渠道了解现场，并通过想象力为之添油加醋，这使得当事人可以做到平静面对，反而仅受轻微影响的人却高度警惕、反应过度。

灾后不同阶段、不同区域人群的认知和态度存在差异。心理"台风眼效应"对非常规突发事件下各级部门的政策制定和应急管理具有积极的借鉴意义，提示我们应当因时、因地、因人而异进行有针对性的干预。如在灾区内部应着重于解决各种实际问题；而在非灾区，应注重利用各种沟通渠道让民众了解灾区内民众的真实感受，消除其非理性认知和紧张情绪。尤其是在灾区学校，要尽快组织学生复课，恢复正常的学习生活，减少灾害危机的持续负性影响；而对灾区以外的学生，则应向他们传达正确的信息，打消他们的顾虑，认识危机灾害的发生发展规律，提高对灾害危机的认知水平，减少和消除紧张恐惧心理，把精力投入到学习生活当中去。

三、后期心理援助效果的巩固——梦想回归心灵

此阶段为梦想激荡阶段，是心理援助效果评估和巩固阶段。青岛啤酒原董事长金志国在“一杯沧海”中写道，“梦想的力量何其强大，一个人有了梦想，就会充满力量，哪怕筚路蓝缕，也会欣然前行，因为希望永远在前方”。该阶段的心理援助要努力使人们在接受现实的同时，重筑梦想，充满期望地投入生活。

童年期是一个很容易受到伤害的发展阶段，儿童作为较为脆弱的个体，容易受到各种各样的伤害。儿童出现创伤后应激障碍以及和应激相关的障碍的风险更大。对于发展中的中小学生而言，他们正处在人生观、世界观和价值观逐渐形成时期，具有较大的动荡性，灾难对他们的冲击不是短时间内就可以消除的[①]。

我国教育部在汶川大地震发生两个月之际，于 2008 年 7 月发布了《关于地震灾区中小学开展心理辅导与心理健康教育的通知》，通知要求建立工作的长期机制，采取科学方法，帮助学生积极面对并转化灾后的各种心理行为问题，提升心理复原力，培养积极、乐观、向上的心理品质，帮助学生深刻认识生命的意义和价值，促进学生人格在灾难面前的升华。

这个阶段需要组织相关活动，建立长效机制，并注意培养当地骨干，跟踪援助对象，将不间断的心理援助进行下去。

1. 巩固成果，掌握规律

经过前两个阶段的“温暖关怀”和“激情重塑”，一般情况下，大部分的

---

① 林崇德、黄四林：《教师如何对学生进行灾后心理疏导》，《思想政治课教学》2018 年第 6 期。

受灾中小学生已经从灾害的阴影中走了出来，投入新的学习和生活节奏中。这个时候心理援助的重点，一般应放在提高他们的心理素质以及对灾害灾难的正确认知上。

（1）建立兴趣小组，丰富校园文化生活

心理学研究表明，文娱活动与体育锻炼对于增进心理健康能起到良好的调节和促进作用。因此，为了丰富复课学生的课余生活，更持久地缓解心理压力，需要充分挖掘学生们的潜能，为他们提供展示才华的舞台，在发展兴趣、展示才华的同时，通过活动释放不良情绪和压力。如有的学生擅长踢足球，通过在球场的奔跑就能够释怀内心的不愉快；有的喜欢跳舞，激昂的音乐能驱走心中的烦恼；有的喜欢唱歌，尽情的欢唱可以滋养受伤的心灵。所以，通过兴趣、爱好的充分发挥，不仅能培养他们的生活自信心，还能减轻他们的心理压力，让心理的能量逐渐强大起来，因此，学校危机后的心理援助应注重兴趣小组的建立，鼓励学生们积极参与，在活动中寻找快乐，让自己真正充实、快乐、健康地生活。

（2）宣传防灾减灾知识，掌握灾害危机的特点和规律

灾害给学生心理带来了极大的创伤，而对灾害本身的未知则加重了学生对灾害的恐惧和焦虑。在社会心理的概念中，有三个基本点：第一，社会心理是主体反应，是一种心理的内在过程；第二，社会心理在社会成员中互相影响，这也是社会心理与个体心理区别之所在，社会心理的相互影响、相互作用，使它成为一种社会精神现象；第三，社会心理是在社会生活中自发产生的社会精神现象。如舆论、谣言、流行的时尚等都是重要的社会心理现象[①]。灾难不仅直接震撼和创伤学生的心理，对灾难的未知也会加重学生内心的恐惧。因此，设置课程让学生了解灾害的成因、发生、发展规律，宣传防灾减灾知识，不仅可以让学生了解灾害，从而减少未来可能发生的灾害的损失，同时也可以减少学生对未知的恐惧，用科学的视角看待灾害、理解灾害，在灾害中成长，由“危”转“机”。

（3）建立校园心理援助防御机制，培养本地心理援助骨干队伍

将前期心理援助的效果巩固下来，最好的方式就是总结前期心理援助的

---

① 邹文卫：《地震社会心理与防震减灾宣传》，《灾害学》2006 年第 3 期。

经验，借鉴国内外优秀成果，归纳总结出适合本校特点的心理援助模式，包括心理危机的预防、监测、预警、干预等重要内容，从预防教育、方式方法、队伍建设、响应机制等方面进行提炼和总结，形成制度化、规范化、科学化的心理援助流程和技术。保证能做到在无灾难时做好督导学习，在灾难出现时及时反应，在灾难过后及时干预。

2. 心理旅游，放松心情

心理旅游，亦称旅游心理咨询，是指在旅游活动中，心理援助者运用心理学的理论、方法与技能，对旅游者进行心理援助和心理治疗的过程，或旅游者在心理援助者的指导下，通过一系列活动，放松身心、宣泄情绪、实现心理互动、满足心理需要的过程。

心理旅游主要以满足人们的心理需求、解决人们的心理问题为目的。旅游的线路、景点以及导游词的确定都要围绕这个主题进行。心理旅游的设计以心理援助者为主体。心理援助者从有利于实现心理疏导和心理治疗的效果出发，合理地选择旅游者、旅游线路、旅游景点和导游词，科学安排援助或辅导的时间和地点，既实现传统旅游的目的，又具有鲜明的支持性心理治疗特点，最大限度地满足了人们的心理需求和精神需要。心理旅游以心理援助理论为指导，遵循心理援助的规范，旅游景点的设计与游览以及导游词的撰写与解说等都要满足心理援助的需要。心理旅游是现代人缓解压力、放松心情、人际交往的一种手段。在旅游的同时由心理专家给予适时的专业指导和帮助，心理治疗效果深刻、影响深远。借助环境的影响，通过感觉、知觉、视觉、听觉、触觉等感知觉体验以及心理援助者的适时点拨，往往会产生茅塞顿开的意想不到的效果，产生深刻记忆，留下深刻的影响。

心理旅游具有心理放松与治疗功效。它可以教人学会休息和宣泄压力。在丰富多彩的心理旅游活动中，既可以满足同伴需求和交友欲望，又可以加强素质拓展，培养团体意识、沟通能力和抗挫折能力，消除不良习惯和行为。心理旅游有助于减少和防止个人过多的封闭独处，各类成瘾、厌学等不良现象，消除和减少人们的不良支配时间，优化和提升人们的生活质量和层次。在旅途中接受心理医生的疏导，会使心理得到最大限度的康复，同时也使旅游更能满足人们的精神需求。当然，受传统经营模式的局限。多数旅游活动还满足不了援助对象的这种心理诉求。目前的旅游市场根本无法真正让游客享受到旅游的心灵乐趣，更不能起到游客所期望的减轻压力、缓解疲劳、放飞心灵的作用，因而大大降低了游客的旅游积极性和旅游效果，因此，心理援助工作者需要专门设计相应的心理旅游方案。

对于受灾师生来说，心理旅游对于心理援助初期和中期缓解情绪、后期精神提升和成果巩固有很好的效果。在心理旅游的过程中，旅游者同心理援助者或者同样受到灾害创伤的同行者进行交流互动，受灾师生不仅可以结交新的朋友，开阔视野、敞开心扉，还可以建立起一种类似“同盟”的关系，得到心理上的强大支持，共同抵御灾害灾难的创伤，重建心灵家园。

3. 规划生涯，放飞梦想

危机灾害破坏了中小学生原本的正常生活，打乱了他们的学习常态和秩序，有的孩子甚至失去了亲人好友，面临重要亲人丧失所带来的悲痛、缺失、孤独和伤感。心理援助工作者在努力抚平他们的心理创伤基础上，应当用梦想指引他们进入新的生活，并让他们为了自己的梦想努力生活，积极奋斗，用饱满的姿态去面对未来，追求自己更加美好的生活。

中小学阶段是认识自我、发展自我的重要时期，是人生发展和职业生涯规划启蒙和形成的关键时期。因此，要激发中小学生的激情和梦想，制定符合自身实际的生涯规划，让孩子们根据社会发展需要和自己的兴趣，重塑激情，重新认识自我，调整好自己的生涯发展规划，并积极做好知识、技能、思想、心理诸方面的准备，努力实施和成就自己的人生梦想。在切实的目标愿景导引下，让孩子们放下灾害危机对他们带来的伤痛，放飞他们的梦想，指引他们向更美好的明天努力前行，实现自己的人生目标和目的，让危机真正转化为人们的机遇。

第三节　危机后师生心理援助的组织与流程

构建危机后师生心理援助的组织结构与流程，对于促进现实危机的尽快妥善解决，提高心理援助的科学性、有效性具有重要意义。

危机后心理援助的组织结构与流程构建涉及心理援助的领导及实施机构、人员组成、监督评估机制以及法律保障等。心理援助的组织领导机构一般由心理援助委托方、受委托方和监督方组成。委托方可以是政府或协会管理部门，也可能是企业、社会爱心人士组成的慈善组织等出资方。心理援助组织的实施包括指挥系统、工作系统、支持系统和联络系统等。志愿者是心理援助组织中重要的支撑力量，心理援助工作的推进离不开志愿者的参与和贡献。对志愿者的组织和管理工作应贯穿整个心理援助的进程，包括志愿者的招募、培训、分配、评估和激励等环节。而监督方的情况比较复杂，可以包括委托方、受委托方、受援助方、第三方评估机构等多个层面和部门，而从推动心理援助项目实施的角度，一般可由心理援助组织机构和受邀请的第三方评估机构组成和实施，为心理援助工作全程提供监督和保障。

危机发生后，师生身心都会遭受巨大的创伤。心理援助的组织与实施工作要最大可能地抚平师生的心理创伤，就必须依据实际情况和变化了的师生心理状况而有效推进。建立具体的工作系统、招募和组织管理专业人员和志愿者、制定和具体实施心理援助方案，都是一项长期且复杂的系统工程。完整而高效的危机后心理援助组织结构有助于心理援助流程构造和心理援助的顺利进行。

一、危机后心理援助的组织结构

当危机发生后，各方援助力量开始策划进行心理援助时会不约而同地建立起心理援助组织。那么何为组织？心理援助组织有什么特征？

所谓组织是指有相同目的的人聚集在一起而形成的利益共同体。组织有共同的目标，有明确的规章制度、职位职权体系和分工协作，是一个系统化的结构。心理援助组织一般由出资方、承办方和监督方组成。心理援助组织有着组织的共同特征：目标统一、分工协作、权责一致。心理援助组织同样也有自身的特殊性，如志愿性、无偿性或公益性等。

为构建合理高效的心理援助组织结构，我们需要分析国内外相关组织结构的成功经验，找出不同组织结构的合理之处并结合我国国情，具体分析我国的社会人文环境、法律法规环境、历史习惯环境以及政治文化环境。

（一）国内外危机后心理援助组织结构的主要经验

1. 国外危机后心理援助组织结构的主要经验

各国政府在构建危机后心理援助组织结构的法律保障方面做出了不少努力。政府通常是以立法的形式来确保心理援助工作的实施和组织的运转。政府确立心理援助组织的法律保障和具体运转规则，构建具有层次性、统一性、稳定性与灵活性相结合的危机后心理援助组织结构，以政府的权威为后盾，切实提高危机后心理援助工作的效率。政府不仅重视立法保障，而且还积极牵头发挥组织协作的作用，构建多层次的心理援助预防系统、国家层次的心理援助应对系统、健全的心理援助常态组织。心理援助预防系统是危机后心理援助组织结构中重要的一部分，目前许多国家都建立起这样的系统，其中具有代表性的是美国的三级预防系统。一级预防是面向大范围健康的正常人，向他们大范围地宣传心理健康知识，指导他们面对生活中的困难并为日后的危机做准备。二级预防针对灾后轻度心理异常者进行常规性的心理咨询，这些心理咨询机构在美国国内非常普遍，附属于医院或者高校。三级预防是针对灾后严重的心理异常者进行的预防策略，有专业的心理研究者进行这项工作。建立国家层面的心理援助应对系统，以政府为主导，充分利用政府的权威与资源为心理援助的运转提供保障。

健全的心理援助常态组织同样是危机后心理援助组织结构不可或缺的一部分。以美国为例，美国联邦灾后心理援助系统主要由三个部分组成：一是联邦应急管理局，此部门负责统领全局，制定策略，协调运转和提供资金；二是公共健康服务系统，为受灾者提供及时有效的短期心理咨询或是调节情绪等服务；三是退伍军人事务部，此部门通过下属的三个系统（应急管理战略医护组、创伤后应激障碍中心和调整辅导服务）提供心理援助①。

2. 国内危机后心理援助援助组织结构的主要经验

国内研究和实践证明，心理援助要成立由政府统一部署、由专业的心理研究管理部门统筹规划的危机后心理救助的管理体制。重大危机后的心理救助是一项复杂的系统工程，需要融合各个学科、部门和领域的合作，需要尽可能地调动社会的力量，这样既需要宏观层面的诸如法律与政策和新闻媒体

---

① 张雪琴:《国外重大灾害心理援助机制和组织方式的研究》,《现代预防医学》2011 年第 6 期。

的力量，还需要中观层面的来自家庭、学校以及社区的参与，更需要微观层面的专业人才与知识，等等。同时，有效的灾后心理救助也需要在完善的组织管理机制下完成与其他应急管理力量的衔接。当前，我国在灾害的应急救助方面虽已形成一定的组织管理体系，如在"5·12"汶川地震发生后，立即成立了国务院及各地抗震救灾指挥部，确保应急效率和应对能力，也使得政府的紧急行政具有优先性，但由于这种应急机构具有不可避免的临时性与无序性，使得其在组织各部门协同应对危机时出现了一些问题，特别是灾后心理救助的组织管理问题。

为提高国家应急管理能力和水平，提高防灾减灾救灾能力，确保人民群众生命财产安全和社会稳定，2018 年 3 月 17 日，国务院机构改革，组建中华人民共和国应急管理部，将国家安全生产监督管理总局的职责，国务院办公厅的应急管理职责，公安部的消防管理职责，民政部的救灾职责，国土资源部的地质灾害防治、水利部的水旱灾害防治、农业部的草原防火、国家林业局的森林防火相关职责，中国地震局的震灾应急救援职责以及国家防汛抗旱总指挥部、国家减灾委员会、国务院抗震救灾指挥部、国家森林防火指挥部的职责整合，组建应急管理部，作为国务院组成部门。中国地震局、国家煤矿安全监察局由应急管理部管理。公安消防部队、武警森林部队转制后，与安全生产等应急救援队伍一并作为综合性常备应急骨干力量，由应急管理部管理。由国家应急管理部作为领导力量指挥危机后的救援工作，包括生命救援和危机后的心理救援，在危机后的心理救援工作中可以储备心理援助人才，必要时派出这些人员进入灾区实施心理干预，联合各方面的辅助性力量综合协调，使发挥援助力量的效益最大化。

（二）危机后心理援助组织的外部环境与参与者分析

1. 外部环境

（1）法律法规环境

重大灾害危机后的心理救助和干预必须在国家法律法规的范围之内，在国家政策、法律法规的指导、监督之下进行。国家政策和立法是构建危机后心理救助组织的有效保障。我国政府早已认识到完善的法律政策体系对于灾后心理救助的重要意义，出台和颁布了许多政策性文件和法律法规，如应对重大自然灾害的《防震减灾法》、2007 年颁布的《突发事件应对法》、国务院制定的《中国精神卫生工作规划（2002—2010年）》，以及汶川地震以后实施的《汶川地震灾后恢复重建条例》等。这些法规和文件明确了心理救助组织的必要性，为灾后心理救助的组织构建提供了依据。比如，《中国精神卫生工作规划（2002—2010年）》中明确规定："发生重大灾难后，当地应进行精神卫生干预，并展开受灾人群心理应急救援工作，使重大灾难后受灾人群中50%获得心理救助服务。"《国家突发公共事件总体应急预案》中规定："对突发公共事件中的伤亡人员、应急处置工作人员，要按照规定给予抚恤、补助或补偿，并提供心理及司法援助。"相关法律法规和政策性文件的及时颁布，既保证了灾后心理救助及时有效、有组织、有计划地开展，也说明目前我国的灾后心理救助已在政策和法律法规建设方面达到了一定的效果。

（2）社会人文环境

社会人文环境指的就是社会群体中大多数人所接受并崇尚的一种文化，就如同我们中华民族几千年的儒家传统思想一样，其实就是大家都认可并自觉做出行动的一种社会气氛。"穷则独善其身，达则兼济天下""老吾老以及人之老，幼吾幼以及人之幼""先天下之忧而忧"的思想流传至今，铸造了中华民族独一无二的社会人文环境。在发生重大危机的情况下，一方有难，八方支援，对建立危机后心理援助的组织结构发挥着不容忽视的物质和精神上的作用。

2. 参与者角色分析

（1）政府

政府是危机后师生心理援助组织的领导力量。我国政府在公共危机管理中的核心地位赋予了政府在灾难事件之前的预防、发生时的心理救援与之后的心理重建过程中不可或缺的领导地位。政府负责为心理援助进行组织立法、提供资金、宣传教育、指导引导、表彰奖励和灾后心理援助的组织动员和保障等。

（2）心理研究组织

心理研究组织是危机后师生心理援助组织的专业力量。缺少心理援助的救灾是不完整的救灾。心理援助的专业性强、风险性较高，并不是简单的援助活动。尤其是在危机后的紧急状态下，它要求其工作者既要具备心理援助的专业知识与技能，又要具备适合危机后心理援助的特殊素质，如从容镇静的心态、快速灵活的反应、充沛的精力等。非专业干预的后果很可能会造成对受灾者的二次创伤或是自身的心理创伤。因此，危机后心理援助组织必须要由经过专门训练和不断实践的心理学家、精神科医师、心理咨询师作为组织的专业骨干，吸取国内外先进的经验与技术，进行心理援助前沿研究，指导心理援助科学化地进行。

（3）志愿者组织

志愿者组织是危机后师生心理援助的主要实施者之一，是灾害危机后与学校组织和政府部门进行心理援助工作的主要合作力量。危机发生后，政府部门主要侧重发挥宏观层面上的职能，但针对某一或某些特定工作或单位，尤其是在提供大量有针对性的特殊个体服务以及进行专门的个体心理疏导方面，政府部门要依赖那些深入灾区的志愿者进行具体的援助工作。在突发事件的心理援助较为成熟的国家，其志愿者组织仍然是心理援助的重要力量。这使志愿者组织当之无愧地成为政府不可忽视、不可或缺的合作力量。

（4）大众传媒

大众传媒是危机后师生心理援助组织的社会支持力量。在危机事件发生后，媒体依然是传播心理学应激常识、扩大心理援助广度的重要渠道。尤其是针对造成大范围伤亡的重大危机突发事件，在第一时间内宣传和告知危机真相或是播放科学知识、励志影像、音像等形式，都能使处于恐慌状态的灾民情绪得到缓解，燃起生存的希望。在非典期间、汶川震后、2020 年新冠肺炎疫情中，媒体的积极行动都产生了很好的心理援助效果。但在利用大众传媒报道学校师生状况时，还要注意学校的特殊性，尤其是未成年青少年的心理行为特点，通过一定的组织程序，由学校专门的部门和专门的人员实现与大众传媒的连接。对一些灾难场景的视频资料和相关信息也要进行专业的处理，努力保护危机中人们的隐私并使看到这些画面的人不至于遭到过度的冲击而导致创伤。媒体宣传的目的是要引起社会的关注、同情和支持，这里面有个新闻伦理和曝光度的掌握问题，一定要把握好、处理好。

（三）构建危机后师生心理援助组织结构的原则与系统组成

1. 构建危机后师生心理援助组织结构的原则

（1）客观实际原则

危机后师生心理援助体系的构建必须从客观实际出发，根据学校内外环境条件，结合师生在校园里生活学习的实际状况来进行，而不能主观臆断。如果心理援助的组织、政策、实施等脱离实际，这样的援助体系就无法有效地发挥作用，甚至事倍功半。

（2）系统整体原则

学校心理援助是一个整体的系统工程，而不是一个个独立的实施方案，需要与学校现有的教育、教学、管理措施相结合，需要学校各方面工作的配合，也需要与社会相关组织及其政策、制度的结合，包括学生家长、亲属等的积极参与和配合，使之配套并建立关联互动的工作网络。

（3）长效性原则

心理援助不是一个简单的援助过程，因为灾难当事人的心理创伤不可能通过一两次心理干预就能消除掉。因此，只要当事人还在学校生活学习，就必须对其实施全程的心理援助，最大限度地帮助师生恢复心理状态，减少各种危险和损失。对心理援助体系要素应进行全面长期的追踪，并按照心理援助发展目标和新的需要进行修改乃至更新组织结构，使组织不断完善，以保持心理援助的长期有效。

（4）预防未成年人伤害原则

在中小学校里进行心理援助，面对的学生绝大多数是未成年人，心理援助需要对他们倍加呵护，特别要注意科学援助，防止造成新的心灵创伤。要从发展的角度、爱护的角度、专业的角度，在援助理念、援助技术、援助步骤和援助方法上，都要谨慎从事、耐心细致，切莫急于求成、简单粗暴。

2. 危机后师生心理援助的组织系统

完整的危机后师生心理援助组织系统应该包括指挥系统、生命救援支持系统、心理援助工作系统、信息联络系统、人力资源系统。

（1）指挥系统

构建危机后师生心理援助指挥中心，需要在政府的法律与资金保障下，吸收社会资金并由心理研究和服务组织的协同专家、志愿者建立一个心理援助工作统一指挥协调中心。一般可以由当地政府灾害应急管理部门与参加心理援助的各个机构合作，统筹管理心理援助工作。

（2）生命救援支持系统

主要由政府、军队、医疗部门、民间组织、非营利性组织和社会公众一起参与来实施受灾人员的生命救援。特别是物资、医疗和交通等方面的救援尤其如此，只有保障了师生的临时生存需要，满足师生的紧急救援需求，才能使心理援助工作顺利的进行。主要职责有以下几个方面。

医疗救助。危机造成巨大的破坏，带来大量的人员伤亡，如果不能及时进行救治，会给很多受灾者留下终生的遗憾，造成难以抹去的心理阴影。即使是未受到身体伤害的师生，在目睹身边的亲人、老师或同学在不能得到及时救治时，也会产生严重的心理伤害。因此，及时有效的医疗救助是师生心理援助工作的重要环节。

物资支持。包括水、食品、药品的紧急供应，还有社会公众的捐赠、政府部门的拨款、非营利性组织的捐赠，等等，都需要进行及时有效的汇总、分发和管理。灾害发生后，首要的任务是师生的紧急伤亡救援，特别是在 72 小时的生命黄金救援期内，尽可能地救出受灾者并保障受灾者的生存需要，大量的物资供应必须及时到位。如果不能满足师生的基本生存需求，就会让他们丧失继续生活的勇气和信心，这一切都需要有组织的物资调配和支援来保障。由此可见，物资支持在灾害心理援助中至关重要，是控制师生心理危机进一步恶化，促进师生心理障碍自我恢复的关键。

（3）心理援助工作系统

心理援助工作系统即危机后师生心理援助组织的应对系统。主要由心理医生、高校心理研究人员和具有心理援助知识的志愿者组成。心理援助不同于一般的灾害救助，是一项科学性很强的工作，因此，无论是政府还是社会组织，对危机后的心理援助均需要通过专业组织或专业人员的科学实施，才能取得良好效果。工作系统又可以分为若干子系统。

心理援助工作系统一般包括前方工作站和后方工作站，后方工作站也叫心理援助总站，前方工作站和后方工作站总称心理援助工作站。心理援助工作站是开展心理援助工作的最直接和最有效的单元。它不仅可以保证科学而又持久地将心理援助工作在学校开展下去，也有助于获得师生的信任和合作。心理援助工作站既是专家组和志愿者的联合体，也是心理援助工作人员对师生进行心理援助的平台。工作站一般都会凝聚一大批有丰富经验的心理援助志愿者。心理援助工作站中要配置一些必要的器材和设施来帮助师生重建心理环境，并组织师生在一起开展相关活动，实施群体心理援助。而且，心理援助工作站应该对不同类别的心理需求进行分类。针对不同程度的心理创伤成立不同的援助小组，有助于灾后心理援助工作高效率、高成效地开展。

前方心理援助工作站在后方工作站的领导下，在前方负责心理援助总体计划的具体组织实施，并将实施情况及时上报后方工作站，遇到特殊情况时，还要请求后方工作站的专业指导和行政批示。前方心理援助工作站在心理援助总站的领导下，独立开展一线心理援助工作，包括心理援助工作计划的实施和及时修订，与当地政府、援助学校及社会组织的联系沟通与协作，对前方心理援助工作人员进行人员调配、物资划拨和日常管理，等等，并阶段性地将心理援助工作开展情况报告心理援助总站，接受指导和督导，遇到特殊情况及时报告，寻求后方支援。

后方工作站主要由负责心理援助的领导和专家组成。因为一些专家和工作站负责人，不可能全程参加心理援助的实地工作，但心理援助的具体实施离不开他们的领导和指导，他们需要担负检查、督导、指导和全程协调的任务，为心理援助的成效负总责。后方心理援助工作站要为前方心理援助工作站提供专业高效及时的服务，成为前方心理援助工作站的大后方和指挥中枢，一般由信息组、资料组、行政组等部分构成。信息组负责收集心理援助站成员工作实时动态信息并加以分析，协调前方人员的工作。资料组负责援助组织资料的整理收集，将心理援助成员的心理情况资料分类整理，标记出特别需要注意的地方。行政组根据援助工作的款项和设备的实际需要，向救援支持系统提出物资的需求清单。

（4）信息联络系统

信息联络系统主要由媒体和信息专业工作人员组成。主要负责对师生信息的整理和信息的发布。以保证师生心理援助工作有畅通的交流平台和数据信息的支持。主要职责有以下几个方面。

进行信息的整理和反馈。联系灾区当地学校，迅速、全面、准确掌握灾情并了解师生的心理需求，提供心理援助的相关信息。协调参与心理援助工作的各个机构之间的联络和配合。并且沟通协调未加入心理援助系统人员的组织的行动，与这些组织取得联系，协调相关组织的工作，使心理援助能够有序地进行，防止出现资源浪费和工作冲突。

援助信息发布。可以与专门的媒体传播平台合作，对救灾信息进行准确的报道。在危机发生的特殊时期，信息渠道较为封闭，师生无法准确了解到实际的伤亡情况和有效救援情况，紧张氛围蔓延。信息联络系统可以通过广播、手机、网络以及编发纸质和电子的信息简报等方式准确地报告学校或灾区实际情况，稳定人心，最大限度地缓解灾区师生和心理援助人员紧张情绪的弥漫和信息不对称现象造成的消极影响。

建立师生心理援助数据库。通过整合心理援助工作站和信息联络系统反馈的信息，根据灾区实际的心理需求，对接受心理援助的师生信息进行登记，建立数据库，以便进行长期的心理援助工作。建立师生的心理援助数据库还可以防止对师生进行重复的心理援助，并且有助于跟踪、长期的治疗和恢复。

招募志愿者。心理援助工作需要具有心理工作经验的志愿者，但这样的人员较为缺乏，信息联络组可以通过各种传播渠道，对灾区的实际需求进行报道和宣传，招募志愿者参与到心理救援工作中，缓解心理援助工作缺少志愿者的问题。

（5）人力资源系统

建立专业的人才保障机制是满足心理援助需求的基础。制定出规范的工作人员规则，可以吸引优秀人才和吸纳高素质的志愿者加入组织，建立危机后心理援助人才网络。

建立专家和志愿者资源库。首先是建立专家资源库。专家资源库可以由各大中小学校的心理专家、各医院系统的专业医生以及其他部门的专家学者构成，专家资源库的建立在灾害心理援助工作中发挥着不可替代的关键性作用。专业力量是心理援助的骨干力量，是大规模开展心理援助的重要支援力量。其次要建立志愿者资源库。对于灾害后的心理援助应急工作，只建立专家资源库是远远不够的，因此需要招募心理援助志愿者队伍。志愿者的招募和管理可以面向一些志愿者组织，这些志愿者组织一般都有一定的志愿服务经验，有许多曾经报名参加过危机后心理援助工作的志愿者，可以将这些志愿者纳入灾害心理援助管理系统中。

（四）危机后师生心理援助项目的组织结构及人员构成

组织结构是表明组织间各部分的层级顺序、空间排列、沟通方式的各要素间相互关系的一种模式。组织结构相当于组织的框架，只有当框架完善合理时，目标才能顺利实现。由于组织面临的情况不尽相同，组织的结构类型即框架也不同，可以将组织类型大致分为直线型组织结构、职能型组织结构、直线职能型组织结构、事业部制组织结构和矩阵式组织结构。

直线型组织结构是最早使用的一种组织结构，也是最为简单明了的组织结构。所谓直线型组织结构是指在此种结构中，职权和命令直接从结构的上层流向下层，组织中每一位主管人员对其下属有直接的管辖权，组织中每一个人只能向一位直接上级报告。

职能型组织结构也称为多线性组织结构，是按职能分工进行专业化的管理。职能型组织结构中，上层主管下设职能机构和人员，将相应的事务交给职能机构，该职能机构在自己的职能范围内向下级传达命令。

直线职能型组织结构又称直线—参谋型组织结构。它将直线型组织结构和职能型组织结构的特点结合起来，以组织的直线指挥系统为基础，再设置横向的职能系统的复合管理系统。

事业部制组织结构是由美国管理学家斯隆在担任通用汽车公司副总经理时设计出来的，也被称作"斯隆模型"。事业部制组织机构是指在组织顶层下增设一层独立经营的结构，称为"事业部"，实行组织的命令统一、目标统一的同时，事业部独立经营。

矩阵组织结构由纵向和横向两套管理系统叠加在一起组成一个矩阵组织结构，纵向系统是按职能划分的指挥系统，横向系统则是从各职能部门抽调与项目相适应的人员组成的管理系统。

五种组织结构类型各有优缺点，能够兼顾到灵活性、稳定性或效率，不存在某种组织结构的完全最优状态，只有根据组织的实际内外部环境才能设计出合适的组织结构。危机后的心理援助工作开展环境复杂且工作紧迫，因此对心理援助组织的灵活性与稳定性以及执行能力都提出了更高的要求。在这种情况下，心理援助的组织结构设计可以参考不同的组织结构类型，以直线层级制结构为基本框架，命令沿垂直方向下达，设立办公室用来负责心理援助组织内部之间的协调及与外部的交流，下设职能部门负责具体的工作。

为加强领导和监督，保证心理援助计划的顺利进行，根据项目出资方、监督方和承办方三方所签订的协议精神，可成立心理援助项目领导小组，全面负责对心理援助项目的领导和监督，并成立相关工作组负责具体实施等。

1. 项目领导小组

因为心理援助工作本身具有复杂性，在重大危机发生后的现场往往又是处于一种极端混乱、短时间内无法掌控的状态，所以需要一个决策部门也就是领导小组来做出决策并且协调各部门的力量以共同应对危机后师生心理援助工作。

西蒙曾强调决策在管理中的重要性，称“管理就是决策”。目的就是强调决策是管理，决策贯穿于管理过程的始终。相应的决策部门占据着组织中的重要地位，组织的建构、日常运行以及维护都离不开决策部门做出的决策。决策部门应该是为了解决组织所面临的问题和考虑到一定时期内的发展，最大限度地收集信息并分析这些信息，然后经过科学的决策过程提出多种可行性方案，依据外部的实际环境和相关情况选择最佳可行性方案的部门。决策部门的决策应在坚持科学性原则、前瞻性原则和审慎性原则的基础上做出。

领导小组作为决策和领导部门，主要职责有：负责师生心理援助工作整个项目的规划、管理、实施与督导工作。在灾害危机救援的总体框架下，高效率地领导、督导、督促和落实心理援助会议部署的心理应急和心理重建工作，并牵头整合各种资源为心理援助工作提供开展工作所必需的条件；负责心理援助工作组人员的派出、教育和管理；决定和协调危机后心理援助工作中的重大事项；向上级及时报告工作进度，接受其指导和领导，并建立通畅的联系渠道。

领导小组由于作为心理援助组织的顶层设计，需要做出决策，指挥项目工作的推进，所以需要由参与项目的各方负责人组成领导小组。领导小组的人员构成包括了资助方代表、监督方代表、承办方代表以及受援助方代表等。

2. 心理援助（项目）办公室

办公室是现代组织中的重要部门，具有较强的协调性和中枢性，在一定程度上还可以起到辅助决策的作用。危机发生后成立的心理援助办公室尽管有一定的临时性，但心理援助着眼于中长期规划，心理援助办公室的建设就必须具备相对完备的设置和功能。办公室的最大特点在于它的协调性和中枢性，与仅负责某一具体事项的部门不同，办公室需要帮助领导者协调各个职能部门的工作，协助指挥部门对各职能部门的工作进行督导并协助领导者处理涉及全局的工作。

心理援助办公室一般设在领导小组下，负责心理援助项目的组织、宣传、协调；负责督办领导小组确定的工作事项的具体完成。构建科学高效的心理援助组织，必须在统一领导的基础上坚持以组织协作理论为指导。组织协作理论中要求构建部门化的分工协作体系，才能保证整个组织系统能有序地运作。因此在明确了组织协作关系之后可以设置不同的组织部门，分别负责不同工作，有助于职责权限的划分和实际操作过程的有效性[①]。而心理援助办公室的工作更多的是承担组织协调工作，并将领导小组的指示传达给组织的下一级结构并且做好任务的分配工作。

心理援助办公室的工作更为细致，所以需要领导小组专门人员负责对办公室的领导工作并且吸纳更多的人员参与办公室的工作。

3. 工作组及心理援助工作站

工作组及心理援助工作站在领导小组和心理援助办公室的领导下，也可作为心理援助办公室直接在心理援助领导小组的领导下，负责开展心理援助的具体工作，将心理援助项目落地，并定期向领导小组（心理援助办公室）汇报项目进展情况及经费使用情况。工作组及心理援助工作站一般由4个部分构成，分别是财务使用监督组、督察工作组、工作评估组、心理援助工作站和课题组。4个部分相互配合、相互协调，构成了项目的主体部分，对项目的经费进行监督，对具体工作的落实进行督查，评估心理援助项目的效果，具体实施心理援助。

（1）财务使用监督组

设置财务使用监督组的目的是对整个项目的经费的使用情况进行跟踪和监督。心理援助工作涉及的经费来源渠道较多，不仅包括企业、社会力量捐赠的物资和经费，大多数情况下还会有国家经费的投入。建立财务使用监督组有助于科学配置资助方的援助经费，加强经费的内部控制、规范使用并节约支出，在心理援助的不同阶段合理地使用经费，将经费用在最合适的地方。心理援助的不同阶段对经费有不同的需求。在灾害和其他危机发生后的应急阶段，应将经费物资主要投入对受援助学校的师生紧急安置中。在恢复重建的发展阶段，应将经费主要用于师生长期心理重建。

① 戈亚群、刘益、李垣：《组织资源的协同机制及其效应分析》，《经济管理》2003年第16期。

在人员构成方面，财务使用监督组由于涉及经费的相关具体使用，所以在相关单位派出的人员里也包括了一些专业的财务审计人员，如承办方和监督方的财务人员，使经费的使用在具体的财务管理制度和审计制度的具体保障下，能够具体地得到使用，提高经费的使用效率和使用安全性。

（2）督察工作组

成立督察工作组，负责建立监察制度，明确各部门的具体工作职责，强调各部门具体执行者对规章制度的执行力，对具体工作执行者进行执行力的监督、考核，并进行总结、存档、备查，能够保证心理援助的正常进行，各部门各司其职负责项目的整体运营。项目经费由具体的监督部门负责跟踪与监督，对于项目的主体部分即具体学校的师生心理援助任务，也同样需要由专门的组织对该项目的具体落实、实施进行督察。督察工作组的人员主要由资助方和监督方的代表构成。

（3）工作评估组

为了提高心理援助工作效率，同时也为了不断提升志愿者自身的状态，对心理援助的工作成效进行评估是十分必要的。在危机后心理援助的过程中，领导小组和对参与心理援助的工作人员的工作过程及结果进行监控，以确保其工作能够满足危机处理的需要。如果在评估中发现不能胜任的情况，应及时向上级反应情况并做出调整，如更换人员等弥补措施。

评估小组的人员除了资助方和监督方，由于评估工作的特殊性，评估小组还需要援助组内外的心理专业人员来评估工作成效，同样由于心理援助工作展开的地点是在受援助方的具体环境中展开，所以同样需要受援助方主要负责人作为评估小组的成员。

（4）心理援助工作站和课题组

心理援助工作站和课题组负责对该项目的具体落实、实施和科学研究。心理援助站的运行一般有以下几方面的作用：一是具体组织实施心理援助计划，调配心理援助工作人员，并安排心理援助工作人员进行定期轮换、交流工作。二是进行人员招募。根据援助需要招聘专业人员，建立心理援助专家人才库，并面向社会招募志愿者。三是进行人员筛选和培训。心理援助工作站人员由众多志愿者构成，心理援助工作站需要对志愿者进行统一的招募和筛选，志愿者上岗前都需要进行危机干预和心理援助的专业及岗前培训。四是建立心理援助督导机制。建立完善的督导机制和激励机制，保护心理援助人员的身心健康，是心理援助工作站和课题组的重要职责。工作站和课题组成员主要由承担该项目方案的主要项目负责人、专业人员和志愿人员组成。心理援助工作站和课题组融为一体，便于从专业的角度使心理援助更具有科学性和有效性。工作站和课题组根据国内外心理援助的成熟经验，瞄准心理援助的前沿，了解实施计划的具体情况，进行信息反馈和方案的及时修订和完善，确定具体的心理干预人员和志愿人员，制定和落实心理援助方案，推动各阶段援助方案的具体落地实施，并进行有针对性的工作和项目研究。

4. 项目专家顾问组

为保证项目实施取得预期的效果，重大危机后的心理援助一般都会从有相关经验的专家中聘请国内外著名权威专家担任顾问。进入项目专家顾问组的专家主要承担的职责是辅助心理援助指挥部门做出决策，并承担一部分对心理援助志愿者的技术支持、培训和评估工作。危机发生后，项目专家顾问需要对受灾师生的心理创伤程度和心理援助工作给出评估，为心理援助指挥部门提出可行性指导方案，辅助其决策。

5. 项目调度会

项目调度会一般由资助方分管领导牵头，参加单位和人员主要由监督方分管领导、承办方分管领导或该项目建设负责人，以及心理援助办公室相关工作人员组成。项目调度会原则上每月召开一次，如遇项目有急需协调解决的问题，可不定期组织召开。会议的具体时间、地点、参会对象以及议题，由心理援助办公室提前通知有关单位。调度会主要对前期援助工作进行总结和评估；审核资金使用情况并且审定下阶段工作计划，并就拨付资金提出意见。各有关单位根据合同职责分工负责调度和收集所跟踪服务的项目进展情况，并将需要协调的问题及时提交项目调度会牵头单位（即资助方分管部门），项目调度会牵头单位根据项目跟踪调度的情况确定每次会议主题。

对调度会议定的事项实行跟踪问责。调度会形成的决议，各相关单位要根据会议要求认真抓好跟踪落实。凡是调度会上确定的事项，各参会单位应迅速行动，按时、按质、按量件件落到实处。项目调度牵头单位要主动地与有关单位加强沟通，对会议议定事项跟踪督查，并将落实情况及时汇总后报本项目领导小组。因执行不力影响工作进度和效果的，应当积极消除影响并做出相应赔偿或补偿。

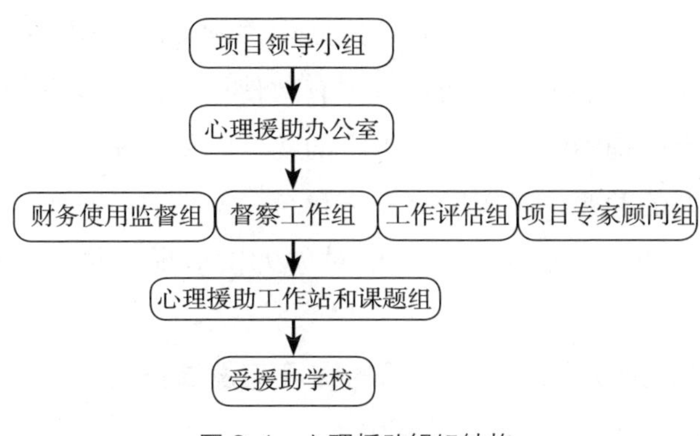

图 2–1　心理援助组织结构

（五）危机后师生心理援助组织的管理

1. 财务管理

组织心理援助所涉及的经费形式较多，不仅包括国家经费，还包括来自社会上的心理援助经费和物资。对相关财务进行严格管理，是保障心理援助工作依法、高效进行的关键。制定心理援助财务管理办法的主要目的是：根据国家相关财务管理规定和有关政策，健全财务管理体制，理顺财务关系，合理编制预算，科学配置资金，依法组织收入，努力节约支出，健全规章制度，加强内部控制，规范资金使用流程，防止资金流失等[①]。心理援助资金应纳入有财务管理机构的法人单位管理为宜，不能放入个人账户，一般也不放入小型的社会组织。

2. 人事调配管理

由于心理援助工作的特殊性，在心理援助工作站参加工作的人员包括各地区和单位的志愿者、心理援助专家、地方心理咨询师等。如何有效地保障各类工作人员安全、顺利地开展援助工作，科学地整合利用好各类人力资源，也是心理援助工作的重点内容。心理援助实施方需要制定相应的人事调配管理办法，在对每个人调查研究的基础上，根据其特长和胜任能力以及工作的需要，对相关人员的援助行动进行统一的调配，对人员的派出、召回、轮休、

① 王蕾:《加强和改善事业单位财务管理方法探讨》,《中外企业家》2014 年第 7 期。

具体工作、岗前培训等都做出规定，保障人力资源的合理和充分利用。

3. 物资管理

物资管理的主要目的是提高心理援助相关物资的使用效率，规范援助物资的管理，确保各类心理援助物资得到有效使用，减少物资的浪费。特别是对于社会各界定向捐赠给心理援助组织的物资，要严格按照统一的标准和原则，根据捐助方的意愿，对援助物资进行统一的储存、登记、管理、调配和使用，由专人负责日常管理，对援助对象无偿地提供物资支持，不得挪作他用。

（六）危机后师生心理援助组织的困境与发展途径

1. 危机后师生心理援助组织的困境

（1）缺乏整体心理援助组织预案，组织无序化严重

汶川大地震发生后，由于卫生、教育、心理等各界的反应迅速而强烈，因此心理救助的跟进非常及时，这在我国的历史上是前所未有的，这些组织和人员的志愿服务对灾难发生初期灾民的心理疏导发挥了一定的作用。但由于当时的心理援助缺乏强有力的国家层面的组织与协调，导致各个省份和地区隶属于不同组织的心理援助队伍纷纷赶赴灾区，并以各自的目标和想法分别寻找援助地区和学校。导致在帮助师生缓解紧张恐惧情绪，进行修复心理创伤的同时，也出现了各种类似于制造二次创伤、志愿者自身受到损伤或者工作开展遇阻和无序等一系列问题。比如，心理援助人员得不到合理配置，各路人马相继拥入灾区，有些地区的学校甚至出现人员过多的现象，而有的学校心理援助人员则非常匮乏。心理援助的无序和混乱局面还在一定程度上影响了灾害应急救援工作部署，使心理援助的效果和受欢迎程度大打折扣。

（2）心理援助组织的可持续性弱

事实证明，许多经历了灾害或灾难的幸存者，常常会罹患创伤后应激障碍。心理创伤导致的问题短时间内难以解决，甚至有较长的潜伏期，严重的会伴随一生。因此，中国心理学会在 2018 年 5 月 28 日发布的《汶川大地震心理援助 20 年行动纲要》中明确指出，灾后心理援助应至少要进行到灾后 20 年。然而大多数匆匆赶到汶川地震灾区的心理救援组织基本上都缺乏长期的考虑与安排，短期流动性很强。心理援助志愿者奔赴灾区，对师生的心理修复固然重要，但如果志愿者流动频率过高，心理救援不能长久，其结果必然

是需要救援的人得不到持续有效的帮助，这种形式的心理救援反而可能会使受救援个体或群体遭受到更多的伤害。

2. 危机后师生心理援助组织的发展途径

（1）坚持综合协调原则

危机后心理救助的综合协同应对原则，主要体现在危机后政府统一部署与协调、专门的应急管理部门与其他应急管理力量或组织的协调、具体实施灾后心理援助服务的组织内部的协调等过程中。协调需要明确以下几点：第一，心理援助组织与其他部门的协调。心理援助组织是灾害应对的有机组成部分，应服从于危机后救援的总体指挥，需要来源于其他管理部门的关于救援力量的支持。第二，心理援助人员之间在时间、空间和个人专长上的协调。在心理援助人才缺失的情况下，更要充分利用这些专业人才。安排好他们的工作时间与地点并了解他们的知识与技能，安排技能可以互补的人员配合工作。第三，灾害中的心理救助专业人员应与志愿人员相协调。专业人员和志愿者可以在灾害危机后的不同阶段，提供不同层次的心理救助服务，二者协同可以形成更有效的心理援助组织结构。

（2）建立具有长效性的危机后师生心理援助组织

建立心理服务长效机制，积极吸纳相关专业的专业人士和志愿者参加，培养学校自身的心理辅导教师、共青团及妇联系统心理辅导员、社会心理咨询师队伍，利用各方力量，对师生开展危机后心理援助知识辅导、聚焦学生心理问题的解决、扩大心理援助的覆盖面、增强心理援助的有效性。要建立长效机制，实现可持续性发展，帮助受灾学校建立长期的心理援助站。由于危机对人的心理冲击具有隐性且持久的特点，危机后心理援助绝不仅仅是解决一时的心理创伤或心理问题，它必须是更长期的行动。灾后师生心理的重建任务艰巨，不是一朝一夕能够达成的。外来心理援助人员早晚会离开学校，在这种情况下，组织长效的心理援助，必须要着力培养当地的心理援助人员。在各地的援助人员进行前期的危机干预和处理后，后期的心理援助可以移交给本土的心理援助人员或组织，由这些当地的受过专业培训的心理援助人员或组织展开可持续性的心理援助。还需要建立统一的评估标准，做好回访和跟进工作。我们需要在心理援助的不同阶段建立统一的评估标准，对受援助师生定时长期地根据这个评估标准回访，开展深入的长期的对受援助师生的心理援助。

二、危机后心理援助的工作流程

目前各种危机的发生越来越频繁，几乎每个区域都会面临各种各样的突发性危机事件，对人们造成的伤害常常是毁灭性的。危机除了给当事人带来身体上的伤害外，还会给当事人带来心理上和精神上的危害。因此，对于可能产生的危机，无论是在危机发生时，还是在发生后，都要有组织、有计划地为受害人提供心理援助和干预，而设计科学合理的心理援助工作流程是非常必要的。

流程在现代汉语词典中有这样的解释：水流的路程；工艺程序，从原料到制成品的各项工序安排的程序；流水线，也就是说流程的一种；由两个及以上的业务步骤，完成一个完整的业务行为的过程，可称之为流程，而且必须是两个及以上的业务步骤，并对事物进行中的次序或顺序进行布置和安排。危机后心理援助流程包含若干步骤，每个步骤都应有相应的顺序，这个顺序通常是不可以经常被变动的。了解受灾地区和学校的情况，然后根据实际情况设计出合理的工作流程，确定在不同的阶段应该根据怎样的需求完成怎样的任务，是心理援助工作中不可缺少的一环。

危机后心理援助是当自然灾害和突发事件等危机发生后救援者通过心理疏导，使被救助者的心理状态逐步恢复正常的一系列活动。心理援助不同于日常精神疾患的治疗，也不同于日常心理问题的辅导，它是在一个罹患灾害危机的特殊时段期间、特殊灾害场所，针对特殊群体实施的救助。心理援助的对象既包括受灾者，也包括救灾者以及与此相关者。

（一）危机后心理援助的时空二维框架

灾害危机发生后，在不同地域空间内灾害给人带来的影响不同。中科院心理所科研人员对非灾区和灾区居民进行了大规模调查和比较研究后发现，心理援助可以从空间上分为三个部分：一是灾难中心。心理援助对象主要是灾难的直接受害者，他们亲历了生命和财产受到的威胁，看到很多人失去生命、亲人和财产的严重损失，受到的心理创伤最为严重。二是灾难的周边地带。心理援助对象主要是灾难的次级受害者，他们体验到灾难对人们生命和财产的威胁，并目睹受灾情况，心理恐慌度较高。三是外围区，即非灾区。

心理援助对象主要是社会大众。他们通过各种信息渠道，特别是新闻媒体了解到灾难给灾区人民带来的巨大伤害。由于担心这样的事也可能发生在自己身上，他们对灾情的风险知觉、恐慌和担忧程度都比较高。

为了有效地组织心理援助，根据灾难事件对人的影响在时间和空间上的特点，我们以时间和空间两个维度来构建心理援助的工作框架①。

重灾区的应激阶段。主要任务是最大限度地确保生存，心理援助工作渗透在生命救援之中。例如救援官兵在解救被困群众和学生、开展排险工作，提供食品和安全的避难所等。

灾难周边地区的应激阶段。灾区周边的人们经历或目睹了灾难，虽然没有构成生命伤害和财产重大损失，但在心理上受到惊吓，焦虑情绪明显，并担心灾难会再度袭击。因此，这一阶段主要任务是稳定恐慌情绪、缓解焦虑。

非灾区的应激阶段。非灾区的社会大众主要通过各种社会途径，特别是新闻媒体间接地接触灾难，在心理上受到惊吓，出现焦虑、担忧。心理援助的主要任务是通过媒体、网络等信息渠道稳定恐慌情绪，缓解焦虑。

重灾区的冲击阶段。这一时期，对于重灾区来说，生存已经得到基本保证，但人们会不断回溯灾难发生的情景，极易产生灾后压力综合征，因此非常有必要对受灾人员、救灾人员进行心理筛查，实施心理干预。

灾难周边地区的冲击阶段。恐惧焦虑症状有所缓解，有可能出现灾后压力综合征。可以通过设置固定或流动的心理辅导站，发放心理自助资料，对灾民进行心理干预。

灾区的重建期。大部分人恢复常态，但少数人仍可能受灾难阴影影响。对于持续出现问题的，要进行深度和持续的心理干预。

以上是将援助范围按照灾害危机发生的具体地点进行分类，根据不同地区的受灾情况实施不同程度的相应的心理干预，并结合危机后各时间段对心理援助的具体要求构成危机后的时空二维框架。本书主要研究的是危机后对于师生的心理援助，空间上的范围已经基本确定，下文介绍的主要是按照时间上的各阶段需要完成的工作。

① 陈雪峰、王日出、刘正奎：《灾后心理援助的组织与实施》，《心理科学进展》2009年第3期。

（二）危机后师生心理援助各阶段的需求与任务

1. 危机后师生心理援助各阶段的需求

灾害后心理援助工作根据人们不同的心理需求，在每个阶段的侧重点是有所差异的。为了尽快帮助解决危机后师生的心理问题，心理援助机构应迅速分析危机后师生各阶段的需求，以不同阶段的需求精准定位，设计出不同阶段的具体任务。

（1）应急阶段

应急阶段要求在灾害发生的数小时内迅速做出反应，采取心理危机紧急干预的工作模式，主要以迅速、整体为原则，是危机发生后心理援助工作中最先反应的内容。此阶段的心理危机干预是针对较大范围人群开展的心理救援，主要是对受灾人群进行简单的心理辅导，使他们暂时缓解恐慌情绪。这个阶段是整个危机后心理援助的前导部分，关系着以后工作的顺利开展。应急阶段心理干预包括基本的生存和安全方面的保障，更侧重于暂时安抚师生的情绪。

（2）恢复阶段

经过应急阶段的初步心理危机干预之后，就要重点采取有区别的心理干预方式，对不同的目标群体进行不同的心理救援。这个阶段是灾害危机干预的核心阶段。首先要对出现心理危机的目标人群进行简要的调查，将出现严重应激障碍的师生区分出来，进行深度的心理干预。其次，对只有轻度创伤但长时间处于惊吓、哀伤、悲痛等状态的师生进行团体心理辅导，由专业人员对他们提供心理恢复帮助。可以在同一时间促进师生之间的交流，调节老师与学生之间的状态。

（3）发展阶段

这个阶段心理援助的工作重点在于师生心理的修复、重建和成长，主要采取心理教育、宣传、成长训练等方式。在整体层面上对师生进行长期心理引导，通过心理引导，让他们重拾生活的目标，重新燃起生活的希望，尽快摆脱各种危机带来的心理影响。以社会心理教育的方式，普及心理援助知识，建立社会心理支持网络，使师生在心理恢复的同时以自身的精神影响身边的同学老师。同时对产生严重的创伤后应激障碍的个体保持持续的治疗和关注，使他们能尽快走出心理的困扰，迎接新的生活。

2. 危机后心理援助各阶段的任务

（1）应急阶段

在心理援助应急阶段，在灾害救援和心理援助中心的统一指挥协调下，对师生采取紧急救援工作。在危机初期，师生在生理创伤之下，主要需求在于生命安全的保障。这一阶段最重要的任务是开展生命安全紧急救援工作，由于救援工作的特殊性，这一任务的执行主体主要是政府，志愿者组织要加以配合，与之协作。在这一阶段，心理援助的主要任务是对师生进行心理需求的评估并反馈到心理援助组织的师生心理援助数据库，推动后续的心理危机干预和治疗。同时，针对师生进行心理安全知识的宣传和及时有效的心理危机干预，尽可能地降低危机事件造成的相关心理应激反应的严重性和持续性。

（2）恢复阶段

恢复阶段是灾害危机心理援助工作的关键期。主要包括两个方面：第一，进行以学校、年级或是班级为团体的心理辅导，使师生能够自我恢复和相互帮助。第二，对师生的心理应激反应进行筛选，将筛选和诊断出的具有严重心理问题的人员转入专业治疗，并由支持系统中的精神专科医院、康复中心等提供专门的心理治疗。影响师生心理状况的因素很多，这一阶段除了心灵家园的恢复，还要考虑如何恢复以往正常的学习和生活。因此鼓励学生家长恢复社会秩序和生产，及早安排学生复学复课，并提供临时住宿，恢复交通、通信等，这些环节和条件的保障，是灾害心理应激反应恢复的关键。

（3）发展阶段

心理成长是发展阶段的工作重点。这一阶段的工作任务主要由志愿者组织负责完成，包括心理健康教育、科学教育、团体辅导、学校咨询、宣传活动、个别师生的心理咨询、生涯规划等，还包括在特定的心理援助机构对出现危机后有严重应激反应的师生进行持续性的心理治疗。政府部门的工作主要集中在建章立制、持续的物资和资金支持、医疗援助和信息联络中，包括灾后重建、全面恢复生产生活、社会建设等方面，阶段性地表彰和奖励心理援助工作者。在这个阶段，还要对心理援助的效果进行评估，总结心理援助的成功与不足，巩固前期心理援助的成果，制订、落实和实施长期的心理援助计划。

（三）危机后师生心理援助的工作流程

为了充分地对师生进行危机后的心理干预，缓解他们的紧张焦躁情绪，实施心理援助需要在明确危机后师生心理援助各阶段的需求与任务后，制定具体的工作流程，确保危机后师生心理援助工作有序进行。

1. 领导小组制定工作整体方针

领导小组应加大心理援助计划项目的建设推进力度，及时跟踪落实项目的前期准备工作，及时了解和督导实施进度情况，协调解决项目进程中遇到的困难和问题，形成对项目的督促、推进和服务工作机制。领导小组还应协调帮助解决项目推进过程中遇到的困难和问题，促进援助项目按计划顺利实施，重点在督促、推进、协调和服务上下功夫、见成效。除领导小组主动跟踪了解情况外，其他有关单位也要进一步增强服务意识和大局意识，密切配合，做好项目服务工作，建立起各单位协同推进项目实施的工作机制。

2. 承办方招募志愿者并对志愿者进行培训

承办方在当地发出招募志愿者的通知，开启志愿者招募流程。心理志愿者的招募流程主要包括申请人报名、材料审核、选拔、岗位分配、发出录用通知等，按照岗位要求分批次录用为心理志愿者。录用志愿者后，要对其进行培训。志愿者的培训内容包括基本培训、专项培训及岗位培训。培训由项目组或心理援助办公室组织，主要通过在线网络、课堂面授、现场实践等方式进行，培训合格后被派往各个工作站。

3. 在受援助方由心理援助工作站开展具体工作

（1）心理援助者的确定

心理援助实际展开的前提必须回答“谁可以来提供帮助”这一问题。心理援助工作并不是每个人都适合，它具有很强的专业性和挑战性。心理援助者一般应具备以下条件或素质：第一，良好的性格，与受灾师生沟通无障碍。第二，强健的体魄，拥有足够强的体力从事心理援助工作。第三，乐观的心态，可以感染受危机影响而消沉的师生。第四，有助人的动机，这是志愿者的本质属性。第五，具备既定的专业知识，能够利用自己的专业知识来进行师生心理援助。第六，具有自我保护能力，能察觉自身的情绪和身体反应。另外，作为心理援助者不仅要对师生的心理问题进行疏导帮助，而且应对师生在社会生态系统中存在的问题及时给予关注。

（2）被援助对象的确定

心理救助的实际展开还要回答“为谁提供帮助”这一问题。在地震和其他危机突发灾难中遇难的人是不幸的，而且留给幸存者的是无法忘却的伤痛。从理论上讲，凡是经历过地震等重大危机的人，都会有一定程度的心理不良反应，都应是心理援助的对象。在经历危机后，师生的许多反应是正常的，在经历一个痛苦的过程后，许多人会自我治愈。但这些师生不是说不需要心理救助，而是说心理救助对象的确定需要根据不同师生个体的心理做适当评估，根据其心理创伤程度确定，不能面上做一下统一的心理辅导便不了了之。

援助师生对象的确定有三种重要途径；一是通过专业心理人员介绍。由于知识背景不同等因素影响，很多急性应激障碍患者和创伤应激障碍患者不知道情绪低落、提不起精神等需要心理救助，他们常常因食欲不振、缺气乏力、缺乏睡眠、全身慢性腰疼等生理症状而求治，这使普通的心理援助志愿者无法确定他们的受援助优先级和深度，他们大都由专业的心理援助人员的推荐而接受心理救助。二是志愿者组织转介方式。志愿者组织在广泛宣传心理救助和各种应激障碍等症状过程中，鼓励师生接受心理救助。对于那些症状较严重者，志愿者组织可以将他们转介到心理救助站。三是通过学校、政府组织部门介绍的需要援助的人员。由于学校教师，尤其是班主任与学生在一起，对学生的情况了解得具体和详细，他们会把需要援助的学生介绍、推荐给援助人员。政府参与应急救援的人员，也会把发现的需要心理救助的人员转介给心理救援组织。

（3）寻找心理援助切入点

心理援助的切入点是什么？从师生现实具体问题，如生存需要入手，还是直接从心理问题入手？从事心理专业的工作者更愿意从危机人员的心理层面入手，但由于受灾区现实条件和人们的观念限制，这种切入法往往不容易获得成功[①]。猝不及防的地震或其他重大灾难危机很可能在瞬间损害受灾人员的社会关系网。许多现实问题的解决本身就会帮助受灾人员缓解心理压力和心理痛苦。例如帮助师生获得家人的信息；帮助他们获得外界救援信息；给予师生生活物资上的支持、安全的居住学习环境等。从解决现实问题作为切

① 冯毅翀、余冰、王静等：《汶川地震后心理援助服务的人类学思考》，《医学与哲学》2010年第31期。

入点，不仅是心理援助人员工作的一个切入点，而且是与受援助师生建立良好关系的桥梁。

（4）分层次对师生进行心理援助

心理援助要坚持层次原则。所谓层次原则，是指心理援助要从援助对象的特点出发，根据受助对象的不同心理创伤状况，区别对待，分层次进行干预。作为师生心理援助，无论何时都不能忘记不同师生的年龄特征、心理创伤程度、民族特点、文化水平、信仰、职业等。要有差别地对待师生，进行有层次的差别干预，即在尊重师生的主体性基础上，针对不同的师生采取各种不同的干预方法，有差别、有侧重地对不同的师生实施心理干预。要具体问题具体分析，既要考虑年龄层次差别，又要考虑职业岗位的不同要求；既要重视心理干预的整体性，又要关注个体实际的特殊性，要灵活地选定干预的方法。

在汶川大地震中，广大师生在地震中经受了生理和心理的多重考验，地震后承受了巨大的心理压力、经济压力、工作压力和责任压力。他们普遍经历了丧失学生、丧失学校与同事，承受着财产受损、家庭缺失、学生受伤等心理痛苦。而学生则经历了灾害危机的巨大冲击，同学伤亡、父母去世、家庭困难、环境变化等。这些悲伤气氛都在弥漫和感染着大家的心境，影响着不同个体产生不同的行为和表现，因此，需要针对不同的情况实施不同的帮扶和支援。

要大规模地开展灾后心理健康维护的知识讲座，普及心理重建及心理健康的相关知识，并根据不同的师生开展不同的心理干预。如对师生开展团体辅导活动，组织音乐、舞蹈、绘画和沙盘游戏等表达性艺术活动，辅以个案咨询和心理疏导，在干预过程中根据观察的结果，培养具有心理救助能力的老师作为骨干，对师生开展具体的、有针对性的心理援助，并且可以通过开通志愿者心理援助热线等形式，方便师生诉说不便当面诉说的心理问题。

总之，不同民族的师生、不同年龄阶段的师生、不同性别的师生，在他们的心灵深处都有着程度不同的心理问题或创伤，需要不同层次的心理帮助。

（5）进行长期的心理援助追踪

重大灾害和危机突发事件后心理干预往往需维持很长的一段时间，像汶川特大地震，我国心理学界已明确灾后心理援助时间为 20 年及以上。紧急心理救援的后期还应有更专业、全面的心理干预与重建措施。例如设立专门的心理救助部门、汇集全国性专家资源统筹协调地工作、对心理援助工作者进行专业培训、把心理干预工作长期坚持下去。最终的目标是最大限度地消减地震等灾害危机对灾区师生产生的消极心理影响，并且通过各方援助大力建设受灾学校的硬件条件及软件条件，如建设灾区学校的校园文化，通过志愿者的支教活动等缓解灾区学校急缺的师资资源等。

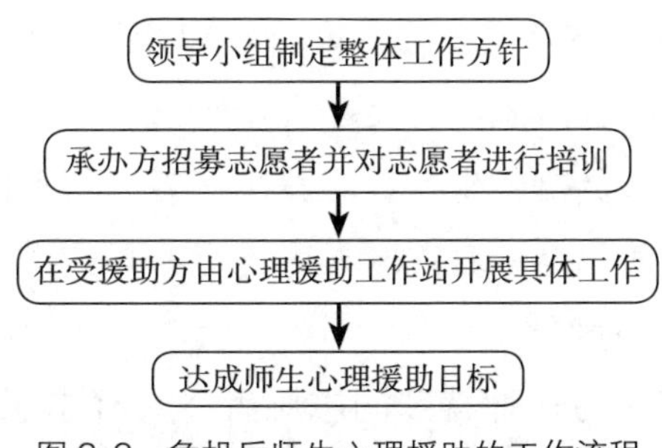

图 2-2　危机后师生心理援助的工作流程

三、危机后心理援助志愿者的组织与管理

志愿者（volunteer）一词来源于拉丁文中的“voluntas”，意为“意愿”，表达了“自由意愿”的含义。作为现代社会的特殊社会群体，志愿者是指那些具有志愿精神、能够不计报酬、主动帮助他人、承担社会责任的人。美国学者保罗·杰·伊尔斯利将志愿者行为区分为正规与非正规两种志愿行为：非正规志愿行为则是对个人所理解的社会需要的一种自发的服务形式，表现自由（无组织约束）并且常常不考虑任何回报；正规志愿行为指为社会需要及组织所规定的需要的服务，在组织的上下关系中以协调的方式进行，并且获得了心理上的满足及其他利益[①]。公民加入非营利组织就是志愿者通过组织提供志愿服务的一种重要表现形式。

改革开放以后，伴随着我国社会模式的转变，我国志愿者组织的发展模式也发生了可喜的变化。过去那种政府选择和政府垄断发展的模式基本被打

① ［美］保罗·杰·伊尔斯利:《志愿者教育导论》，李桂福等译，河北教育出版社1993年版，第84—89页。

破，出现了多种类型、多种模式竞争共存的局面。目前，我国的志愿者组织已形成了青年志愿者组织、社区志愿者组织以及国际志愿者组织在内的各种志愿者组织。其中，青年志愿者组织和社区志愿者组织，是我国最为活跃、规模最大、影响最大的两支志愿者队伍。

在各种灾难发生时，国家和地方启动灾难应急机制，大量的抢险救灾部队、专业队伍、医疗队伍、工程专业人员、后勤保障人员等不断地进入灾区开展抢险救灾工作。灾区当地的政府工作人员更是在抢险救灾工作中首当其冲，他们在一线参与抢险救灾工作，安排灾民生活，保障后勤供给，等等。与此同时，一批特殊的青年志愿者团队奔赴灾区，他们在灾害危机发生区自主或协助救援组织和人员抢救生命，寻找生还者，帮助医护人员救助和安慰伤员。他们最重要的使命是针对灾区人民进行心理援助工作，缓解他们的紧张情绪，消除灾区的恐慌氛围。

心理援助志愿者作为一种特殊的志愿者，具有志愿者的特征：自愿性、无偿性、公益性等。但是心理援助志愿者毕竟有其特殊性，心理援助志愿者的特殊性有三点。

第一，心理援助志愿者自身容易受到创伤。在心理援助过程中，志愿者自身的创伤可能被引发。志愿者在对受灾群众进行心理援助的时候，不仅要倾听他们的痛苦经历，还要目睹他们的悲惨处境，致使自身不可避免地处于应激状态之中。因此，许多志愿者在协助当事人心理康复的时候，自己却可能产生替代性创伤。

第二，我国专业心理援助志愿者人员仍然数量偏少，水平参差不齐。汶川地震后聚集在灾区的心理救援队伍，有的是专业人员，有的是没有经过培训的大学生、非政府人员等其他志愿者，虽然心理救援人员数量比较大，但是专业的人员十分缺乏。然而，危机后心理援助需要专门的技能，如果心理危机干预人员没有接受专业训练，心理援助的收效甚微，甚至可能产生副作用。

第三，援助的可持续性有限。心理创伤的恢复是个漫长的过程，需要心理工作者长期的努力。然而，大多数心理工作者对灾区的心理援助比较短程，心理援助人员流动性大，缺乏长时的援助。造成心理援助现状的主要原因就是心理志愿者管理体制不完善，具体体现在心理志愿者工作没有统一的管理和调配、心理志愿者缺少专业的培训、必要的激励等。

基于心理援助的以上特点，对心理援助志愿者必须进行科学有效的组织与管理，才能使心理援助发挥出应有的效能。

（一）心理援助志愿者的招聘

志愿者招募工作是志愿者管理环节中的基础工作，是具有关键意义的一环，是心理援助活动顺利开展的重要保障。志愿者的招募是指面向全社会或者特定的范围，根据心理援助志愿者的工作岗位设置和岗位要求，制订招募条件和招募人数的计划，采用广泛的宣传方式，按照一定的筛选、测评方法和流程对申请者进行选拔并录用的过程。

1. 心理援助志愿者招募渠道

危机后心理援助组织对志愿者的需求数量庞大，且专业性要求较高。为保障危机后心理援助行动的顺利运行，除了要坚持公平性与公开性相结合、广泛性与专业性相结合、国家标准和国际惯例相结合的原则外，还要根据危机突发事件灾难的性质和特点，采取恰当的方式去招募符合条件的志愿者。心理援助志愿者招募方式基本上可以分为四种。

（1）公开性的社会招募

充分利用广播、电视、报纸、网络和布告栏、公众号等传播媒介宣传介绍志愿者招募信息，在全社会的范围内广泛招募有心理学和心理援助知识或是有心理援助经验的志愿者。

（2）集中性的组织招募

政府高度重视危机突发事件和灾害后的心理救援工作，利用政府的权威性来推动心理援助志愿者的招募工作，推动灾后重建，引导志愿者精神在社会中发扬光大。集中性的组织招聘主要由政府职能部门制定和发布招聘人数、标准、待遇、流程等内容，并组织专门人员来进行选拔。这种招聘形式具有公信力强，权威性高，便于志愿者参与等特点，容易招到公职人员。

（3）社团招募

利用民间协会组织或者非政府组织来进行志愿者招募。民间协会组织和一些非政府组织由于具有相关工作的经验，会与一些志愿者有着合作关系，可以利用这些组织与志愿者之间的联系进行志愿者的招募。社团组织招聘有利于招聘到社会自由职业者、退休人员或其他能够提供长时援助工作的人员。

（4）有针对性的对接招募

根据志愿者岗位的职责和专业需求，有针对性地招募一些有特殊技能和专门知识以及丰富经验的志愿者上岗，保证志愿者招募工作高效进行。

2. 心理援助志愿者招募模式

第一，发布招募信息并明确志愿者基本条件。招募的第一个关键环节就是发布招募信息。招募信息发布的目的在于通过宣传激发人们参与志愿服务的热情，鼓励更多的人成为志愿者。信息发布的渠道可以有报纸、电视等传统媒介，还有网络、微博、公众号等新兴媒介，也可以通过学校及一些非政府组织或者专业协会、公司等发布信息。宣传形式包括发布公告、报纸刊登信息、新闻发布会等。宣传内容包括：介绍心理援助活动的相关概况，介绍危机后心理援助行动对志愿者的岗位需求和上岗条件；公布志愿者选拔的标准，提供申请志愿者的报名方法和程序，明确心理援助志愿者的权利和相关待遇以及激励和保障措施等。

按照是否从事心理学专业，心理援助志愿者可以分为专业层面的心理志愿者和非专业层面的心理志愿者两大类。专业心理志愿者是指具有专业心理从业资质，能够为受灾师生提供心理咨询、讲座、培训、活动组织等志愿服务。非专业心理志愿者是指来自于各行各业、富有爱心、愿意为受灾儿童尤其贫困、孤残等特殊儿童给予物质支持、精神鼓励和教育指导的志愿者。

在发布招募信息的同时要明确招募的志愿者的基本条件。心理援助项目所需的志愿者的基本条件为：自愿参加心理志愿服务；遵守中华人民共和国法律法规；能够参加志愿者组织举办的培训及相关活动；有参加志愿服务活动的时间；具备志愿服务岗位必需的物质基础或相应的知识和技能；身心健康，能达到参加相应志愿者岗位服务的基本要求。

第二，志愿者通过官方渠道报名。招募信息发布后，符合招募条件的人员知晓了心理援助对志愿者的需求，但是志愿者组织方面还需要给志愿者提供不同的报名途径，使得志愿者能够在知晓信息后可以比较方便的方式报名参加。相关人员可以通过在官方网站报名，或者向志愿者管理部门授权的有关机构或部门报名。志愿者面向全国各省市自治区居民、港澳同胞、台湾同胞，符合条件的可登录心理援助网站或公众号等进行网络报名。

第三，志愿者选拔。志愿者申请人通过报名后，就要接受严格的选拔测试。在这个过程中，需要严格把关、确保质量，选拔出合格而且优秀的志愿者。选拔的条件包括有无心理援助的知识、有无心理援助志愿者的经验、个人表达能力、承受压力能力、组织协作能力，等等。注意还要重点测查申请者的身心健康状况和思想状况。考核方法可以采用知识测试、心理素质测试、面试、情境模拟测试等。

针对学校师生的危机心理援助志愿者至少应满足以下条件之一。

（1）教育工作者。曾是小学或初中各级优秀教师，热心灾区教育工作，可以提出建设性的、合理化的教学目标、计划。根据教学计划，认真进行教学教案准备，并按计划完成教学任务。能够积极与校长、教师和学生进行日常沟通，达成共识。

（2）具有艺术特长者。擅长乐器、美术、歌舞，能够住在灾区，给受灾学校师生提供专业上的帮助。

（3）爱心奉献者。给予家庭困难的孩子以物质和精神上的帮助。具体形式：书信交流，结对，给孩子一定的物质资助和生活、学习、发展指导等。

（4）心理学专家。热爱公益事业，有教育学、心理学背景。能够长住于受援助地区，最好有一定的艺术特长，能够利用休息时间，组织学生搞文艺活动，丰富孩子们的课余生活。

第四，志愿者岗位分配。通过规范管理制度，合理分配工作，使志愿者自身能力素质与岗位相匹配。在提高心理援助效率的同时，在适合的岗位上能够更好地发挥志愿者潜能，使危机后师生援助的效益最大化，使心理援助项目更好地服务于灾区或处于危机侵害的学校。因此，在对不同层次工作所需要的志愿者进行选择时，应根据危机后学校的实际情况，确定哪些岗位需要志愿者，每个岗位需要的人数是多少，各岗位所需要承担的具体责任、工作范围以及相关的要求，结合志愿者诉求进行志愿者服务工作岗位的分配，做到人尽其才，降低随意性，保证心理援助志愿者服务活动稳定有效地开展。

第五，发放志愿者的录用通知。志愿者申请人经过层层选拔拟录用之前，还需要充分了解志愿者的权利与义务。志愿者可以获得与所从事的心理志愿服务活动相关的必要条件或者保障；在志愿活动期间可参加相关志愿者评比表彰并且获得志愿者服务证明。之后，志愿者需要郑重签署志愿者服务承诺书，管理方方可予以正式录用。至此，志愿者招募工作结束。

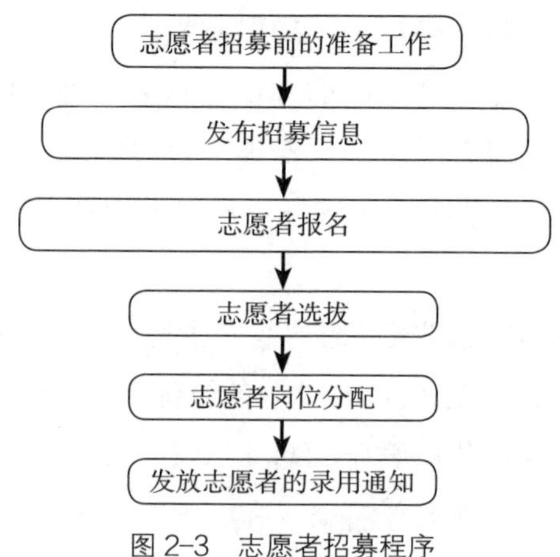

图 2-3　志愿者招募程序

3. 心理援助志愿者招募注意事项

（1）做好志愿者招募前的准备工作

前期准备工作在心理援助志愿者招募工作中是非常重要的一个环节，也是心理援助志愿者招募成功与否的关键。只有对心理援助中需要的志愿者数量统计得精确，对志愿者岗位设置得科学细致，对志愿者分工合理恰当，才能保证志愿者招募工作的有序顺利进行。如果忽视了前期准备阶段，忽略了对志愿者数量和岗位的需求统计和掌握，就容易造成后续工作的混乱，也会产生一系列的问题。

（2）选择正确的招募方式

针对心理援助工作规模大、需要志愿者数量多、岗位需求复杂的情况，志愿者招募方式可采取组织招募为主、社会招募为辅的方式。这种综合招募的方式基本适合我国国情。政府在志愿者招募中起着不可忽视的重要作用，在像心理援助这种大型活动志愿者的管理中，能够做到科学化、规范化，能够充分调动资源，保障志愿服务的有序开展，政府的作用不可替代。而且，在志愿者组织并不完善的情况下，借助政府的行政力量能够保障志愿者招募工作快速有效地进行。

（二）心理援助志愿者的培训

培训是人力资源管理中十分重要的环节，同样，心理援助志愿者作为心理援助组织中某种形式的“员工”，对其进行必要的培训，能够推动志愿者改进工作绩效，增加工作满足感以及在提升整个志愿援助工作水平方面发挥出重要的作用。

培训工作能够保证心理援助工作的质量。通过培训，能让心理援助志愿者了解心理援助工作的意义和使命，使志愿者知道他们的工作要求、掌握所需的技能，确保服务质量。培训还能激发志愿者的工作热情，发掘志愿者的潜能，让他们对志愿工作更具有信心。

因此，培训是一种重要而有效的激励方式，并且随着心理援助对志愿者的服务质量的特殊要求，一套有效的心理援助志愿者培训体系可以保证志愿者参与服务的兴趣和热情，避免志愿者因缺乏专业的指导而在推动志愿服务工作上产生困难和障碍。

1. 心理援助志愿者培训的基础理论

一是志愿失灵理论。政府供给不足或市场失灵的存在，成为志愿者组织存在的现实依据。尽管志愿者组织能够弥补政府在公共物品提供上的不足，但是志愿者组织同样也存在局限性，会出现志愿失灵现象。志愿失灵由美国学者莱斯特·萨拉蒙提出。与认为志愿部门是政府和市场失灵后在公共物品提供上的替代性制度的观点不同，萨拉蒙认为政府是志愿部门志愿失灵后的派生性制度，政府的参与是对志愿部门的保障，它不是对志愿部门的替代，而是对志愿部门的补充。萨拉蒙指出，志愿失灵体现在以下几个方面：首先是慈善不足。由于资源的有限性及慈善工作范围的扩大，会造成服务提供不足。其次是慈善的特殊主义。志愿组织存在着特殊的偏好，表现为集中关注某些特殊群体而忽视其他需要帮助的群体，这一偏好不仅会使得慈善的覆盖面存在严重缺口，还会导致志愿服务的重复和浪费。再次是慈善的家长式作风。慈善资源的控制者们会根据自己的偏好决定提供什么样的服务，而没有真正关注接受志愿服务的人群的需求。最后是慈善的业余主义。慈善服务由一些业余人士来做，缺少专业人员，志愿服务的质量受到影响。因为志愿者组织存在这种志愿失灵，志愿者有可能在志愿者服务过程中出现志愿者热情减少、工作效率降低等情况，所以需要建立科学完善的培训体系。

二是激励理论。激励理论是用于处理需要、动机、行为和目标等关系的理论。激励是组织通过创设一定的环境、规范和适当的奖惩措施来激发、引导和保持被管理者实现工作目标的主动性和积极性，将外部刺激转化为被管理者的自觉性行动，以促进管理目标的实现的过程[①]。主要使用的是马斯洛的需要层次理论，人在不同时期或不同人在同一时期的需要是不同的，所以应该采取不同的激励方式。另一个重要的理论是弗洛姆的期望理论：激励效价期望。在了解人的需求的基础上，根据他的期望给予一定的激励，满足他对某一目标的心理期望，以最大限度地激发他的积极性。还有洛克的目标设置理论：重视和争取完成目标能够激发动机。

心理援助志愿者来自不同的群体，参与志愿服务的动机也有所差异，可根据他们的需要和具体情况采取不同的激励方式以期能满足志愿者不同的需求，调动他们志愿参与的积极性和持续性，激发他们志愿参与的热情。培训正是完成激励过程的最佳载体。

2. 心理援助志愿者的培训方式借鉴

吴薇莉教授与其团队摸索出的伞形培训体系（Umbrella Training System），对我们的心理援助志愿者培训工作有着非常重要的借鉴意义。伞形培训体系致力于培养当地骨干心理咨询和心理援助的力量，包括梯队式培训、阶段式培训、沙漏式培训三个方面[②]。

梯队式培训是将心理援助队伍分为四个层面，分别是基本层、骨干层、核心层和伞柄，赋予四个层面的心理援助人员不同的角色与任务，并据此开展有针对性的培训。

第一层是基本层。基本层多是具有心理教育能力的老师，如班主任和任课教师。该层犹如一把伞的伞面，覆盖面最为广泛，平时分布在各自的岗位上，可以将学过的心理健康知识融入课堂、生活中，由此影响身边的师生。一旦危机发生，这把伞撑开就可以成为心理健康知识教育宣传的主力，覆盖一定的区域。对基本层人员的培训越多，伞面就越大，覆盖的区域就越广阔。

第二层是骨干层。这一层由具有心理辅导能力的教师组成，如兼职做心理辅导的德育教师、校团委书记、少先队大队辅导员等。该层犹如一把伞的骨架部分，将伞面支撑起来，平时他们就专职于心理辅导工作，对心理健康教育也比较有经验。当危机发生时，这些具有心理辅导能力的教师比兼职做

① 章凯：《激励理论新解》，《科学管理研究》2003 年第 21 期。

② 邓强：《心理学专家吴薇莉谈灾后心理援助：建立伞型培训体系并固化为常态工作机制》，2018 年 5 月 12 日，https://sichuan.scol.com.cn/fffy/201805/56192336.html。

心理健康教育的教师拥有更多进行危机后心理援助的资源和能力。搭配基本层主要进行宣传教育，骨干层可以在此基础上有重点地进行心理辅导。

第三层是核心层。核心层由具有危机干预和心理健康培训、指导能力的专业心理咨询师组成。该层犹如支撑和稳定伞长骨架的断骨部分，以其最具专业能力的理论与实践经验成为引导灾区心理援助的核心力量，这支队伍对当地的心理健康工作起着旗杆式的引领作用。

第四层是伞柄。这是支撑整个伞的核心支柱，主要是由具有丰富理论知识和临床经验的专家督导师和培训师组成，经过持续性培训完成后，这个伞柄移交到核心层，成为当地心理健康工作的支柱性团队。

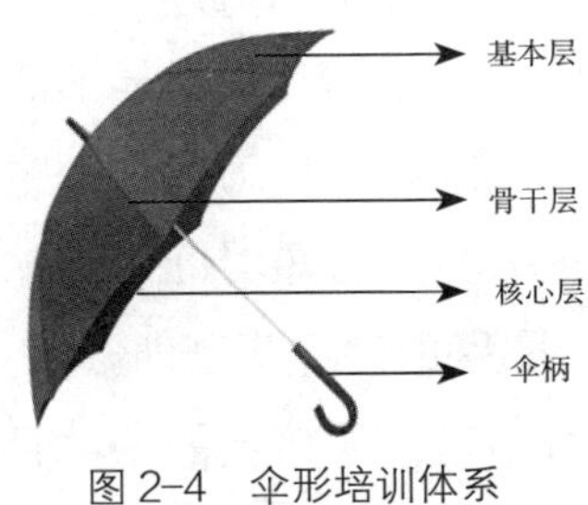

图 2-4　伞形培训体系

阶段式培训体系顾名思义就是要对心理援助团队进行分阶段、有计划、循序渐进的培训。就像立体几何中的点、线、面一样，面与面相交成一条线，线与线相交成一点，阶段式培训就是由面到线继而从线到点，分阶段进行培训。基本层是面，从重灾区选择中小学相当数量的教师接受较长时间的学校心理健康教育实务培训；骨干层是线，从基本层中选取优秀心理健康教师进行进阶培训；核心层是点，重点培养示范性教学与灾区学校心理工作领军人才。

第一阶段主要是对基本层进行二期到三期培训，包括第一期的 PTSD 的相关培训、第二期的中小学心理操作实务培训，与第三期的中小学学生原生家庭及其心理健康与人格成长的关系培训。第二阶段是对骨干层的进阶培训。进阶培训又包括两部分：一是学习指导心理班会举办，二是学习指导心理团体案例讨论；第三阶段则是对核心层的长期系统培训。长期系统的培训一般持续一年至三年，主要培训内容是有关心理健康理论与实践的指导，做到由面到线、从线到点的分阶段培训。

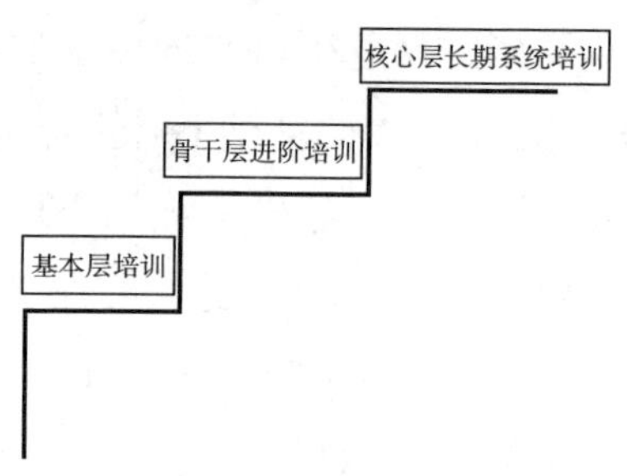

图 2-5 梯队式培训体系

沙漏式培训作为伞形培训体系的一个组成部分，主要作用于对心理援助人员的信息输入与输出方面。作为对心理援助人员的具体培训方式，沙漏式培训在信息输入方面，就像是沙漏中的流沙落下一样，点点滴滴地将培训知识输入心理援助人员的脑海中去，并且在具体的心理援助实践中将培训知识进行沙漏式的信息输出。沙漏式培训作为对心理援助人员的一种具体培训方式，它代表的不是对受培训人员进行短时间内灌输式的培训教学，而是较长时间内的像沙漏一样的结合实践的渗透式培训教学。

沙漏式培训主要是针对于基本层培训的一种具体方式。由于基本层的心理援助人员主要是起到宣传教育的作用，他们大多不是专业的心理研究人员，所以对他们的培训必须循序渐进，采取像沙漏一样的信息输入的培训方式，将心理健康知识渗透于培训过程的始终。并且结合具体的实践情况一点一滴地将学到的心理健康知识应用于目标人员。

而伞形培训体系像一把伞，多种层次并存。梯队式培训则一方面培养了一群有着自己的工作，但同时具备心理健康知识的人，一旦需要他们，他们可以把自己掌握的心理健康知识应用于身边的人，这样的一群人我们把他们称之为梯队里的基本层，可以把他们比喻成伞面。然后又在每个地区培训一支骨干力量，对平时的心理健康工作做指导，这群人可以比喻为伞的骨架。另一方面再从中又提炼出了一群更专业的人群，当作核心层培养。核心团队每个月都会上课，按照专业需求进行培养。这支核心队伍已经起到了支撑骨干和伞面的作用，在灾区心理援助的日常、科研、教学等工作中会起到重要的支撑作用。

吴薇莉教授认为，经过长期的探索，事实也证明伞形培训体系有推广的价值，未来的发展重点是把学术型的培训成果转化为灾区的常态工作机制。

具体来看，可成立危机心理援助与创伤心理治疗专委会，构建专业的力量队伍，通过政府力量进行推进，巩固现有成果，在各个地区逐渐形成有梯队的专家库，一旦出现应急情况，指令一经传下去，一层层的梯队就呈现出来了。这也可以形象地看作如同伞面打开一样。

3. 心理援助志愿者的培训体系

确立培训目标是建立志愿者培训体系的首要步骤。为心理援助志愿者提供灾后心理危机干预专业知识和技能的培训，使志愿者掌握危机后心理健康教育知识，熟悉灾后心理问题的识别和初步评估，掌握个体及团体咨询的相关技能，使志愿者可以对受灾学校师生进行心理健康知识宣传、心理危机救助，降低危机后师生心理问题的发生，最大限度恢复师生的心灵家园。

具体的培训目标是建立具有科普能力和专业能力的多层次的心理援助志愿者体系，以专业的心理援助志愿者为主配合已具有科普能力的志愿者，提高灾区心理援助志愿者的基本知识普及率，提高专业心理援助人员的理论水平与操作水平。由于外来志愿者无法长期在受灾学校待下去，所以最终目标是打造一支具有完备的理论水平与实践能力的当地心理援助工作队伍，以学校的心理人员作为最终的骨干力量。

首先，心理志愿者要接受心理危机援助的基本理论知识培训，包括心理咨询基础知识、灾后心理康复专业知识以及对自身的保护知识等。同时，对志愿者进行培训的时候，还应该注意与师生的实际需求相接轨，培训内容根据受援助地区和师生的具体情况及反馈进行相应的调整。其次，还要对心理志愿者进行具体心理援助技能的训练。志愿者除了掌握心理援助的基本理论知识外，还要学会具体的心理援助工作的实践技巧，以及对自己的日常工作的及时反思。同时，一个优秀的心理志愿者还应该具备良好的沟通能力，善于倾听别人的问题，设身处地地去思考别人的处境，与受灾者交流顺畅，解决受援助师生的心理问题。最后，对志愿者培训应该关注志愿者自身的心理健康情况，关注心理援助工作中志愿者在与受援助师生的接触中是否自身的心理健康情况出现了问题，着重培养心理援助志愿者的积极、乐观、向上的工作作风，最大限度地避免对志愿者的伤害。

可采用团体辅导、个别指导、自主实践、督导等相结合的方式。以团体辅导式的情境教学形式进行心理知识和技能学习，以志愿者自主组队进入灾区学校的方式锻炼其实践能力。同时，可以采用志愿者前辈带志愿者后辈的方式，以志愿者前辈的经验和知识积累来影响新加入的志愿者，给志愿者后辈树立一个榜样，提供一个明确的工作方向。具体的实践方式可以通过新老志愿者交流会等形式来进行工作感受的交流，或是由有经验的志愿者撰写工作总结来对新志愿者产生影响。具体的对心理援助志愿者的培训方式可以包括志愿者专题讲座和心理健康教育专题讲座；志愿者性格特征测试、沙盘游戏培训、艺术治疗培训、新老志愿者交流；志愿实习如参加心理夏令营服务与交流、参加爱心牵手仪式暨联欢会、备课、撰写阶段性工作计划等。

以新老志愿者交流为例，在对新招募的志愿者进行培训时可以采用举办新老志愿者交流会的方式。心理援助是弘扬志愿精神，减轻地震等灾难危机对师生心理影响的志愿服务活动，是一项受人尊重的义举。在这些志愿活动之中，有经验的志愿者无疑成为心理援助良好效果的保障。随着心理援助工作的继续推进，以及新志愿者的加入，对这些新的志愿者可以增加他们与有经验的志愿者的交流，新老志愿者交流会是可行方式之一。新老志愿者交流会由心理援助工作站等心理援助组织指挥系统组织，选定特定的时间和地点，但地点可以不拘于室内，室外也是一个不错的选择。由主持人控制交流会流程和时间，设置新老志愿者的面对面的经验交流与分享、疑问解答环节。除此之外还有相关海报的张贴，老志愿者的志愿工作演讲等也是营造气氛的有利选择。

培训的主要内容包括四个方面。

第一，志愿者的筛查与志愿者心理档案的建立。并非所有人都适合做心理援助志愿者。因此，应该对希望成为志愿者的人进行筛查，以期发现那些无法承担救援任务或心理容易受到创伤者。同时，为志愿者建立心理档案，将对志愿者的筛查结果以及后续的监测、跟踪及实施心理援助的情况记入档案，促进志愿者心理援助工作的规范化。

第二，师生需求调研。培训前首先由培训者到灾区进行调研，针对受灾学校师生的需求，设计以团体辅导式的情境教学形式开展的学习计划。招募志愿者后将其分组，进行团队建设，组织其集中参加相关心理健康理论和技能的学习。

第三，心理援助基本知识的培训。采取团体辅导形式的情境教学模式，结合前期受援助师生的需求调查结果设计教学内容，对志愿者进行心理学基本理论和心理保健知识的培训。

第四，开展学校实地实践。为了加深志愿者对所学知识的理解，锻炼其灵活掌握知识的程度，志愿者需要在培训后深入受灾学校，开展相应的实践活动，并在实践中继续调查受灾师生的需求，完善下一阶段的培训内容。

培训结束时，要通过考核志愿者心理学知识和技能的掌握情况以及志愿者心理健康方面的变化情况，评估培训模式的有效性。首先，通过测试题考核志愿者心理学知识和技能的掌握情况。其次，利用科学的成熟量表对志愿者进行前后测评估，以评价志愿者的心理状况在培训和实践的前后发生的变化，关注志愿者自身的成长。最后，通过对受到心理援助的师生进行访谈来评估志愿者的培训状况。

（三）心理援助志愿者的管理

心理援助组织应该把志愿者视为一种重要的人力资源，为志愿者提供良好的环境，使他们能够顺利地提供志愿服务，这从根本上来说有利于心理援助组织的发展和壮大，更好地服务受援助者。对于心理援助组织来讲，志愿者是非常重要的人力资源，进行志愿者管理也成为一件十分重要的事。但是，由于心理援助组织的特殊性，心理援助组织进行志愿者管理就具有不同于一般组织管理的特点。

1. 心理援助志愿者管理的原则

（1）分类管理原则

面对来自不同地域、职业、年龄、性别的志愿者，管理者要善于协调专业志愿者与普通志愿者、应急志愿者与非应急志愿者、前方工作志愿者与后方行政志愿者之间的关系，强化横向与纵向的联系，加强各个志愿者组织之间的合作。通过合理的组织及有效的分工合作，形成“1+1>2”的整体合力，实现心理志愿援助工作的效用最大化。

（2）动态灵活性原则

动态灵活性原则要求管理者必须随时把握志愿者的动态变化及与内外环境相关因素的动态信息，来精确调整心理援助志愿者的援助工作，以实现管理的最优化。重大危机事件中由于情势紧急、情况复杂，志愿者行为不可避免地会带有随意性，使得其管理模式也不是一成不变的，因此，对志愿者的管理，不仅要全面，还要留有适当的弹性空间，实现弹性管理。

（3）长效潜在性原则

所谓长效潜在性原则是指公共危机事件中志愿者的管理目标应具有长效性与潜在性，既要对危机事件进行有效救援，更要放眼未来，注重志愿者综合素质的提高与对社会志愿活动的推进。尤其要注意应急志愿者的潜在作用，开发和挖掘应急志愿者的潜在动能，将应急志愿者转化成有组织的非应急志愿者，充实志愿者队伍。

2. 心理援助志愿者管理的相关理论

（1）领导行为的结构维度和关怀维度

美国的斯多维尔和沙特尔两位研究学者从1000多个行为维度切入，最终确定了领导行为的两个维度，即结构维度和关怀维度。结构维度是指领导者将组织的绩效即任务完成状况看作组织管理中最重要的任务，明确界定领导者和下属的界限，督促下属实现组织绩效。关怀维度是指领导者重视下属满意度，尊重下属的看法，关注下属的情感，关怀他们的生活和健康。根据这两个维度体现在领导中的重要性，可以形成四种典型的领导方式，分别是：低结构、低关怀；低结构、高关怀；高结构、高关怀；高结构、低关怀。两位学者和他们的团队研究结论表明：结构维度和关怀维度都高的领导，更能激发下属的工作积极性，完成组织的工作绩效①。

志愿者组织作为一个工作在情况复杂的危机后受灾地区的组织，对于其组织成员即志愿者的管理维度即结构维度和关怀维度的权衡发现，高结构和高关怀的领导方式可以激发志愿者的积极性，提高工作效率，对志愿者组织的管理方有一定借鉴意义。

（2）公平理论

美国行为学家亚当斯提出了公平理论。公平理论又称社会比较理论。公平理论主要研究报酬分配的公平性及对员工的影响。公平理论认为，当组织成员取得工作的报酬时，他不仅关心报酬的绝对量，而且关心报酬的相对量。组织成员会思考自己的付出与所得报酬的比例以及比较自己的报酬付出之比

① Stogdill R M, “Personal factors associated with leadership: a survey of the literature”, Journal of Psychology: Interdisciplinary and Applied, 1948.

与他人的报酬付出之比，以此来衡量自己的公平感，如果感到不公平，将会在很大概率上影响组织成员的工作积极性。

（3）强化理论

美国学者斯金纳的强化理论认为，行为是过去行为结果的函数，当行为结果有利时，此种行为将会反复出现；而当行为的结果对组织不利时，不利行为会逐渐减弱直至消失。组织管理中的强化模式一般有四种：正强化、负强化、惩罚、消退。正强化是指当组织成员出现符合组织目标的行为，对其进行奖励表扬；负强化是指当组织成员出现不符合组织目标的行为时，对其进行否定或是警告，移除强化物；而惩罚是指当组织成员出现不符合组织目标的行为时，对其进行强制性的惩罚；消退是对某类不符合组织目标的行为取消正强化，对此种行为不加理睬，直至它们消失。

3. 心理援助志愿者管理的内容

对心理援助组织的志愿者进行管理，绝不是凭借一些经验就可以成功的，而是要制定一套规范的管理方法，以制度化的方式来实现对志愿者的管理。以一套更具科学性、灵活性及策略性的志愿者招募、培训、配置、激励和评估的动态运行方式，让所有志愿者都可以充分地贡献力量。其主要内容包括以下几个方面。

（1）志愿者招募

心理援助工作中的志愿者招募实际上是一个寻找能够满足危机后心理援助条件的志愿人员的过程，这些人员出于个人意愿主动参与危机后心理援助工作，并且必须服从志愿者组织的统一管理。所以危机后心理援助志愿者的招募是一个确定志愿者并把他们安排在适当位置，同时也通过志愿者岗位满足志愿者自身发展目标的过程。

（2）志愿者培训

培训是心理援助志愿者管理的重要组成部分。心理援助志愿者在志愿工作中，最重要的一点在于志愿者能够真正参与到危机处理全过程。然而，在危机发生时，参与进来的志愿者往往缺乏相关专业知识和工作经验，为此，必须事前对志愿者进行培训，通过培训来改变志愿者的知识、技能和态度，增强其专业性，并培养他们适应工作环境的能力，提高志愿工作的效率。

志愿者上岗前，需接受心理援助工作站等组织指挥系统的培训，并与工作站签订工作协议。协议签订后要严格执行双方约定的工作计划，如有更改，需与工作站协商同意后，更改计划签字后方可实施。

（3）志愿者的分配

心理援助工作中志愿者的配置，是指心理援助组织根据危机后心理援助中的服务要求以及志愿者资源的准备情况，将志愿者安排到各自的岗位上的过程。在对志愿者进行规划的时候，就要对各个岗位所需要的志愿者的数量和要求做好统计，招募到合适的志愿者之后，再对志愿者进行适合该岗位的培训，使志愿者更加符合岗位的需求，同时通过实地的考核，最终确定志愿者的岗位配置。这个步骤的工作特别强调人尽其才。在危机后心理援助的过程中，每个志愿者都有不同的岗位，不同的岗位对志愿者所需的能力、素质和专业要求都有所不同，对于一个志愿者来说最好的岗位分配莫过于能让其发挥自己的专长，让他们在工作中能找到成就感。合理的岗位配置，不仅能提高志愿工作的效率，而且能让志愿者在工作中得到一种无形的激励，极大地发挥志愿者的潜能。

（4）志愿者的领导

领导当然并不只是领导者单方面的指令下达的行为，而是一个领导者与被领导者相互影响、相互作用以达到目标的过程。因为危机过后灾区的情况是无法完全预测的，在这种情况下，对于心理援助组织的设计和志愿者的管理都要遵从权变理论原则。不管是从领导行为的双重维度即结构维度和关怀维度，或是管理方格理论还是领导权变理论，都表明只有对志愿者的工作效率和关怀达到相对的平衡，而不是单纯地一味追求工作效率，更要在效率基础上尊重志愿者的看法，关怀志愿者的生活和心理状况，才能使心理援助组织结构稳定，心理援助工作更富有效率。

志愿者在承办方的管理下应当真诚热情，全心全意服务于受援助学校师生员工和灾区群众。必须遵守所在学校的规章制度，遵守心理专业伦理守则，无条件地尊重、接纳来访者。要遵循保密原则，遵守职业伦理，确保受援助者不被第二次被伤害。志愿者必须每天以文字、图像等方式记录工作情况，及时总结，并将工作记录存档，每天将工作情况汇报给心理援助工作站办公室。志愿者不得以个人名义发表与援助相关的文章、接受媒体采访，所有宣传须经过心理援助工作站办公室的授权同意。志愿者的研究成果归工作站和课题组所有，与工作站和课题组共享，未经工作站和课题组审查同意，禁止个人以任何形式发表或对外公开相关成果或言论。每天所记的工作日记，也要事后上交工作站办公室统一管理，不得带出心理援助工作站，和此项目有关的资料应归工作站办公室统一管理，不得私自外泄。

（5）志愿者的激励

心理援助组织中志愿者的激励是一个必不可少的环节。志愿者管理方通过各种激励方式，提高志愿者的工作积极性，使得作为个体存在的志愿者更好地融入志愿者组织。志愿者尽管带着奉献的志愿精神参与到危机后的心理援助工作中，但是志愿者组织还是需要对志愿者的基本工作开展做一个保障和激励。激励志愿者可以依靠不同的方法来实现。物质激励效果在短期内较为明显，但长期效果的维持仍需结合精神激励来实现。通过正强化，强化志愿者在工作过程中有利于心理援助工作者的行为，对志愿者的正面行为进行表扬或是奖励，使志愿者自觉地在以后的工作中继续做出有利于心理援助的正面行为，来推进危机后师生心理援助工作进程。除了心理援助志愿者管理方的激励外，心理援助组织还要争取政府及相关部门的奖励、表彰等激励，最大限度地认可志愿者的志愿行为，调动志愿者的志愿工作积极性，吸引更多的人参与到心理援助志愿服务中来。

尽管志愿者活动为公益性活动，但心理工作站应给予志愿者一定的生活补贴及其他补贴，提供专业心理志愿者往返火车等差旅费及住宿费，提供专业心理志愿者适当的心理教育、培训、资料费用，提供工作期间的人身意外伤害保险，颁发、志愿服务证书和奖励证书等。

（6）志愿者评估

志愿者服务虽然是无偿服务，但是为了提高心理援助工作效率，同时也为了志愿者自身的完善和提高，对志愿者的工作进行评估是十分必要的。在危机后心理援助的过程中，志愿者组织的管理人员要对参与志愿者的工作进行监控和督导，以确保其工作能够满足危机处理的需要，如果在监控和督导中发现不能胜任的情况，应及时向上级领导组织反映，并将其予以更换。

对志愿者的评估正如激励一样，都必须贯穿于志愿者管理的始终。在志愿服务过程中，由于工作任务的繁多、工作时间的加长、工作中随时出现的突发事件，志愿者们的工作热情难免会有所降低，有时甚至会产生不良行为。

这些情况不仅不利于志愿工作的开展，更损坏了志愿者自身的形象。在危机处理完成之后，要对相关人员的工作绩效做出评估，并依据评估结果给予志愿者以相应的奖励，包括精神和物质奖励，以强化他们的自觉行为，确保这些人员在今后工作中的可持续性。

4. 心理援助志愿者的管理工具

（1）志愿者组织文化

组织文化是指组织在长期的实践活动中所形成的并且为组织成员普遍认可和遵循的具有本组织特色的价值观念、团体意识、行为规范和思维模式的总和。它的任务就是努力创造这些共同的价值观念体系，共同的行为准则。一般认为，组织文化有三个层次结构，即潜层次、表层的制度层、物质层。第一是潜层次，它是组织文化的核心和主体，是广大组织成员共同而潜在的意识形态，包括组织目标、组织哲学、组织精神、组织风气。第二是制度层，制度是外在的行为规范，它约束组织成员的行为，维持组织活动的正常秩序，制度包括一般制度和特殊制度。第三是物质层，指组织文化在物质层次上的体现，是群体价值观的物质载体，包括组织的活动地点、活动标志、物资等，组织的业余文化活动也属此范畴。

根据组织文化的三个结构层次，对于心理援助志愿者的管理工作有许多借鉴意义。首先是对最外层物质层的建设。物质层在心理援助组织文化建设中是指志愿者可以切身体会到并且直观可以看到的实体存在。由于危机后的师生心理援助组织需要深入受灾地区学校，物资上的支持难免有所不足，志愿者的工作推进也会因为物质上的原因而遭到困扰，这时就需要加大对志愿者工作开展的物质条件进行完善。除了物资上的支持，组织文化物质层的建设还需要一些如志愿者组织标志的激励来引导志愿者。青岛心理援助四川地震灾区项目的标志是由出资方青岛啤酒、监督方青岛市红十字会和承办方青岛大学的组织标志结合而成的，象征着三方紧密团结、精诚合作，同时又体现了出资方与承办方所在地开放包容的城市精神与红十字会监督方的博爱精神。组织标志的存在使得志愿者的志愿活动时时沐浴在这种组织文化的氛围之下，激励引导着志愿者的志愿精神的发扬和光大。

其次是制度层的建设。组织的运作与管理离不开完善有效的制度。没有规矩不成方圆，组织文化必然也要包含一些清晰的成文的并且被志愿者所接受的制度规章。心理援助组织同样也离不开制度规章，越清晰合理的制度规章越有助于心理援助组织在危机后混乱无序的环境中顺利开展工作。在心理援助志愿行动中，组织规章明确规定了有关心理援助工作站志愿者的具体条例以及包括志愿者招募、培训、保密、保障和激励等一系列制度规章。这些制度同样对志愿者起着良好的引导作用，它们虽然不能告诉志愿者还要去做什么，但至少可以传达给志愿者应该去做什么。

最后是潜在的精神层的组织文化建设。它不像物质层与制度层是直观的、可见的，而是潜移默化地存在于组织之中，存在于组织成员的日常工作之中。对于精神层的组织文化建设离不开物质层和制度层的完善发展，当潜层次的组织文化发展到一定程度，精神层的组织文化自然也深入每一个组织成员的日常工作生活中了。

组织文化在组织管理中发挥着重要功能，组织文化能对组织整体和组织每个成员的价值取向起着引导作用，使之符合组织所确定的目标。组织文化能对组织成员的思想、心理和行为起规范和约束的作用。组织文化还能够成为对组织成员的一种黏合剂，起到强大的凝聚功能。组织文化还能使组织成员从内心产生一种高昂情绪和奋发进取精神。通过组织文化这一强大的管理工具，规范、约束、凝聚并且激励心理援助志愿者朝着共同的目标努力，全身心地投入工作。

（2）志愿者数据库

随着大数据时代的到来，获取信息与处理信息途径增多的同时也面临着信息爆炸的难题，组织的管理者不得不正视这个难题，利用大数据时代的产物来解决信息爆炸的难题。

建立危机后心理援助志愿者综合管理信息平台，由志愿者本人在网络上注册登记，注册内容包括姓名、性别、年龄、家庭住址、身份证号码、电话号码、照片、学历、专长等。承办方根据志愿者注册登记情况，建立志愿者档案数据库，并按照业务领域和专业特长，由志愿者数据库的数据信息与志愿者岗位进行匹配。在开展师生心理援助时，可以实时对志愿者以及心理援助工作进行匹配。由此将志愿者个人及服务信息录入系统，建立一个志愿组织互联共享的信息交流平台，统筹掌握较大范围内的志愿者资源，方便对于志愿者个人能力的利用与管理。另外，志愿者大数据建设与心理援助网站结合起来，把网站作为志愿者交流、学习、互动的良好平台，同时管理者也能够加强与志愿者的交流，并及时了解和收集志愿者的情况，使网站也成为志愿者大数据管理的有机组成部分。

5. 汶川特大地震心理援助志愿者管理中出现的问题与对策

（1）心理援助志愿者管理存在的问题

第一，缺乏对心理援助志愿者的统一管理。由于像地震这类危机属于突发性事件，在事件发生之前无法预料，事情发生之后又需要立刻对危机给予应对，这就需要建立一套迅速的反应机制和招募大量的志愿者。汶川特大地震心理援助过程中，有过正规注册的志愿者较少，而且还有一些人在危机事件发生后受现实危机情况和个人情感影响而产生临时的志愿心理和行为，这些都导致在危机事件中涌现出大批的未经注册登记的志愿者。这就在公共危机事件中，出现了编制内志愿者与编制外志愿者的问题。这些编制外志愿者与编制内志愿者存在诸多不协调，会降低志愿服务的工作效率。另外，没有身份认证的志愿者，如果在志愿活动中做出一些违反志愿精神的行为，不仅是对志愿活动极大的亵渎，而且会给志愿者组织造成极为恶劣的社会影响，降低社会公信力，使今后的志愿活动更难展开。

第二，心理援助志愿者质量参差不齐。危机中人们所受到的心理和生理创伤非常需要人们的后期帮助，这个时候不仅需要具有心理知识的志愿者，最优选择是具有心理知识同时又懂得生理救援，具备这些知识和技能的志愿者能够更好地帮助受灾师生走出灾难带来的阴影。但是在危机后心理援助志愿者的招募中，缺少具有专业知识的志愿者，并且由于存在岗位设置等管理原因而浪费了一些志愿者的专业技能。危机后心理援助志愿者对志愿者的要求较高，志愿者如果专业程度不够，将会面临许多难以下手的问题。

第三，心理援助志愿者自身容易受到创伤。目前大多数人认为需要进行心理援助的只是受灾的群体，而往往忽视了救灾人员，尤其是青年志愿者这些群体，他们在整个抢险救灾的过程中心理状态和情绪也会受到影响，严重的可能比受灾群体的还可怕。在抢险救灾的整个过程中，青年志愿者由于自身的援助经验不足，或是准备不充分，经常会出现因对幸存者及其创伤的同情而使本身出现较严重的身心困扰，甚至心理崩溃，从而产生一系列的问题。

（2）心理援助志愿者管理的改进对策

第一，实现心理援助志愿者管理主体制度化。一个组织的良好运作必须要有合理的制度作为支撑，尤其在志愿者组织里，仅凭经验管理是远远不够的。志愿组织中的志愿者来源广泛，且流动性大，要保证各项活动的有序进行，就需要统一的行动纲领和组织制度，使志愿者们清晰地认识到自己的职责和权利，达成每个志愿者的权责统一。政府需要完善心理援助组织中的志愿服务规章条例，在立法时明确要求建立志愿者参与危机后心理援助救援的组织体系。

第二，提高心理援助志愿者的专业素质和能力。在招募志愿者时尽量选择心理学相关专业的志愿者，或拥有心理咨询相关职业资格证书的有经验的人员。可以通过发布志愿者招募简章，或通过官方报名渠道卡住报名的专业资格条件。并构建完整的不断经过时间检验而完善的志愿者培训体系，对志愿者开展具有针对性的培训，包括一系列简单的生理救援技能、与师生沟通的技巧、危机心理干预知识以及具体实践的培训。

第三，危机心理援助的对象不再局限于直接受灾的群体，也包含参与救援行动的志愿者，他们与受灾群体都可能产生相类似的心理问题和危机。组织心理援助时应当同时考虑受灾群体和抢险救灾人员，并及时对他们开展有序的心理援助工作。要针对不同的群体，不同的心理问题和危机类型，选择适当的方式开展相应的心理援助工作，帮助受援助者尽早恢复心理平衡，从灾难危机中走出来，恢复正常的学习和生活，共建美好的未来。

第三章 危机后中小学心理援助的基本理论和方法

危机后的心理援助是一项时效性、实践性很强的专业性活动，它必须遵循一定的科学理论和方法，由专业人员进行组织和实施才能顺利完成。

第一节 常规性心理援助

一、心理咨询的组织与实施

2008年“5·12”特大地震等灾难危机的冲击，使许多人的生活出现了巨大的变化。物质财富的损失、挚爱亲友的离去、未来生活的迷惘，让许多人表现得无力适应，情绪困扰也随之出现。心理干预，作为心理援助的重要技术形式，也必须同时展开。危机后需要接受心理干预的学生，经历不一、情况复杂，但是有一个共同点，那就是在经历了地震等危机后的最初一段时间，由于重大事件影响和自身成长相结合的外显特征越来越明显，干预工作刻不容缓。由于心理援助是一个长期的过程，根据历史经验，结合危机后受灾学校的实际状况，如前章所述，我们一般将心理援助过程分为温暖心灵、塑造心灵、梦想回归心灵三个阶段，但在三个不同的阶段，如何在中小学实施心理咨询或心理辅导，则在各阶段分别有所侧重，而且危机后心理咨询也与正常情境下的心理咨询有所不同。

（一）心理援助咨询的关系建立阶段（温暖心灵阶段）

在心理援助中，心理咨询是一种重要的援助手段和技术。在心理援助的开始阶段，心理援助以关爱和支持为主，目的是建立良好的心理援助关系，在这个过程中，要对一些需要单独进行心理咨询的受援助者进行心理咨询以帮助他们解决心理问题。

"5·12"汶川地震之后，心理援助者到灾区学校和社区进行援助并调查采集第一手受灾情况资料，普遍强烈地感受到笼罩在孩子们以及教师与家长心灵上的恐惧、难过、自责、愤怒等不良情绪，灾区的所有人都或多或少地经受了心灵创伤，此时此刻他们最需要的是陪伴、舒缓情绪，用同理、真诚、接纳来与他们建立关系，取得他们的信任。无论是类似汶川地震引起的心理援助，还是因新冠肺炎疫情突发性危机引起的心理援助，抑或其他针对中小学校的由各种类型危机引起的心理援助，心理援助关系的建立贯穿始终，尤其是在心理援助开始阶段，最重要的任务就是建立良好的援助关系，而针对个人或部分小群体的心理咨询就涉及狭义的援助关系即心理咨询关系的建立。

1. 建立咨询关系

心理援助可以说是一个广义的心理咨询。狭义的心理咨询一般发生在心理咨询室内，但广义的心理咨询除发生在专业的心理咨询室内，也会发生在心理咨询室外，包括学校、学生家里和其他方便与求助者建立联系并给予有效帮助的环境当中。当然，无论是在室内还是室外，都要遵循心理咨询的基本伦理规范。建立良好的关系是心理援助的基础。要切实重视心理援助咨询的开始阶段，并机智、慎重地完成这个阶段的工作，取得受援助者的信任是关键，没有良好的咨询关系，就无法取得长久有效的咨询援助效果。面对所有的受援助者，不管实行哪种心理干预技术，践行哪种心理干预理论，建立良好的关系是心理援助咨询顺利进行不可缺少的必要条件。

心理援助咨询师与来访者必须建立起信任、真诚、接纳的咨询关系，这是心理援助咨询的起点和基础。灾害危机发生之后，当生活安定下来，面对改变了的学校、家庭、社会环境，特别是面对个人重要损失时，许多人出现暴躁、易激惹、紧张、不安等不良情绪，有些人则出现了严重的PTSD症状。在这种情况下，信任、真诚、接纳对咨询关系的建立是至关重要的。

在初次会谈时，口气要轻柔、平和、语速适中，从话语中让受援助者感觉到温暖的传递和支持。咨询师要向需要进行指导和帮助的来访者进行简明扼要的自我介绍，在简短的自我介绍后，不要急于推进，允许来访者有思考和整理情绪的时间。在初次会谈时，咨询师可以就解释的内容包括时间的限制、会谈的次数、保密性、正常的期望等对来访者加以说明，以减少对方的困惑，消除因此而引发的焦虑，也使对方不至于对咨询产生不当或过高的期望。在初次会谈中，有必要澄清保密性的问题：对咨询过程中必要的记录给予说明，对所谈内容和隐私权的保密与尊重做出肯定性承诺，以此消除来访者的戒备心理。

对来访者要热情有礼、耐心慎重，行为举止落落大方。初次会谈，来访者往往比较紧张、局促，因此咨询师的态度会对其心理产生很大的影响。热情友好的态度给人以亲切感，可有效拉近双方的距离，特别是他们在受到灾难心理创伤时，热情友好的态度本身就是一种力量、一种希望、一种安慰，能在很大程度上降低其焦虑、恐惧和紧张水平。咨询师装束要整洁得体，面对灾后来访者，衣服的颜色既不要过于鲜艳，也不要过于沉重，这样既能尊重他们的心理感受，同时又能通过色彩给予积极的心理暗示。要建立并保持积极的咨询关系，还需要咨询师掌握一些有效的方法，如无条件的积极尊重、准确的共情和真诚等。

2. 掌握受援助来访者的资料

收集与受援助来访者有关的各种资料，通过会谈、观察、倾听等方式，了解对方的基本情况及存在的心理问题。

受援助来访者的基本情况包括姓名、年龄、班级、家庭、在灾害灾难中的损失、社会生活背景、自身的生活经历、兴趣爱好、学习生活近况、有无心理咨询经验等。通过对基本情况和在危机事件中的损失的了解，掌握其过去、现在等各方面的活动、生活方式及在危机事件中的心理状况。对来访者基本情况的掌握，有助于对其主要心理问题的把握。

弄清楚来访者的心理问题是确定心理咨询目标进而实现心理援助目标的基础，心理援助咨询的收集资料比一般情况下心理咨询师收集来访者的基本情况要复杂得多。心理援助咨询师需要了解的心理问题涉及多方面。有的来访者自身处于比较朦胧或者混沌的状态，只是感觉到困扰、难过、痛苦等，希望改变现状。咨询师要通过收集有关资料弄清心理问题的性质、持续时间及产生原因。有的心理援助咨询对象，是我们的援助对象，但由于受到灾难和危机伤害，不能亲自前来咨询，需要我们上门咨询，对他们的资料收集也更不容易，更不用说那些对心理援助或心理咨询并不熟悉，或者存在误解的人，收集第一手资料则更加困难，既要考虑到危机事件的冲击和影响，又要考虑到每个来访者或者被援助者不同的性格特点、成长经历、年龄阶段等。

3. 进行分析、鉴别与诊断

在收集资料的同时，分析、诊断就已相伴出现。分析、鉴别与诊断是在收集资料的基础上，进一步明确心理问题的实质、程度及原因，并对其做出正确的评估。分析、鉴别与诊断包括下列内容。

第一，确定心理反应的阶段。重大灾害危机后的心理反应可以分为三个阶段：首先是惊吓期，这一阶段里，受害者对创伤和灾难丧失知觉，就像通常所说的“失魂落魄”的状态，事情过后往往对此不能回忆。其次是恢复期，在这个阶段受害者才出现焦虑、紧张、失眠、注意力下降等，这与通常所说的“后怕”相仿。正常的恢复期包括“否认—愤怒—讨价还价—抑郁—接纳”五个阶段。第三个阶段是康复期，康复期之后，心理重新达到平衡。

第二，分析心理问题的性质。有些问题不属于一般心理咨询能解决的，如属于器质性疾病，应及时介绍到医院就诊；如属于精神疾病，应及时转送到精神病院接受治疗；如属于障碍性心理问题，也可介绍到综合医院开设的心理咨询门诊接受心理治疗。成规模的心理援助队伍中也会有相关医生和精神科医师，也可由他们进行专业的一线处理，如果还需要进一步的处置应当及时转接到相关医院和机构，不能耽搁。

第三，寻找心理问题产生的原因。寻找原因是评估、鉴别与诊断来访者心理问题的重要组成部分。造成来访者心理问题的原因是多方面的，需要从两个不同侧面入手，即一般原因分析和深层原因分析。一般原因分析就是针对心理问题形成的生物学因素和心理社会因素进行全方位的排查。深层原因分析是对产生心理问题的主要心理原因进行剖析。不同的心理咨询理论和方法，往往从不同的角度寻找并发现心理问题的根源。如精神分析理论重视从无意识的矛盾冲突、幼年生活经历中寻找根源；行为主义理论重视对行为的分析，发现原因；认知理论认为不良情绪、反应是认知错误造成的，来访者的非理性认知是其心理问题产生的原因；人本主义理论认为人有各种需要，而造成心理失调的原因是人的需要不能得到满足，从而自我意识发生扭曲，内在潜能不能发挥出来。危机事件后的三个反应阶段中，越往后越需要寻找内部原因。如果能够把握住心理问题产生的深层原因，将为危机后心理健康的恢复奠定最重要的基础。

4. 注意事项

每个人的性格特点和阅历不同，信任关系的建立时间节点也因人而异。这需要心理援助咨询师灵活把握。在此阶段需要注意的事项包括以下几个方面。

第一，不要轻易表态“我很理解你”。尽管我们的专业要求我们运用同感去理解和帮助对方，但我们毕竟不会像当事人那样感受得那么刻骨铭心，如果轻易表达这种态度，可能会引起当事人的反感甚至愤怒。

第二，不要追问来访者，要跟着来访者的情绪走。每个来访者的背后都有着纠结的情绪和难过的故事，在对方还没有基本做好心理准备的时候，不要贸然深入，在这个阶段，以倾听和同感为主，让来访者充分地表达和宣泄情绪，为下一阶段工作打下基础。

第三，不要期望马上产生效果。重大灾难和危机后当事人会产生麻木反应。我们在对学校和社区学生进行心理状况调查中，会经常遇到好多小孩子反应迟钝，问一个很平常的问题半天反应不过来，表现得呆呆的，下课也不甚活跃。有些甚至对学习失去了兴趣。因此，面对这种来访者一定要有足够的耐心。

第四，默默的陪伴加上适当的身体语言对来访者尤其对孩子来说非常重要。身体语言具有丰富的含义，在心理咨询中具有特殊的传情达意的作用。面对经历灾害危机后缺乏安全感的当事人，尤其是中小学生，适时的握手、拥抱等可以起到事半功倍的作用，促进信任关系的建立。

（二）心理援助咨询的指导与帮助阶段（塑造心灵阶段）

经过开始阶段，心理援助咨询进入了解决问题阶段，即指导与帮助阶段，通过寻找问题根源，统整和塑造人们的心理和行为，建立起新的心理平衡。这一阶段主要完成的任务有三项：制定心理援助咨询的目标，选择咨询方案，实施指导与帮助。

1. 制定咨询目标

心理援助咨询的目标，就是通过心理咨询，帮助受援助者尽快从危机造成的心理创伤中走出来，鼓起生活的勇气，乐观地面对新生活。心理咨询所追求的目标与心理援助所要达到的目标是高度统一和协调的。心理援助咨询目标的确立，在灾后心理援助过程中有着重要的价值。比如对一个教师的咨询干预，教师因为家人的遇难、财产的损失、工作的压力等陷入极度焦虑情绪之中。在心理咨询援助过程中，在咨询信任关系建立后确定降低焦虑值、改善睡眠质量的咨询目标。通过这一咨询目标的确立，首先，使咨询双方都能清楚地意识到双方共同努力的方向，从而不仅能详细制定实施方案，而且还可以在实施过程中根据目标对实施方案进行必要的调整。其次，它有助于咨询双方的积极合作。有了明确的目标，使受援助者看到了希望，增强了咨询信心与动力。由于方向明确，受援助者成为咨询过程的主动参与者，使咨询双方能积极合作、协调一致。最后，它使心理咨询的评估成为可能。通过咨询目标的商定，受援助者可以清楚地看到自己的变化，从而认识到心理咨询在危机后自我成长中所发挥的作用。咨询双方也可以借此评价咨询方案的适用性以确定心理咨询的进展程度。为保证心理咨询的顺利进行，制定心理援助咨询目标应遵循一些基本的原则。

第一个原则是必须由咨询双方共同制定目标。咨询目标的制定，必须要由心理援助咨询师和受援助者共同配合、互相沟通并最终协商达成一致。比如在降低教师焦虑的案例中，降低焦虑到什么程度，改善睡眠到什么水平，需要双方共同协商，这样的咨询目标才比较客观、真实，才能经由双方共同努力去实现目标。共同制定咨询目标，首先要求咨询双方在心理问题的把握和原因分析上取得一致意见。为此，心理援助咨询师要鼓励并引导受援助者全面、深入地倾诉和反映，同时咨询师也必须将自己的认识、看法、结论反馈给来访者。其次，咨询师要引导和鼓励来访者思考和提出自己的要求，坦诚地提出对咨询目标的看法。若双方意见有分歧，应认真分析，是表述上的不同还是内容上的差异，是掌握材料不够还是看问题角度不同，是否有局部目标与整体目标上的差异等，在此基础上逐步达成一致。

第二个原则是保证心理咨询目标的针对性和解决实际问题的有效性的统一。心理咨询目标的针对性，即解决心理问题而不是其他问题。在危机干预中，经常会遇到一些不属于心理方面的问题，如亲人丧失、经济困难、考试不及格等。这些问题虽然使来访者感到痛苦和不安，但心理咨询的目标只能是帮助来访者调整认知和心态而不是直接解决这些问题本身。但作为心理援助中的心理咨询，与常规咨询又有所不同。除了心理咨询师要坚持咨询心理问题这一原则外，还要把心理问题的解决与解决受援助者的实际问题结合起来。心理援助当中的咨询回避不了灾害危机带来的实际问题，在咨询过程中除了进行心理调适和辅导外，还要将受援助者提出的，或者咨询师认为需要给予一些具体帮助才能改善受援助者的实际问题，由援助办公室制定或协调统一的援助措施给予支持和帮助。

第三个原则是中间目标与终极目标相统一。中间目标是心理咨询过程中所要达到的具体目标，而终极目标则是实现人的心理健康、潜能的充分发挥和人格的完善。中间目标是向终极目标发展的步骤。确定心理咨询的目标，应强调中间目标与终极目标的辩证统一，即咨询双方不仅要解决来访者当前所面临的具体问题，更应该从提高心理健康水平、充分挖掘潜能、促进人格发展着眼，把终极目标融于中间目标，以终极目标引导中间目标，通过中间目标的实现达到终极目标的完成。在灾后心理咨询的实践中，因人力等原因的限制，既要注重中间目标的实现，也要坚持两种目标的统一，咨询双方不仅要发现具体的心理问题及其引发原因，还要就此发掘其人格特点、心理素质等方面的不足；不仅使来访者在具体问题上掌握心理调节的技能与方法，而且能使这些技能迁移到类似的情境中去。

心理咨询目标必须具体、可行。来访者的表述有时比较具体、明确，如焦虑、失眠等，但有时比较笼统、抽象，既难以操作、落实，又无从对咨询效果进行评估，因此，心理咨询很难进行。这就需要咨询双方经过商讨，共同将抽象的目标具体化、将模糊的目标清晰化。总之，咨询目标必须具有可行性。

2. 选择咨询方案

选择咨询方案，包括咨询方法的选定以及为实施这些方法而制订的具体计划。解决来访者心理问题的方法是多种多样的，有许多咨询方法可供利用，如“支持与安慰”“内省与领悟”“训练与学习”“疏导与宣泄”“暗示与引导”等。每种咨询方法对解决心理问题均有一定的针对性，并有其相应的实施过程。选择咨询方案，首先要根据心理咨询的目标，结合受灾当地学校的实际情况，选取相应的咨询方法，然后按其实施过程的要求制订具体操作计划。

选择咨询方案应明确以下内容：第一，所采取咨询方法的目标；第二，该方法的实施要求，即该做什么、如何去做，以及不做什么；第三，该方法是否能达到预期的目的；第四，告诉来访者必须对心理咨询的过程抱有足够的耐心，这些方法不可能立即产生奇迹，所有的改变都是循序渐进的。

3. 实施指导与帮助

实施指导与帮助，不同的咨询方法有不同的要求与做法。可灵活运用鼓励、指导与解释，对来访者的积极方面给予真诚的表扬、鼓励和支持，增强来访者的自信，促进其积极行为的增长；可以直接指导来访者做某件事、说某些话，或以某种方式行动；可以通过解释，使来访者从一个全新、全面的角度面对自己的问题，重新认识自己及周围的环境，从而提高认识能力，促进其人格的完善和问题的解决。

4. 注意事项

经过第一阶段温暖心灵阶段，来访者和咨询师建立了良好关系，来访者的情绪得到了较好的宣泄，与咨询师之间基本形成了安全、信任的氛围。在此第二阶段，各咨询师可结合自己的专业特长，运用各种咨询技术和手段，陪伴来访者使咨询关系向纵深发展，触及来访者比较核心的问题，帮助来访者面对自己、统合自己，面对新生活建立新的平衡。为此，需要特别注意如下四个方面。

一是来访者的特点各异，所有的咨询手段都是为了满足受援助来访者的需求。

二是与受援助学生来访者的教师、家长等建立关系，促进了解。

三是在这个阶段，咨询师要帮助受援助来访者厘清自己的各种或模糊或清晰的需要、目标和动力，要使来访者有能力对其感知、判断和做决定，发展出自信。

四是此阶段受援助来访者会有很多的挣扎和困惑，要注意咨询的持续性和稳定性，不要突然中断和换人。

（三）心理援助咨询的巩固与结束阶段（梦想回归心灵阶段）

经过前两个阶段咨询双方的共同努力，已经基本达到了既定的心理援助咨询目标，即进入心理援助咨询的巩固与结束阶段。这一阶段心理咨询的工作主要是巩固效果和追踪调查，咨询师以稳定和注入为主，要鼓励受援者采取行动、回报社会。

1. 巩固效果

巩固已取得的咨询效果，是结束咨询之前必须完成的一项任务。具体工作有以下几项。

心理援助咨询师应向受援助者（来访者）指出其已经取得的成绩与进步，说明已基本达到既定的咨询目标。比如失眠情况得到改善，焦虑和恐惧情绪降低，说话的语气明显平和从容多了等。咨询师和受援助者对此应达成共识。受援助者认识到自己的进步，对自己不仅是巨大的鼓舞，也是一种暗示，即预示着心理咨询的过程即将结束，使来访者对此做好心理准备。为此，咨询师应耐心、具体地分析受援助者所取得的成绩，指导受援助者真正认识到自己的进步。

咨询师应和受援助者一同就其心理问题和咨询过程进行回顾总结。重新审视受援助者心理问题的前因后果，以及据此确定咨询目标、咨询方法、咨询过程中出现的问题和进展等，对前两个阶段进行总结。这有助于帮助受援助者加深对自己问题的认识，总结咨询经验，了解努力的方向，获得有益的启示。这种总结本身就具有巩固、优化咨询效果的意义。总结最好是通过咨询师的启发由受援助者自己做出。

指导受援助者巩固已有的进步。特别是在帮助处理灾后人际关系、情绪等问题中，指导受援助者将获得的经验运用到日常生活中去，并逐步稳定、内化为来访者的观念、行为方式和能力，使之能独立有效地适应环境，这是心理援助的要义所在。但应指出来的是，从学习“经验”到运用“经验”尚有一段距离，也不能操之过急。通常受援助者在咨询师的指导下，在特定条件下能表现其习得的经验，但当其独立面对实际生活环境时，又显得难以应付。这既有经验掌握尚未牢固的原因，也有其自信心不足的心理因素。能否顺利完成这一过渡，是能否实现“结束”咨询的前提条件。

2. 追踪调查

为了了解受援助者心理重建状况，咨询师必须对受援助者进行追踪调查。追踪调查应在咨询基本结束后的数月至一年间进行。时间过短，调查结果的真实性难以保证；时间太长，亦不能及时了解情况、发现问题，同时也增加了调查工作的难度。在心理咨询中，追踪调查可采用以下方式进行。

（1）填写信息反馈表。信息反馈表一般是由心理咨询援助机构统一印制，咨询师应嘱咐受援助者定期填写并反馈给咨询师。

约请来访者定期前来面谈。咨询师与受援助者面谈是直接了解咨询效果的有效方式。这种方式获得的信息量大，容易深入，也便于咨询师及时察觉问题，并适时予以进一步指导。

（2）访问他人。向了解受援助者的学习、生活等情况的人，如父母、同学、关系密切的朋友等了解受援助者现在的适应状况。这种做法一般比较客观。如果能将这种方式所获得的信息与其他方式反馈的信息综合起来考察，得出的结论将更全面、真实。运用这种方法时，必须注意维护受援助者的利益，保护其自尊和隐私，注意保密原则，因此，有时需要以间接、委婉的方式进行。

（3）经过追踪调查，可能会有几种不同的结果：一是咨询效果显著，即受援助者的问题已经解决，此时可结束心理咨询过程；二是咨询有效果，但问题尚未完全解决；三是咨询效果不大，问题基本没有解决。若是后两种情况，则应继续咨询援助过程。咨询结束的过程并非一蹴而就，仍需掌握一定的结束咨询过程的技巧。

3. 注意事项

在整个援助咨询过程即将结束之前，应让受援助者明白咨询关系即将终止，从而使其对结束后的生活有一定的心理准备。让受援助者说明其心理问题已基本得到解决，通过咨询，受援助者本人已获得了经验、增长了能力，已经能够应付现实的生活环境，继续保持咨询关系将不利于其成长。同时，如有必要，心理咨询机构还会再次给予关心和帮助。向受援助者说明结束咨询时，应尽可能以交谈的方式进行，暗示受援助者结束咨询是件自然、平常的事情。

逐渐结束的方式也常被运用。逐渐结束的方式有两种：一是拉长两次会谈的间隔时间，如果原来是每周会谈一次，到咨询末期改为两周甚至一月一次；二是减少每次会谈的时间，即由原来每次会谈一小时缩短为每次半小时甚至更短的时间。

在这个阶段，受援助者往往对自己的问题有了比较深入的领悟，有的受援助者会采取积极改变的行为，但有的受援助者需要行为上的引导，也就是说要通过新的行为习惯的养成巩固新的平衡。

二、心理课程的设置与组织

（一）心理课程的基本要求

根据教育部和灾区教育主管部门的文件要求，除平常进行日常的心理健康教育和心理干预外，在发生重大自然灾害以及其他突发危机事件后，所有灾区中小学校须开设心理健康教育必修课。根据有关文件精神，心理援助需制定有针对性的灾后心理健康教育课程大纲。

1. 课程目标

建立工作的长效机制，分阶段、分类别、分层次转化全体学生灾后出现的各种心理行为问题，充分开发他们的潜能，提升学生面对灾难和挫折危机的心理复原力，培养积极、乐观、向上的心理品质，帮助学生深刻认识生命的意义和价值，促进学生人格在灾难危机面前的升华。

2. 课程形式

根据学生的年龄特点采用适当的形式开展灾后心理辅导。小学以游戏和活动为主，初中以活动和体验为主，包括小组讨论、角色扮演、行为演练、游戏辅导、影片欣赏和价值观辨析等方法，旨在普及灾后心理健康科学知识，帮助学生掌握灾后心理调适的方法，重建积极的心理品质。

开展班级团体辅导。根据全班学生的特点，设计、开发班级团体活动主题和方案，开展各种生动活泼、体验性较强的活动，通过师生的参与和互动，促进学生对自我的了解，体验相互理解和支持，增强安全感和自信心。这当中应特别注意的是要在班级团体辅导活动中发现并鉴别特别需要帮助的学生，并及时组织力量对他们实施个别心理咨询和辅导。

3. 师资队伍

心理健康教育师资主要由心理援助队伍的专家老师担任，并吸收受援助学校的骨干教师加入备课、授课活动中来观摩学习和成长。根据学校学生人数，心理援助工作站要选派适当数量的心理援助志愿者分别驻守对口支援学校的工作站点，每人一次至少驻守一个月，负责授课、心理咨询、心理讲座和团体培训、入户家访调查等活动，由心理援助工作站负责总体工作安排和协调、督导，并通过互联网络、远程视频参与到受援助中小学的授课及咨询等心理教育活动中。

4. 课程时数

重大灾害危机后学校对心理健康教育课程的需求一般比平常强烈，大家的认识也会比较统一，这对在学校开设心理健康教育课程大有裨益。在具体援助过程中要根据灾害危机后学生的心理特点，制定详细的课程方案。比如汶川地震后，在青岛心理援助的三所学校，就调整增设了心理健康教育课程，第一次有了占学时、教师可纳入工作量的心理课，教师们感觉很新奇，学生们也欢迎得很。三所学校心理健康教育课课时安排是这样的：曲山镇小学 7 个班，每班每周 2 个课时，每班 16 周共 32 个课时；陈家坝中学 12 个班，每班隔周 2 个课时，每班 16 周共 16 个课时；陈家坝小学 16 个班，每班隔周 2 个课时，每班 16 周共 16 个课时。

2011 年上半年，青岛心理援助工作站精心筛选了 6 名志愿者在北川受援学校开设了心理健康课，并针对不同学校的情况，设计了不同内容的课程。在陈家坝中学，考虑到青春期学生的心理和生理特点，有针对性地设计了《情绪管理》《自我意识》《青春期知识介绍》等课程。课前，心理援助工作站项目负责人带领志愿者们对即将开始的课程进行了详细的设计和准备，并进行了专业的指导。在青啤曲山镇小学和陈家坝小学，针对三年级到五年级学生，根据学校要求和学生心理行为特点，有针对性地设计了《目标管理教育》《自我意识训练》《挫折教育》，在幼儿园和一年级到二年级中，开设形式生动活泼的品格教育课程，内容包括“专注”“服从”“感恩”等十大板块。经过听课、问卷等形式，学生和老师对这些课程给予了非常高的评价。

课堂教学作为集体组织形式的学习，由于学生学习内容和程度相近，因此同学之间在学习上、思想上遇到困难和问题时，容易展开讨论、相互促进、共同提高。特别是在体验式的团体培训中，伙伴们彼此分享感受，相互作为支撑，学会了分享、理解、帮助等，这对学生的个人成长，对于他们相扶相携共同战胜困难、重塑心灵家园发挥了不容忽视的作用。

（二）心理健康教育课程的组织原则

心理健康教育课程的组织原则是心理健康教育工作者对长期实践工作的

规律概括和经验总结，是设计和实施心理健康教育课程的基本要求和行动纲领，它与一般课程的组织原则既有共通之处，又有其特殊的地方，严格地遵循这些原则来开展工作对保证和提高心理健康教育课程的质量具有重要的指导意义。不同研究者对心理健康教育（包括心理健康教育课程）的组织原则提法虽然有所不同，但在基本思想上大致是一致的。综合以往的有关研究，心理健康教育的组织原则可以概括为以学生为主体的原则、发展性原则、可操作性原则、民主性原则、面向全体兼顾个别的原则这几个方面。

1. 以学生为主体的原则

其含义是指在心理健康教育课程的实施过程中，必须充分调动学生参与的积极性和主动性，自始至终强调学生作为主体参与教学过程的地位和作用。以此原则为指导，在心理健康教育课堂中教师所体现的不是传授知识的主体，而是组织、引导和调控学生去自主地参与到学习活动的整个过程中。在整个课程的实施过程中，要让学生多想、多说、多活动，各种心理教育、心理训练必须作用于学生主体，落实到每个学生身上。学生的需要、兴趣、动机、情绪状态等始终是教师密切关注的中心，为此，在实施之前的准备阶段，相应地也要以学生的知识储备、生活经验以及成长需要为中心进行考察和准备。教师要意识到“对个体心理来讲，再精彩、再生动的讲授也无法替代个人的亲身感受和直接体验”[①]。

以学生为主体可以说是心理健康教育课程的精髓。这首先是因为学生的心理成长和完善的过程是一种自觉和主动的过程。灾害等重大危机发生后，学生们需要重新建构他们的心理世界，而学生是心理意义上的真正建构者。心理健康教育课程的目标不是仅仅教他们懂得什么是心理健康，而是要帮助他们形成健康的心理。而这种健康心理的真正形成必须通过学生自身的活动才能实现，否则就影响不了他们的心理，最多也只是表面上的知识掌握。其次，中小学生的自我意识发展特点也决定了心理健康教育课程的设计必须充分发挥学生的主体性才能达到理想的效果。尤其是中学生的独立性和成人感非常强烈，他们渴望通过自己的独立思考和主动探索来解决面临的问题，对于自己亲身探索和思考获得的知识体会更深。由此最初的知识讲授型的课程

① 黄国英：《学校心理健康教育课程的教学设计研究》，《江西师范大学》2016 年第 12 期。

设计模式逐渐被活动型模式所取代，其中一个重要的原因便是活动型课程能够更好地体现以学生为主体这一原则。尤其是在学生受到重大灾害危机冲击的条件下，体验性活动会更好地保护受伤的心灵免于再次创伤，而负面的情绪会得到释放，新的正向的能量在潜移默化中逐渐累积，心理的强大也在被呵护中得到实现。

2. 发展性原则

开展心理健康教育课程的发展性原则有三个方面的含义。一是心理健康课程的设计必须符合学生身心发展的规律和需要，着眼于每个学生的健全人格培养与潜能开发，根据儿童、青少年心理发展各个阶段的特点，特别是针对灾害危机发生后心理健康的具体状况，循序渐进地进行心理健康教育和心理辅导，为他们终身的发展奠定内在的基础。例如根据儿童、青少年情感发展的特点，学前期重点培养学生关心和爱护身边的人；小学生强调培养学生热爱家乡的思想情感和集体观念；中学则主要培养学生的社交技能，以及爱祖国、爱人民的情感。二是心理健康教育课程的设计目标要高于学生现有的心理发展水平，以便于学生的进一步发展。其根据是苏联心理学家维果茨基提出的“最近发展区”理论，为此，在心理健康教育课程设计过程中需要确定学生灾害危机发生后“原有的心理发展水平”和灾害危机发生后“可能达到的心理发展水平”，使得心理健康教育课程中提出的目标要求落在学生的最近发展区域，以便有效地促进学生灾害危机后心理素质的明显提高。三是心理健康教育课程设计的目标应该定位于全体学生的发展性心理辅导取向。这是根据《中国教育改革和发展纲要》中的要求“当前我国学校心理健康教育的根本任务是要提高全体学生的心理素质”而确立的。根据这一要求，心理健康教育课程发展性目标应侧重于学生心理潜能的开发、心理素质的培养，帮助学生人格的自我完善，促进他们健康成长。

3. 可操作性原则

这主要是针对心理健康教育课程设计的课程目标而言的，指的是心理健康教育课程的目标应该具有较强的可操作性，即心理健康教育课程的目标必须是可以观察、可以通过一定的测验和评定方法评估的，并且可以通过一定的教育手段和措施加以训练和改造。体现在教案中，就是要写明通过本次课程活动所要提高的是学生的哪一项或哪些心理素质，这些心理素质可以通过哪些外部的行为特征得到体现。例如，课程的目标是让学生了解自己、接受自己和肯定自己，那么其评价的行为指标可以是以下这些：悦纳自己的外表、敢于表达自己的观点和感情、认识自己的缺点和弱点等。再如以提高学生人际交往能力为目标的课程，其评价的行为指标可以是：恰当地拒绝他人的要求，在人际交往中学会说“不”，敢于说“不”，并学会说“不”的技巧；让学生学会体谅他人。

4. 民主性原则

这是指在实施心理健康教育课程的过程中，教师应该本着尊重每个学生的人格和发展潜能的态度，用宽容和发展的眼光看待学生，尽量创设一个轻松自由、平等和谐的良好气氛，使学生在充分表达的过程中真正体会到自身在课程进行中的主人翁地位，并在教师的指引下尽情展现心中的喜怒哀乐。

如前所述，在心理健康教育中能否发挥学生的主体作用，既是心理健康教育课程的精髓，也是心理健康教育成败的关键。民主性原则与前述的以学生为主体的原则息息相通。只有在平等、民主、合作的师生关系中，在彼此尊重、沟通、理解的前提下，学生才能放下平日的防备心理，积极地参与到教育教学活动中来，与教师共同探讨成长中遇到的各种心理困惑和在灾害危机中受到的心灵摧残和创伤。此外，民主性原则也要求教师对每一个学生一视同仁，不歧视、不偏爱，使每一个学生在充满支持性的氛围中身心健康地成长。

5. 面向全体兼顾个别的原则

心理健康教育课程以全体学生的心理健康水平的提升和心理素质的提高为基本立足点和主要目标，这决定了这一课程必须以全体学生为服务对象，强调教学过程中全体学生的主动参与。同时为了保证全体学生的心理健康发展，在贯彻面向全体原则的过程中也要注意兼顾个别。心理健康教育课程在面向全体学生的基础上，还要注意到那些有特殊问题的学生，尤其是灾害危机发生后，对特殊学生的特别关注显得尤为重要，要对他们做进一步的专门辅导，使这些孩子能够与众多同伴一起健康成长。

在实际的教学过程中，不管是哪一门课程，教师都比较容易关注到那些外向的、个性张扬的学生，而忽视那些低调的、不善言辞或者因有心理困扰或创伤而不活跃的学生，这是因为喜欢表现的学生容易唤醒教师的无意注意。

学生们在课堂上的行为表现与其个性有很大的关系，在以活动课程为本质特征的心理健康教育课程中，外向的学生更容易占据教师的视野和思维，这就导致教师分配到其他学生，尤其是那些安静的学生身上的认知资源变少。为此，教师要提前做到心中有数，在授课时通过有意识地提醒自己将有意注意特别分配到那些相对安静的孩子身上。这不仅是贯彻面向全体原则的需要，也是兼顾个别原则的体现。因为经验表明，那些表面安静的学生往往更需要心理辅导，如他们可能是有语言表达或社交恐惧等方面的心理障碍或创伤；或有一定程度的自卑心理，而对一个平时一向活跃的学生突然变为安静的状态就更要注意了。此外，除了在课堂中，教师也要在课前多方面了解学生们的个人情况，关注那些有着特殊心理需要的学生，如近期遭受到重大生活变故，在灾害、灾难中有亲人伤亡或者有重大财产损失的学生等。而且在课程实施过程中，要有针对性地对他们给予特别关注。

（三）心理课程的主要内容

埃里克森（E. H. Erikson，1902）是美国著名精神病医师，新精神分析派的代表人物。他认为，人的自我意识发展持续一生，他把自我意识的形成和发展过程划分为八个阶段，这八个阶段的顺序是由遗传决定的，但是每一阶段能否顺利渡过却是由环境决定的，对每一个阶段都不能忽视，所以这个理论可称为“心理社会”阶段理论。埃里克森的人格终生发展论，为不同年龄段的教育提供了理论依据和教育内容，在任何年龄段出现教育失误，都会给一个人的终生发展造成障碍。在心理援助的过程中，既要考虑到突发灾害危机对当地学生造成的心理冲击，也要考虑到学校儿童少年的心理成长规律，由此制定有针对性的措施，加以有效干预。

1. 学前阶段

学龄初期（3—5 岁）：主动对内疚的冲突。

在这一时期如果幼儿表现出的主动探究行为受到鼓励，幼儿就会形成主动性，这为他将来成为一个有责任感、有创造力的人奠定了基础。如果成人讥笑幼儿的独创行为和想象力，那么幼儿就会逐渐失去自信心，这使他们更倾向于生活在别人为他们安排好的狭窄圈子里，缺乏自己开创幸福生活的主动性。当儿童的主动感超过内疚感时，他们就有了“目的”的品质。埃里克森把目的定义为：“一种正视和追求有价值目标的勇气，这种勇气不为幼儿想象的失利、罪疚感和惩罚的恐惧所限制”。[①]

在巨大的灾害灾难面前，这个年龄层的儿童，由于他们以往所处的安全的世界因灾变危机而遭受破坏，因而会显得特别脆弱，因为他们通常缺乏处理紧急压力的语言和思考能力，而期望家人来帮助或安慰他们。同时好朋友是重要的支持系统，帮助他们进行心理恢复，逐渐建立安全感，同时在相互支持的氛围下，发挥特有的主动探究行为，形成有责任感的性格特点。青岛有四川地震灾区心理援助项目针对此阶段的儿童设置了手工课和“我们都是好朋友”等课程。每一堂课都做了精心的安排和认真的反思，以下是部分课程内容示例。

学前班课程：《我们都是好朋友》之一

自我介绍。

无声的指令教导。

“我们都是好朋友”主题讲解。通过提问让他们知道如何对待好朋友，如何对待现在班里的每个好朋友。通过提问，小朋友们自己回答说，好朋友应该有爱心，一起玩耍，有好东西一起分享，帮助他、保护他。

找朋友儿歌游戏。让大家边唱边找朋友，彼此熟悉。

老师给同学们唱《我的朋友在哪里》，让同学们一起手拉手告诉大家“我们都是好朋友”。

介绍“蔬菜好朋友”——红萝卜，告诉大家知道它的营养价值，提问大家它都能做成什么好吃的菜，一起唱《小白兔》，希望大家不挑食，健健康康、蹦蹦跳跳的更可爱！

美术手工。“红萝卜”教画、着色。

内容回顾。一起唱《我的朋友在哪里》。

教师分享：

这节课是第一次给这个班的孩子们上课，出乎自己的意料，虽然他们刚

① ［美］爱利克·埃里克森：《同一性：青少年与危机》，孙名之译，浙江教育出版社1998年版，第91、96、118页。

升到学前班，但是上课非常配合老师，很有纪律性。回答问题很积极，唱歌也学得很快。

可能是刚开学，有的学生是新来的，在唱《找朋友》这首歌时，有几个孩子显得挺拘谨，不会主动地去找，而是等待着别的小朋友来找她。

毕竟是刚到学前班的学生，画画很拘谨，但是看得出来他们都很喜欢。一开始画萝卜，让他们在纸上画个鸡蛋形的圆，大部分同学竟然说，不会画，我当时有些晕了，但是在我指导了几个学生之后，大家开始动起笔来。不过他们的确挺诚实的，可能之前没有怎么画过吧，真的不怎么会画。当一幅画出来之后，不管他们画得怎么样，我都热情地鼓励他们，他们都爱不释手，要求把画带回家给爸爸妈妈看，只是被我微笑着暂时保管了。最后收的时候仍发现有两个小朋友竟然什么都没有画，有一个竟然急得哭了，可能是一个假期没有拿笔了，刚开学不怎么熟练了，安慰她之后就没有事了。

看到这群孩子们，自己好喜欢他们，面对他们也好愧疚，跟他们相比，他们更爱我。当我课间在班级前面的花池旁坐着时，有个小女孩就过来拉着我的手，告诉我，丹丹姐，你知道吗？我们都很喜欢你！看着一个 6 岁的小女孩那么认真、可爱地告诉我，我好受激励。在上课时，这个小女孩的姐姐叫她去吃喜酒，这个小女孩因为第一次上我的课，硬是不走。看到这些我又一次被激励了，我应该更用心地面对每一个孩子，而且看到他们把一个简单的红萝卜画得五花八门的，还各有说辞，真是太好玩啦！

学前班课程：《我们都是好朋友》之二

无声的指令教导。

复习回顾前两天的内容。

大家手拉手一起说“我们都是好朋友，好朋友要一起学习，一起玩耍，彼此相爱”！

复习儿歌《我的朋友在哪里》。

讲故事：《三个好伙伴》——小象、小袋鼠和小野猪三个去栽树，透过故事告诉大家，好朋友在一起可以用自己的长处彼此帮助，一起合作争取成功！

认识新的好朋友：长方形。并请同学们在教室里找一下哪些东西是“长方形”的。

相互帮助用长方形变出一个新的好朋友：一条简笔画的鱼。

教大家画简笔画的鱼，并着色。

教师分享：

其实大家也很喜欢听故事，而且听得很认真，回答问题都能很准确地回答出来，很明显地在共同完成作业中，他们的凝聚力在加强。今天大家画鱼比前两天有进步了。这些孩子们大多数还不会写自己的名字，每次画完画只能手把手地一个一个教他们写，当看到作品上自己的名字时，我看到了一个个小脸蛋上焕发的光彩。

学前班课程：《我们都是好朋友》之三

无声的指令。

歌曲：《我的朋友在哪里》。

复习昨天认识的好朋友“长方形”，辨别哪些是长方形，哪些不是长方形，更深刻地认识长方形。

分组做手工——用长方形的卡纸粘贴出一条小鱼儿。

老师先给同学们示范做出一张模型，然后把不同形状和颜色的手工材料纸及胶棒发给大家，一步一步地教大家来做，各小组成员互相帮助，共同完成任务。

给自己的手工作品上写上名字。

教师分享：

今天大家能区别出什么是长方形，什么样的形状不是长方形，并能用不同颜色和形状的纸粘贴出一条鱼，今天每个同学都做出来啦！做手工的能力在一天一天地变化，大家的合作能力也在加强。有些比较安静的小朋友也在积极兴奋地展示着自己的作品。

学前班课程：《我们都是好朋友》之四

无声的指令。

歌曲：《我的朋友在哪里》。

复习回顾一周所学过的内容。

讲故事《小鸡和小鸭》，学习“我们都是好朋友，好朋友应当互相帮助才对”。

中秋节的“简单介绍”。

儿歌《好伙伴》学习。（小月亮，圆又圆，你是我的好伙伴。夜晚照在我窗前，伴我美梦香又甜！）

应用手工——撕纸贴画“八月十五风景画”卡片。每个同学有一张蓝色的长方形卡纸、一张比卡纸小一圈的长方形白色贴纸、两朵小红花贴纸、一片绿色的草地贴纸、一轮黄色的月亮贴纸、一棵绿色的小树苗贴纸、一支胶棒。老师先给同学们示范做出来一幅画，然后让同学们自己动手来做。

教师分享：

在学习儿歌时，有一部分同学不能专心，可能是没有音乐和律动的原因吧，引不起他们的注意，我教了几遍后提问几个同学站起来说一下，这才引起一部分同学认真学，但是仍有几个小一点的同学不懂。

今天做手工，为了节约材料，我把一张A4的纸分成了16份，卡纸分成了8份，这幅卡片做出来是“掌上”较小型的，以致上面的花、树、草更小，同学们是做出了一幅漂亮的画，但有几个上面少了花或是树，因为太小了，在抹胶棒时把贴纸花或是树给弄破了，就没有了，我也没有多备材料。下次应该适当地做得大一点，方便他们做。

这节课结束时，我把他们这周的手工作品都给他们老师了，让他们今天回家时可以带给他们的家长一起欣赏。他们都乐得不行了，好开心！

学前班课程：歌曲律动学习《水果操》

在教室里给同学们分好小组和队列位置。

把同学们带到操场上。

给同学们讲解在操场上的原因，晒太阳，帮助吸收“维生素D”，并给同学们讲解什么时候不能晒太阳，以免晒伤。

老师先给同学们放音乐跳一遍，然后同学们跟着老师听着音乐一起来跳。

同学们跟着老师学习律动的基本动作。

听音乐一起来跳。

做游戏《猫抓老鼠》。

教师分享：

在做游戏时，刚开始大家不知道怎么玩，没有玩过，教了以后还是不知道谁是猫、谁是老鼠，反而猫抓起猫来，又强调了一遍才知道。下次再玩这个游戏需要做几个猫和老鼠的头饰，让大家一目了然，并有角色的认同感。

这节课本身是教大家手工的，课程内容上课前都已经备好，但是早上的太阳太好啦，好久都没有这样的太阳了，听从卫生保健肖老师的建议，我们把学生带到操场上跳操，于是上午借来光碟，和肖老师两个人跳了一节课，把《水果操》学会了，这节课肖老师也来帮忙带学生，后来罗老师也过来帮忙带游戏。在操场上晒着太阳，又唱又跳又玩，都很开心。

学前班课程：轻轻松松做手工“可爱的动物”——小鸡

无声的指令操。

手指数字操。

手工材料的发放。

跟着老师一步一步做手工。

教师分享：

整个过程很热闹，像赶集一样，可能是孩子们太兴奋啦，做着从未做过的手工，嘴怎么都停不下来。一会这个一句：丹丹姐我的小鸡腿没有，一会这个说：丹丹姐我的小鸡眼睛没有。

为了让每个学生学会写自己的名字，我给每个学生制作了一个手工袋，上面写了他们的名字，手工做好后，不会写名字的可以看着手工袋写，真不会写的把做好的手工装在自己的手工袋里交给老师就可以啦。

可能是学生们第一次用这个手工袋，拿到手工材料之后，不小心把手工材料的一部分掉在地上啦，就造成了这个眼睛没有，那个少了一条腿的情况，挺热闹的。

孩子们看到自己的手工，总会问可不可以带回家，我只能告诉他们暂时不能。

孩子们做好的手工，我交给了他们的班主任张老师，到时候张老师可以把他们的作品粘贴在教室里。

学前班课程：小鸭的手工课

小鸭的儿歌学习。

小鸭的儿歌故事引出手工作品。

小鸭的手工材料发放。

跟着老师做手工。

先做好的同学可以帮助没有做好的同学。

教师分享：

课堂上同学们都很积极地做自己的手工，快下课的时候，有个小朋友因为没有做好，自己快哭啦，安慰和鼓励他之后才慢慢平静下来。

下次做手工，手工应该简单一点，因为每个小朋友的动手能力不一样，太复杂了反而让他们对自己失去信心充满害怕。

学前班课程：学前班手工“用树叶做蝴蝶”

给同学们展示手工的作品。

带同学们认识手工的材料及如何使用。

一步一步向同学们展示整个手工的每一步。

把手工材料发给大家，每一小组任命一个小组长，让他们做好之后可以帮助小组的组员。

大家一起动手做。

教师分享：

大家很喜欢做手工，看到手工样品就很开心。当我给大家示范的手工做好之后，大家安静地自己鼓起手掌来。

有几个小组长很负责任，帮助自己的组员，还帮其他组的组员。不会做的同学也很主动请老师帮忙，因为第一次用双面胶，大家不怎么会用。下次如果再有用固体胶的手工，就提前帮大家粘上，再让他们贴就可以了，不然固体胶少，大家还要等着。

当大家的手工做好时，有几个小帮手，主动地分工，有的收剪刀、有的收固体胶，而且大家做好之后主动地放到一个位置放好，很有序，表现得很有礼貌，这些都让我很感动。下次可以在课堂上表扬一下今天课堂上帮助同学们和老师的同学，今天时间紧张没有来得及。

2. 小学阶段

学龄期（6—12 岁），勤奋对自卑的冲突。

根据埃里克森的理论，这一阶段的儿童都应在学校接受教育。学校是训练儿童适应社会、掌握今后生活所必需知识和技能的地方。如果他们能顺利地完成学习课程，他们就会获得勤奋感，这使他们在今后的独立生活和承担工作任务中充满信心。反之，就会产生自卑。当儿童的勤奋感大于自卑感时，他们就会获得有“能力”的品质。

小学生危机后心理健康教育的内容以加强品格教育为主，形式以游戏和活动为主，营造乐学、合群的良好氛围，指导小学生建立人际关系，认识角色任务，培养积极乐观的学习情趣，形成良好的行为习惯。

青岛四川心理援助项目组在北川小学里开设了品格课，作为心理援助课程的重要特色内容。但仅在学前班、一年级、二年级开设。一个学期的品格课程没法全部上完，所以在这基础上第二个学期继续推进，让学生学到每一个优质的品格。四川心理援助项目所开设的品格课程有：“专注”“服从”“尊重”“井然有序”“诚实”“尽责”“热忱”“饶恕”等，每个品格需要 4 个学时才能完成，如果每个星期一节课的话，差不多一个月可以完成一个品格的教学任务。

小学课程：专注品格课

分组：全班共 19 人，分成四组（红队、黄队、蓝队、绿队）。

介绍评分标准：由评分老师介绍。

无声的指令：1 是坐直或站直；2 是安静不说话；3 是微笑快乐多。

专注的定义：以全神贯注来表示对人对事的尊重。

游戏："老师说"，训练学生的专注力。

专注的口诀。

专注的应用：两个我要（我要注视和我说话的人；我要不明白就提问）。

课后应用：实践"两个我要"。

课程总结：

上了这个班级的课，孩子们的表现从开始学"专注"的定义到口诀的学习、游戏的进行和师生配合的场景演练都非常地配合、积极、新奇，课堂氛围有序、活跃，让我们很受鼓励。

课堂分了4个小组，让他们在小组中有团队归属感，也激励他们在小组中彼此激励、学习。

课程改进：

由于时间原因，在小组活动中，仅是随机抽组来表演，但对于没有抽到的小组，有个别同学很在意，下次会尽量避免这些情况，尽量让每组都有展现的机会。

小学课程：感恩品格课

两个我要的应用表扬。

复习"感恩的定义、两个我要"及理解感恩的意义。

学习新的"感恩的两个我要"：我要对已拥有的感到知足；我要照顾好自己的事情。

感恩的歌曲分享。

感恩歌曲的学习。

作业：在生活中应用4个"我要"。

课程总结：

第一，整节课没有强调让同学们再去背那些概念，着重理解。借着提问回答的方式让同学们理解感恩，昨天学校停水啦，借着这样的例子引导大家学习感恩。

第二，大家学会唱《感恩的心》。这节课的这首感恩的歌曲和《感恩的心》一个类型，里面包括感谢父母、感谢老师、感谢朋友、感谢大自然、感谢暴风雨，里面还很详细地写到感恩的事项，同学们很喜欢，因为这个歌词很朴实，而且还有手语，在学习中来应用。

第三，这节课M同学还是没有专心。说他不正常，他下课能很亲热地来给我打招呼；说他正常，他的内心里面应该还是不正常的。对于课堂，我不能像要求其他同学那样要求他，也不能像对待其他同学那样对他严厉，他的心灵很敏感和易变化。

课程改进：

第一，这节课，本身是有个手工的，感恩的树，但是因为时间的原因，把歌曲教完就刚好下课。不过这节课的歌曲的内容已经够他们消化啦，以后对于这个年龄的学生，就不用再准备这个感恩树的环节。

第二，可以把歌曲的时间再压一压，放在每节课的6分钟学习，每节课复习一下这样会更有利于记住。

第三，可以在提问回答这个环节安排对话时间，发现学生很愿意发言，在引导发言中学习感恩，会更能让他们明白。

小学课程：诚实品格课

复习“专注”“服从”“井然有序”品格的歌曲。

复习“专注”“服从”“井然有序”的5个“我要”。

介绍新的评分表。

认识新的品格“诚实”。

诚实的定义。

拼图游戏：诚实的定义。

表扬。

课程总结：

第一，这一节课复习了前面学过的三个重点品格，让大家加深一下印象，在复习的过程中，发现复习过之后，同学们都能一点一点记起来了，上课也能应用，特别是“专注”，好久不复习，同学们都不怎么应用，似乎忘记啦，通过这次复习大家就又开始专注起来。

第二，对于每个品格的代表动物，同学们总是不会忘记，而且很喜欢它们。

第三，对于新的品格“诚实”，大家经常听，但到底什么是诚实，不是很清楚，这次学习帮助同学们全面地认识“诚实”。

第四，在探究学习的定义的时候，有个“拼图”游戏的环节，让每组自己选一个代表，有两组因为选的人有争执达不成统一，不得不弃权。他们心里有不开心，但是对于他们的成长是必须的，让他们学习到胜利仅有聪明和认真的学习还不够，“团结一致”也很重要。

第五，对于表现好的小组每个人送给了他们一个手工“品格卡片”，来鼓励他们。这张卡片把所学品格的所有重点都包括在内啦。

小学课程：饶恕品格课

复习饶恕的定义、口诀、“第一个我要”、手工“禁止钓鱼”的意义。

分享“绵羊”的故事。

应用理解“第一个我要”。

分享“进城”的故事。

应用学习“第二个我要”。

继续上一节没有完成的手工课。

课程总结：

第一，第一个“绵羊”的故事，让同学们学习好牧人饶恕因不听话而迷失的小羊，这样能成为一个更好的好牧人，羊群也会越来越壮大。透过好牧人饶恕顽皮的小羊，让同学们学习到饶恕身边的同学，这样自己的朋友也会越来越多，虽然现在我们不能成为拥有金钱的富翁，但是由于我们不断地饶恕别人，我们就可以成为拥有“朋友”的富翁。

第二，透过“进城”的故事，告诉同学们要“尽快请求饶恕，不掩盖过失”，否则极不划算，又耗时间，又会失去快乐。这样做虽然需要付出代价，但是可以收获快乐和更多的益处。

第三，这节课，M同学表现得还可以，整节课安静地坐在自己的位置上，由于受到表扬，整节课都很积极。有的同学说话时太兴奋，我便伸出两个手指，当有些同学没有看到时，他会站得很端正，并提醒说：二指是指安静不说话。

第四，这几节课因为有浅显易懂的小故事穿插，同学们都学得很轻松。就是手工这一环节，直到下课还有同学没有做好。

第五，同学们对于自己动手做过的还是记忆比较深刻和清楚。

小学课程：尽责品格课

上周布置的一项作业：写下具体的梦想，并且写下如何具体地实现。首先请几位同学向大家分享。

讲解并讨论“什么阻碍了我实现目标”，同学们自由发言。

归为三类：a. 危险的行为：如打架、吸烟、吸毒、喝酒等；

b. 品格缺陷：不诚实、迟到、没礼貌等；

c. 环境因素：社会以及家庭问题、自然灾害。

让学生思考哪些是我们能掌控的，哪些不能。

结论：危险的行为和品格缺陷都可以在我们的掌控之中，我们是人（回顾上周所学的人的 5 个组成部分），我们可以做出选择不去触及危险的行为，我们也能够选择培养好的品格。环境因素我们不容易掌控，但我们可以通过培养好的品格从而带出好的行为去胜过或优化环境。

为学生举了三个例子：地震中的英雄；力克“没手没脚没烦恼”；我自己的经历（父母离异，但我们没有因此放弃梦想）。

漏斗的比喻，比喻两种不同的人生。

手拿漏斗，宽的那端朝上，窄的朝下，指向那宽的一端说：“要是你认为你现在要过毫无约束的自由生活，你选择要有危险的行为，那你的路会越走越窄。”

指向那窄的一端，“因为当你必需面对危险行为所带来的后果时，你的选择就越来越少，甚至你将失去实现梦想的自由”。

把手上的漏斗颠倒，窄的那端朝上，宽的那端朝下，指向窄的上方说：“相反地，要是你选择现在约束自己，选择不要有危险的行为，那你会发现你的路是越走越宽的，你的前途有更多的选择，有更大的自由实现你的梦想”，指向宽的那一端“我们有能力选择自由，但无能力选择后果”。

举自己从小到大的经历来鼓励大家选择正确的生活方式。

分享感受。

课程总结：

课程内容依然来自《今生无悔》第二单元的讲义——与他人建立健康的关系。加上我原先备课的想法，以及一些自我分享，我感觉效果很好，比较系统，内容也很丰富，能够吸引学生。自我分享部分能够比较深入地抓住学生们的注意力，把我个人的经历拿来分享给学生所起的作用我觉得会比其他人的例子更好。

下课铃声响的时候，同学们都不想下课，都叫我继续讲，挺感动他们这么愿意听我讲课。

现在给他们上课比较轻松自然了，也比较能把握课堂纪律和气氛了。今天五年级一个男生总是在桌子上敲打笔盒，我提醒了他两次，第三次我把笔盒没收了，课后单独找了他。

小学课程：尊重品格课

复习《什么阻碍了我实现目标》。

危险的行为：如打架、吸烟、吸毒、喝酒等；

品格缺陷：不诚实、迟到、没礼貌等；

环境因素：社会以及家庭问题、自然灾害。

请同学抄下并且背："我们可以通过避免危险的行为，培养好的品格，从而克服环境带来的困难！"请同学分享自己的例子。

讲述并举例要培养良好的品格必需设下标准，不断地做出正确的选择。事先设立标准，帮助我们在遇到诱惑或外来压力时不妥协，不会随波逐流。我们不仅不要做一个没有标准的人，还要成为一个有标准的人，去帮助我们身边的其他人。

除了设定标准、好的品质，以及做好的选择以外，还有什么可以帮助我们实现我们的梦想或是带我们远离我们的梦想——正是我们周围的人，我们的朋友！问：朋友对你来说重要吗？怎样才算是好朋友？

友情因素：（每位同学心里想一位好朋友）

他/她是真的为我着想吗?

他/她会辨别是非吗?

他/她会背叛我吗?

他/她会利用我吗?

我父母会认可他/她吗?

反过来问自己是这样的人吗?联想到人际交往的黄金法则:你希望别人怎样对待你,你也要怎样对待别人。记住:想要拥有一个好朋友,自己要先成为一个好朋友。

自己制作卡片送给一位好朋友,写上祝福和鼓励的话(我为每个人准备了纸张)。

课程总结:

同学们分享了一些关于地震英雄的故事,很打动人,同时也分享了一些他们自己的经历。

四年级同学听课最认真,五年级始终有个男生在“捣乱”,三年级的课那天有林老师旁听,纪律很好。

友谊的话题是他们这个年纪比较感兴趣的,也是比较重要的,如果还有更多时间的话,应该让他们有更多的活动,在活动中实践所学内容。

(罗娟,郝丹丹,2010年4月23日—25日)

3. 初中阶段

青春期(13—18岁):自我同一性和角色混乱的冲突,在这一阶段儿童青少年面临的危机主要是角色混乱,而灾害等危机突发事件会加重和干扰处于青春期学生的自我同一性和角色的正常建构。

在青春期,青少年本能冲动的高涨会带来一系列问题,而更重要的是青少年在面临新的社会需求和社会的冲突时所感受到的困扰和混乱。所以,青春期的主要任务是建立一个新的同一感或自己在别人眼中的形象,以及他在社会集体中所占的情感位置。

“这种统一性的感觉也是一种不断增强的自信心,一种在过去的经历中形成的内在持续性和同一感(一个人心理上的自我)。如果这种自我感觉与一个人在他人心目中的感觉相称，很明显这将为一个人的生涯增添绚丽的色彩。”①

埃里克森把同一性危机理论用于解释青少年对社会不满和犯罪等社会问题上，他认为，如果一个儿童感到他所处的环境剥夺了他在未来发展中获得自我同一性的种种可能性，他就将以令人吃惊的力量抵抗社会环境。在人类社会的丛林中，没有同一性的感觉，就没有自身的存在，所以，他宁做一个坏人，或干脆死人般地活着，也不愿做不伦不类的人，他自由地选择这一切。

所以，随着自我同一性形成，逐渐形成了“忠诚”的品质，这种“忠诚”意味着不顾价值系统的必然矛盾，而坚持自己确认的同一性的能力。

“重塑自我，阳光少年”团体心理小组计划

a. 面对活泼的和冷漠的学生

通过前期心理援助志愿者老师在中学开展心理活动课时做的调查发现，部分孩子存在自信心不强、自我意识不强等问题。心理援助组成员希望能够进一步通过有针对性的团体活动的形式，给予这些孩子一定的专业支持，帮助他们建立一定的自信心，恢复他们的自我意识，并引导他们关注自我，关注他人。通过建立同辈群体和施加正强化、负强化的作用，让他们在活动群体中共同进步，共同成长。以下是具体的援助内容和过程片段（见表 3-1）。

表 3-1　援助内容和过程片段

活动课时	活动目标	活动内容	活动道具
第一次	通过首次活动，使得孩子们之间以及与志愿者之间达到彼此认识，并且形成小组，使得组员之间初步信任	1. 热身游戏：大风吹（打破初次见面的僵局）　10 分钟 2. 相互认识环节：小小动物园 / 名字串烧　15 分钟 3. 游戏：同心协力（增加团体凝聚力）　20 分钟 4. 分享感受环节　15 分钟	A4 白纸和笔（若干）

① ［美］爱利克·埃里克森：《同一性：青少年与危机》，孙名之译，浙江教育出版社 1998 年版，第 91、111 页。

续表

活动课时	活动目标	活动内容	活动道具
第二次	在第一次小组活动的基础之上，加强同辈群体的建立，并且通过游戏形成他们的自我意识，初步建立自信心	1. 鼓舞游戏：“我们是最棒的”10 分钟 2. 音乐欣赏：《我在长大》20 分钟 3. 游戏：魔术圈圈　15 分钟 4. 分享感受环节　15 分钟	A4 白纸和笔（若干） 音乐背景
第三次	巩固已经建立的小组，通过游戏让他们挑战自我，以此建立他们的自信心	1. 博物馆之夜 / 汪洋中的小船 25 分钟 2. 优点树　20 分钟 3. 分享感受环节　15 分钟	A4 白纸和笔（若干） 报纸 / 绳子（若干）
第四次	通过活动让孩子们意识到自己的梦想，希望通过活动引导他们表述梦想，并鼓励他们能为之努力	1. 热身游戏：会“飞”的瓶子　10 分钟 2. 音乐欣赏：《最初的梦想》　10 分钟 3. “我的梦想”并在小组内分享 20 分钟 4. “我最亲的人感受我的梦想”10 分钟 5. 分享感受环节　10 分钟	A4 白纸和笔（若干） 音乐背景
第五次	巩固小组中孩子们的表现，给他们正强化希望他们能够自信、健康的成长。宣布小组结束	1. 放飞梦想　10 分钟 2. 分享活动照片或录像　15 分钟 3. 祝福的话　15 分钟	A4 白纸和笔（若干）

昨天上了一节初一的团体心理辅导课，看到了不同面貌的同学。有的学生极度活泼、有的学生又极度冷漠。这些学生有些共同特点，比如行为消极、个性自卑、家庭环境不良。

这种活泼或者冷漠在我这个做老师的眼里看来，就是那些所谓的问题学生，要么在那里和周围的同学们说个不停、不易管理，要么就是愣愣地一个人站在那里不入群，让他参与活动也很困难。

但是我想这种活泼或者冷漠也许正是他们掩盖自己内心想法的最好方式，他们可以通过这样的形式让老师只注意到他们表面的行为。活泼者的玩世不恭，什么都不认真对待的个性让老师拿他们没有办法；冷漠者的冷眼旁观，事不关己高高挂起的做法也让老师无法接近他们。也就是说，无论怎样，老师就是无法走近他们，无法打开他们内心的大门。

但是我又好奇，为什么一定要剥开他们最不愿意让别人触碰的地方呢，任何人都需要有自己的心理空间，我们不应该因为自己是个所谓心理援助者就去随便地要求别人讲给我他最难以启齿的问题。求助是自愿的，如果他愿意向我讲一些秘密，我会做个最棒的听众；但是如果他没有这个意愿，我想我不应该使用任何技术去圈出他的想法。（于萍，2010 年 3 月 21 日）

b. 特别的爱给特别的你们

今天是我给中学的孩子上的第一节课《重塑自我，阳光少年》。之前，我强烈请求要带中学的班，今天算是心想事成了。可是从上个周我知道真的要给中学的孩子上团体心理课的时候，就开始紧张了。从那天开始，我就开始仔细地准备小组计划，仔细地考虑活动细节，甚至把上课要说的话也提前写了下来，就像主持人要有演讲稿一样，还给尚文老师预讲了一下，直到尚老师说很好我才放心。今天的一整天都是在等待中度过的，心里一直在告诉自己："今天我要上课！"尤其下午的时候，一边准备一边在看着手表，唯恐会迟到。好不容易下午 4 点了，离着上课还有 40 分钟，我跟尚老师就来到心理活动室开展活动前的准备，在活动室里我还是抽空将活动串了一遍。

终于上课了！

一开始，我进行了简单的自我介绍，并表达了我对他们的欢迎。而且为了保证活动的质量，我事先给他们做了一点小小的规范，他们也表示能够做到。那我就运用"大风吹"的游戏打破了僵局，让孩子们在游戏中互动起来，然后我又趁热打铁，在此基础上让孩子们通过"小小动物园"的游戏，用一种动物表现自己并画下来，向组内的同学简单介绍自己。在组员之间简单的基础之上，为了增加他们团队之间的凝聚力和团结的意识，我借鉴"同心协力"的游戏，并收到了很好的效果。在游戏进行过程中，有一位孩子不在组内与大家共同游戏，一个人默默地站在外围，而其他同学却因为游戏的吸引把他忽略了，我当时并没有直接告诉他们，而是当他们顺利完成任务的时候，我给他们说你们虽然做得很好，但是却不够完美，因为你落下了一个组员，如果这是在真正的比赛中你们就是失败者，所以一定不要放弃身边的每一个人。他们陷入了深深地沉思中。

在最后的活动结束时，当听到明天还要继续做活动的时候，他们欢呼雀跃，期待着下一次的活动。

在本次活动中，我发现有几个孩子存在着一定的问题。有一个小女孩，在用动物描述自己的时候说自己像猪，因为父母说她是猪，她就这么认为自己就是。我听了很震惊，不知道还有这样的父母，真的没办法理解。W 同学说自己是一只蜗牛，因为自己就像它一样很慢（我从他班主任那里了解到这个孩子就是很慢，回答问题和做什么事情都这样），那这样看来，他能够认识到自己的问题，也很希望能改变，但是他自己没有办法。真的希望能帮助他。还有一个女孩子说自己就是一只乌龟，因为自己很胆小。面对这样的孩子，我更知道自己的工作应该怎么做，怎么去引导他们。另外Y同学说自己是只野猪，因为家猪会被杀而野猪却不会，可以自由自在，听着这些我感觉是否是因为家庭的影响呢？这个需要进一步的研究。

在活动中，尽管我在活动前就已经规范了小组规则，但是个别孩子还是会出现违反的现象，尤其是几个女孩子，反而比男孩子还难管，而且在活动中，当我引导她们的时候，这几个女孩一脸地不屑。因为经验不足吧，我不知该如何面对她们，只知道或许只有慢慢地感化她们才是硬道理吧。

总体感觉效果不错，在最后的感受环节他们都能够体会到团结的重要性，这就是此次活动的目的，算是达到我们预想的目标了。希望再接再厉，努力完成任务！（于萍，2010年3月30日）

c. 重塑自己，阳光少年

今天下午的16：50在陈家坝中学的操场上，我有幸再一次带领“重塑自己，阳光少年”的17位小组成员成功完成了这一次的小组活动，经过活动中的鼓舞游戏“我们是最棒的”、音乐欣赏《我在长大》和《飞得更高》，以及游戏“魔术圈圈”，孩子们玩得很尽兴，并且在活动中感触到很多道理，基本达到预想的目标。

在活动初始阶段，首先，我以我看到他们再来参加小组活动的心情变化开头，并且告诉他们这对于我来说就是小小的幸福，引导他们或许幸福就是这么简单，只要善于发现就会时时都是幸福。我希望通过这短短的话语能给那些说幸福离自己很遥远的孩子有所启发，真的希望他们能够慢慢发现身边的幸福。接下来我向他们表达了深刻的歉意，因为在第一次活动中我没有了解具体情况就误解了几个孩子，等我具体了解了情况之后我知道我必须向他们表示道歉，并向他们表示在今后的日子里我会加倍努力用积极有趣的活动吸引他们，给他们带来更多的快乐。然后我引导他们回忆第一次的小组活动的内容，并借此机会回答了他们在感受里写的关于“为什么男生女生就不能一起玩呢？”等问题，得到了他们的肯定。

以总结第一次活动的形式开始了我们这一次的小组游戏，在“我们是最棒的”这一游戏环节中，刚开始他们的玩心很重，在打闹中完成了任务，但是当他们真正投入游戏中，他们的专注和认真让我感动，而且慢慢地挑战他们自己的成绩，当知道他们打破了他们自己的成绩时，他们高兴得欢呼。接下来给他们进行了两首音乐欣赏——《我在成长》和《飞得更高》，第一首是有些消极的、悲观的，而第二首则是积极乐观和向上的。我希望能够通过两首歌的对比，给孩子带来更深刻的感受，并引导他们天比山高，希望他们在大灾大难之后能志向远大，飞过高山，成就梦想。在这个环节中，孩子们陷入深深的沉思中。那一刻，我觉得无论我付出了多少都是值得了。最后在游戏“魔术圈圈”中，孩子们运用了他们的聪明才智迅速解决了问题，尽管一开始的结果不是游戏中的结果，但是他们却也做得让我们说不出什么不对，因为他们真的达到了游戏的规范，最后用了很短的时间就完成了我预想要很久的活动。我真的被他们的聪明才智震撼了。

在活动中，我发现男女生之间真的太有距离了，连牵手都要把手包在衣服里，小女生还不是很严重，尤其男生会很在意跟女生站在一起，更不用说做活动了。或许这与学校和家庭的教育有关吧。

在孩子们写的感受里，有好几个孩子都写到希望这种快乐不是暂时的，他们真的希望能够继续做下去。看到这些，我感觉我们的活动真的能够衔接起来，在我们结束了这一阶段的活动之后，能够有其他的志愿者接着做下面的活动。另外，还有几个女孩子只想着玩，而每一次感触都很少，每一次写感受都是“好、好、很好”“开心、高兴、非常快乐”，在这一点上我不知道该怎么接着做了。（于萍，2010 年 3 月 31 日）

d. 心理辅导课

课前和班主任沟通的时候，了解到一班的学生比较活跃，调皮得很，是本年级最难管理的一个班，我还不以为然、自信满满。可是真正上课的时候令我万分惊愕：一班的活跃度比七年级有过之而无不及。从第一分钟开始直到下课，一直有同学在不停地窃窃私语。我在刚上课时定的规矩“最高指示——静悄悄”总能派上用场。最多的时候，一分钟之内喊了六次。课程的进度也因此耽误不少。还好之前的经验这时发挥了作用，能够保持课程的完整性。

虽然 40 分钟下来，离我想象的差距不少，但是在课堂中，因势利导，尽量不让全班同学们因为一个人的过失和错误而使所有同学承担责任。看得出，有不少同学还是有所收获和感悟的，就连最调皮的学生，最后做手语操的时候也收敛了不少，认真地和大家一起行动。

“昔我往矣，杨柳依依”“今我来思，雨雪霏霏”，在今天这个阴霾的日子中，走出教室，还是感觉到松了一口气。一是因为累，二是因为他们的表现超出了自己的预想，毕竟控制住全局困难不小。晚上在和班主任的反馈中才了解到这个年级因为地震而转到贵溪中学和北川中学读书。在那里，他们的表现就不好，有一个阶段都没有老师上课。于是经过一年后，这些学生变得更加散漫无序，随之而来的管理困难就可想而知了。（于萍，2010 年 4 月 6 日）

e. 活动小组

又是一节小组活动结束了！今天活动结束后我感觉真的是触动到这些孩子了，因为他们的感受不再仅仅是“好，很好，非常好”这么简单了，他们感受到了游戏中要传达给他们的信念和想法。看着孩子们不一样的感受，我也有了不一样的感触。

今天小组刚开始的时候，我通过总结上一次的活动作为开头，首先感谢了他们能来参加这一次的小组活动，然后肯定了他们中的几个男生在上一次活动中的良好表现，希望能通过这种方式使得他们更加积极主动地参与到活动中来。接下来，我本来以为他们可以很好地完成下面的游戏，但是我却没想到经过两次的活动他们之间的那种较劲儿的感觉还在。在“优点树”这个游戏的开始，其间的男同学就开始诋毁女生，我天真地以为通过话语的教育就能够阻止这种行为，结果愈演愈烈，到最后在经过了四个同学之后再也没办法继续下去。当时我做了一个大胆的尝试，与其继续做下去没有结果，不如中途放弃游戏，让他们从心里感受一下那种因为不团结而导致不良后果的痛楚。在接下来的活动中，我告诉他们如果他们真的不能够团结的话，那他们再遇到一场比赛的时候只有两个结果，一是比赛以他们失败而告终，二是他们中途放弃、半途而废。我还进行了自我的批评，因为我的原因没能带领他们形成很好的凝聚力。没想到就是这样简单的几句话打动了这些孩子们，他们深深地埋下了头，我知道这些话比游戏更有效了。

接下来我没有再继续做“优点树”这个游戏，我决定放弃，因为只要孩子们感觉到了活动的本质就是最重要的，继续做下去只会束缚他们的身心发展。我就带领他们接着做下面的游戏：“汪洋中的小船”。从简单地让他们17个人站在两块地板砖上，到后来的困难到不可相信的一张报纸，他们的反应如我所料，听到后面的任务不约而同地“啊?”，但是却看到他们不约而同地聚在一起想办法和技巧，慢慢地开始了简单的任务，很快就完成了，后面的任务虽然经过了一点时间的磨炼，但是最后他们还是成功了。20秒，多么不可思议的成就！就在那一刻我看到了孩子们脸上真正的笑容，我也体会到孩子们的那种努力，也再看不到之前的互相诋毁的影子，有的只是团结一心，有的只是朝着共同的目标进发，这就足够了。

活动结束后，看着孩子们写的感受，我知道虽然活动不能算真正的成功完成，但在我和孩子的心里面都是成功的，我们都在期待着下一次的活动。

晚上跟一个女孩约好找她聊会儿，她在感受中说真的很想跟我倾诉她埋在心底好久的话。那我就在晚饭后去找到她，她告诉我，她感觉她妈妈不爱她，她说她妈妈经常打她骂她，经常用很长的指甲抓她的脸，但是她爸爸却会无偿满足她在物质上的要求。她还说她没有朋友，大家都孤立她。但跟她聊了之后，我感觉这个孩子就是对物质需求很高。她还说下个周五是她的生日，希望能跟我和尚老师一起过，我感觉不能拒绝孩子的心愿就答应跟她一起过生日，并送她一个漂亮的风铃。但是这个孩子还想要一个很大的洋娃娃和芭比娃娃，在我感觉这个孩子对物质的需求很高的时候，我觉得我不能做像他爸爸那样无偿满足，我觉得那样是对她不好的，所以只答应了送她一个风铃。不知道我这样做是否正确，但是只是不想孩子失望。（于萍，2010年4月12日）

活动小组要结束了

今天的活动结束了，站在空空的活动室里突然感觉似乎少了些什么。还有一次活动，我们的小组就要解散了，真的很想知道这些孩子通过这一系列的活动有什么样的感受？他们是否从小组中获得了什么？是不是我太心急了，短短的几次活动或许没办法真的给他们多大的改变，只会给他们带来一点精神上的感悟吧。真的希望等到我们离开后，这些孩子还能够接受这样的心理小组的活动，这样循序渐进地进步和成长。

今天的活动是以“假期大家在家过得怎么样?”开头的。有的说好，有的说在家没意思，通过这些我告诉孩子们“无论身后的风景多美丽或者事物多么的悲伤，那都是过去！中国的一句话：人总是要朝前看的。不仅如此，事物永远是有两方面的，不能一味地朝前看，也要时不时回头想想自己曾经遇到的对与错，为自己前面的人生路提供经验”。这一席话引出了孩子们若干的想法，虽然他们并没有说出来，但是从他们深思的眼神中我知道他们在思考。片刻深思之后，我们开始总结上一次的活动，虽然上一次的活动不算完美，但我却觉得是成功的，看着他们在“汪洋中的小船”游戏中努力协作和完善自我，我知道他们在努力。而且我还补充了这个游戏另外想要引导孩子们的思想“信念在人生路上的重要性”，人的一生总是要凭着自己的信念和信心来打拼，只要自己相信自己，再苦再难都会过去。不知道他们是否听进去或者是否有感悟了，但是我知道他们更想玩游戏放松一下，那我就对一些有道理的话不讲太多了，等到他们真的长大后可能就会明白了。

所以我就决定成全他们：玩游戏。我们先来玩了“左手抓，右手逃”的游戏，希望能通过这个游戏活跃气氛，把活动开始时的大道理放在一边尽情地玩。在活动中孩子们不再有刚开始时男女生接触的那种尴尬了，这让我很欣慰，至少让他们彼此之间接受了，这或许就是成功的。大家玩得很开心，不一会儿就放松了，我能看到大家无忧的笑容了。小段的游戏之后，我们就进入了今天的主题：“我的梦想”。首先让孩子们欣赏了两首歌曲《梦想》《最初的梦想》，把孩子们首先领进梦想的海洋，然后在分享了歌词之后，让孩子们分享了他们自己的梦想，孩子写道：“当一个特种兵或者飞行员”，“我想考一个好的大学，走出大山”，“我想当一个空姐”，“我想成为一名画家、舞蹈家”，等等，都是多么伟大的梦想！这些孩子的梦想值得我们每个人给予鼓励和帮助，或许他们不需要我们多大的帮助就能凭借自己的努力成功。可是也有的孩子说：“我现在没有什么梦想！”虽然他是这样说的，但是他们也认识到有梦想的人是幸福的。我相信只要他们有了这样的想法，那他们一定会去寻找属于自己的那份梦想。

活动结束后，看着孩子们写的感受我知道他们真的明白了，同样也感受到孩子们想问题的透彻性，一个孩子是这样写的：“没有梦想是空洞的，但没有梦想是自由的，有梦想是天真的、幸福的”，还有个孩子说：“每个人都有很多梦想，我想当一个飞行员，一个世界不够大，世界要大才会有丰富的生活”，而另外的一个孩子通过活动寻找到了自己的那份梦想“走出大山，跟爸爸妈妈一起享受生活”等。

活动结束后，我在想，这些孩子如果能够好好地引导，他们肯定会是中国未来的人才资源，那他们是否有这样的领路人呢？（于萍，2010 年 4 月 20 日）

情绪管理篇：陈家坝中学初二年级心理课程安排

辅导员：张荣红。

主题：初二年级学生的“情绪管理”课程。

1. 教学目标：

（1）能力目标：让学生学会表达情绪，理性管理和调节情绪，在日常交往实践中不断提高自己的情绪管理能力。

（2）知识目标：让学生了解情绪的类别，学会觉察自己的情绪，了解情绪对自身发展和取得成功的重要性。

2. 教学方法：讲授、实境训练、讨论、分享交流。

3. 教学步骤：

第一课：认识情绪、体验情绪

首先请学生列举自己在生活中遇到的事例，然后引出本文的课题，接着让学生分析产生挫折的原因，以及如何面对挫折。

讲具有教育意义的故事：草地上有一个蛹，被一个小孩发现并带回了家。过了几天，蛹上出现了一道小裂缝，里面的蝴蝶挣扎了好长时间，身子似乎被卡住了，一直出不来。天真的孩子看到蛹中的蝴蝶痛苦挣扎的样子十分不忍。于是，他便拿起剪刀把蛹壳剪开，帮助蝴蝶脱蛹出来。然而，由于这只蝴蝶没有经过破蛹前必须经过的痛苦挣扎，以致出壳后身躯臃肿、翅膀干瘪，根本飞不起来，不久就死了。自然，这只蝴蝶的欢乐也就随着它的死亡而永远地消失了。

这个小故事也说明了一个人生的道理，要得到欢乐就必须能够承受痛苦和挫折。这是对人的磨炼，也是一个人成长必经的过程。

结合故事，并出示事先准备好的各种情绪图片，引导学生辨认各种情绪的不同表现，并向学生说明：愤怒、悲伤、痛苦等不良情绪对人的身心健康是不利的；而愉快、欢乐、满意、平静等良好的情绪是有利于人的健康的。任何情绪的表现都应适度，否则，就会物极必反、乐极生悲。

活动环节：画“情绪脸谱”。

（1）看脸谱，判断情绪，为脸谱确定准确的情绪名称；

（2）勾画自己最近三天的情绪脸谱，交代“我”、事件、情绪、时间，帮助学生厘清自己的情绪体验类型及性质；

（3）做情绪自我小结，例如，最近一周（或半个月）我的情绪以消极情绪为主：有一些着急，有一些担心……

第二课：正视情绪、表达情绪

活动：

（1）我演你猜。准备情绪卡，让一组学生选择某一情绪并进行表演，请另一组学生猜是什么情绪。通过对同学情绪表演的判断，了解语言、动作可表达一定情绪。同时，也要了解别人也有各种各样的情绪。

（2）切“情绪蛋糕”。梳理自己的各类情绪，看看它们分别在你的心中占据了多少时间。帮助学生厘清各类情绪对自己生活的影响。

（3）我的“情绪红绿灯”。设定一定生活情境，当遇到如此情况，你将如何反应。感受那些情绪反应合适与否，为相应的情绪开红绿灯。

叙述印象最深的一次坏心情。

当时发生的情境。

当时情绪反应。

感受情绪反应合适与否，为其开红绿灯。

现在认为应当如何反应。

第三课：调节情绪、管理情绪

控制情绪，调解情绪，使学生的情感和情绪稳定协调，不要大起大落，不要喜怒无常，顺境的时候不要忘乎所以、得意忘形；逆境的时候不要垂头丧气、消极萎靡；遭受打击的时候要泰然处之、应付自如。具体建议：

第一，要驾驭愤怒情绪。

拖延法，拖延一下。比如，数数，数数字，一二，你要发怒，一二三四五六七，慢慢数，一直数到不发火，有人说数数字数到60位的时候，一般有火也就发不起来了，试一试，数到60位。

转移法，转移一下。比如，上厕所，要发怒了，不管有没有便意，到厕所上去，蹲20分钟，蹲下来过后，心态平和。虽然不雅，不妨一试。

第二，合理的宣泄。

用语言用行为来发泄心中的不良情绪，保持心态平衡。为学生推荐健康的发泄方式，鼓励同学们积极参与户外活动。

第三，调整认知。

改变错误和不恰当的观点和信念。好多情绪来自非黑即白、以偏概全、糟糕透顶等不理性的信念，帮助学生一起找出这些不理性的观点和信念，进行重新认识和调整，能够平复和管理好自己的情绪。

第四课：小组活动及课堂总结

1. 小组活动：让自己笑起来。

（1）诱发微笑：每个人在自己手指头上画一个微笑的小人。

（2）强制微笑：咬筷子或铅笔。

（3）用心微笑：说一个笑话。每个人想办法讲一个笑话让大家笑一次。

（4）经验分享：每个人分享自己调节情绪的方法。

2. 放松训练：播放舒缓的音乐（笔记本电脑），让全班同学安静地闭上眼睛，面带微笑，全身放松，然后根据指导语将注意力放到自己的身体上，自上而下地检查和放松全身的每一个部位，直到身体的每一块肌肉和血管都放松。在全身放松之后，要保持微笑的表情，然后，再想象曾经经历过的愉快情境，从而消除不良情绪，获得积极的情绪。

具体的放松训练过程如下：

指导语：准备好了吗？好，现在深深地吸气，慢慢地呼气，再来一遍，深深地吸气，慢慢地呼气，再来一遍，深深地吸气，慢慢地呼气，好！

春天来了，一片鸟语花香的美丽景色，你静静地躺在床上，心情舒适而愉快地享受春天带给你的欢乐与愉悦。一束温暖的阳光暖暖地照在你的头顶，你觉得头部放松了，特别地安逸舒服，这股暖流从整个头部慢慢地流向你的额头，你紧锁的眉头舒展开了（请你仔细体会一下眉头舒展之后的放松的感觉，你觉得好舒服好轻松），你觉得额头凉丝丝的，脸上的每一块肌肉都特别地放松，你觉得舒服极了……

3. 课堂总结

情绪管理，不单单指控制自己不发脾气，而是以恰当的方式来表达情绪，使周围的人能够接受，如同亚里士多德所言："任何人都会生气，这没什么难的，但要能适时适所，以适当方式对适当的对象恰如其分地生气，可就难上加难。"据此，情绪管理指的是要适时适所，对适当对象恰如其分表达情绪。另外，还需设计一些针对恐惧、厌学、痛苦情绪的课程。情绪管理是一门学问，也是一种艺术，要掌控得恰到好处。因此要成为情绪的主人，必先觉察自我的情绪，并能觉察他人的情绪，进而能管理自我情绪，尤其要常保持舒畅的心情面对人生。

课程的内容（上课经过、流程）：

本次课程的内容是"情绪管理"的主题。我首先带领同学们一起回忆了上节课讲到的情绪的基本种类，然后为他们呈现了事先准备好的情绪图片，让他们辨认和归类，以此引出他们对积极情绪和消极情绪的思考，再由消极情绪和一个小故事引出挫折和正确地应对挫折的方法。

之后，让同学们分享自己生活中最常见的一种情绪体验，请几位同学表演自己在该种情绪体验下的反应和表情；让男女生表演具有不同性别特质的情绪，从而让他们认识到男女生表达情绪的差异，并介绍一些分别适合男女生的情绪发泄方式；在课堂快结束的时候，对同学们进行了"情绪管理能力"的施测。

课程总结（在课程中发现的问题，包括个案和总体情况）：

这堂课进展得还算比较顺利，初二的同学们思维比较活跃，能积极响应老师的问题，而且学习内容掌握得很快，上课纪律比上节课要好，但是涉及个人经历的时候，他们不是很愿意与全班同学分享。总之，通过这几次上课过程中的接触，班上孩子们的性格特点逐渐凸显出来，班上同学的集体观念不是太强，存在小团体的朋友圈子。总体上，课堂纪律是较为突出的问题。个别性格内向和悲观的学生需要重点关注。

课程改进（对本次课程的感想和总结，也可以加入对下次课程的改进设想）：

对于这个年龄段的学生，自主能力相对小学生有很大的不同，他们会选择听不听老师讲，或者选择性地听自己感兴趣的部分，我能明显地感觉到在课程有意思的部分（如看情绪卡片回答问题）时，全班同学都很专心，也积极参与，但讲到较为枯燥的理论部分时，一些同学就埋下头开始做自己的作业了。因此，在以后的课程中，我想多设计一些趣味性与知识性相结合的小环节，吸引同学们的注意力，使教学效果能够更好。

课后我找了两个老师推荐的需要个体咨询的男生聊聊，其中一个男生似乎没对我建立足够的信任感，还不愿意跟我单独约一个时间聊聊；另外一个男生愿意跟我聊聊，但是由于上课时间的原因，最近几天另外再与他约时间。

对于我来说，今天是一个特别特殊的日子。为着即将要上的第一堂课，心里面一直像打鼓似的持续到下午 4 ∶ 25。上课前，花了些时间去到班主任毛老师的办公室跟她聊了聊。毛老师跟我讲了一下班上的大体情况，嘱咐我注意几个调皮捣蛋的男生。上课铃响了，我跟同学们一起走进教室，这时候紧张的心情反而踏实下来。我拍拍手，示意大家安静，他们用天真好奇的眼睛打量着我。稍后，我以“放松戳手操”开始了我的第一堂课。

上初二年级的课，对我来讲，还是比较有挑战性的。初中的孩子们生理和心理都在发生着较为显著的变化，开始有越来越多的自己的想法，他们会对我进行试探性的挑战，会对我讲的话表示质疑，但我也发现孩子们对新鲜的事物特别感兴趣。这些都让我需要更深入地思考对待他们的方式和为他们讲解课程的方法。

刘老师（心理志愿者）今天也给四年级的孩子们上课了。晚上回到宿舍，我们俩兴高采烈地交流上课心得，分享在课上发生的有意思的事。我们都体会到了做老师的快乐与不易。在接下来的日子，我们会共同努力，希望能够将自己所学到的知识教给孩子们，能够真真切切对他们的成长有所帮助！

教师感悟：

通过这几节课，我跟学生们有了更深入的交流，不仅仅是停留在平时跟个别人的玩闹上，而是面对一个班所有的学生，这让我发现了很多学生的另一面，有些很会跟老师沟通的学生经常在班里扮演欺负同学、不守纪律的角色，评价一个学生真的应该从多个方面，而不是仅仅从我一个人的角度。而且一上来就跟一个班里的个别学生打得火热确实也是对班里其他学生不公平，因为那些比较内向腼腆的学生在与老师主动交流的方面是处于劣势的。我想，如果有机会真的成为一名老师，我一定不会再一上来就心急的和个别的学生建立起友谊，而是给他们公平地与我接触的机会，慢慢去了解他们。

身边总是围绕着几个学生，那必然会引起另外的学生的意见，导致有些学生的故意疏远，所以，老师一定要公平。

每一次初中的课程我是非常地期待又非常地紧张，总希望可以介绍更多我知道的给他们，让他们了解得更多，以这次课程作为我初中课堂的结束我还是很感恩的。晚上在准备给孩子们的信，的确是一个巨大的工程呀，不过我希望这么多的信可以真正地对有些孩子起到一定的作用，能够鼓励他们积极面对人生。（尚文，2010 年 4 月 17 日）

三、心理培训的对象与组织

良好的危机干预人员的技能决定了心理援助的实际效果。要做到真正有效地帮助当事者，就必须对危机心理援助人员进行可操作性的技能培训。

（一）心理培训的对象

1. 专兼职心理辅导员培训

心理辅导员是各个学校精心选拔出的优秀教师，具备一定的心理学基础，一般能够在有效的指导下开展独立的心理辅导工作。在灾后教师资源比较紧张的情况下，他们不仅承担着各个学校的学生心理辅导工作，而且本身也承担着学校心理健康教育的研发和教学任务。

他们是灾后心理重建的主要依靠力量和今后学校心理健康教育的人才储备力量，也是我们需要倾心打造的心理学队伍。对他们的培养规划不仅要有业务素质的提升，而且要进行个人心理品质的培养，帮助他们从个人成长和专业提升上都有一定的收获。

培训的内容设计要包括几大部分：学校心理辅导机制建设、团体心理辅导的理论与实践、个体心理辅导理论与实践、当下危机干预的方案和实施办法、未来危机干预的预案、学校危机干预小组的建设和应急预案、学校心理辅导员个人成长、心理学与教育教学工作的结合、心理辅导的校本课程的研究设计、教师心理健康等。

培训的形式主要是以讲座、团体辅导、个体辅导、案例督导、教研观摩等形式有机结合。

2. 校长等管理人员培训

对于各个学校校长、党（团）委书记、教务主任、德育主任以及教育局的相关管理干部，我们采用了个体访谈、座谈、观摩体验学习等形式开展培训。学校校长是每所学校的主要领导，在灾害灾难中也都遭受了严重的心理应激反应，地震等灾害灾难危机后要面临死难学生、死难教师的善后工作，还要面临按期复课的压力，还要承担起重建学校的责任，因此，学校校长的压力非常大，而且无法正常宣泄，需要给予支持和疏导，同时通过培训增强对心理创伤的了解，使他们更加重视心理创伤带给学生和教师的影响，积极配合和推动学生的帮助计划。

培训内容因学校具体情况不同和各个教育岗位的职责不同而略有差异，主要内容涉及创伤心理学基础理论、心理治疗基本理论和方法技术等，帮助受训教育管理人员从心理学视角看待灾后心理援助和学校心理健康建设，为促进下一步的工作开展打下良好基础。

培训采用的形式比较灵活，并与学校教育管理工作相整合。灾后学校各级领导的任务重、头绪多、压力大，对管理干部的心理培训和心理调适非常有必要，但是不能干扰他们正常工作的开展，而是要促进他们学校工作的健康顺利地推进。所以，培训要因地制宜、因人而异，见缝插针，服务工作导向。

培训的内容主要涉及灾后教师心理健康问题、学生心理重建、灾后师生心理的变化规律和特点、教育教学管理等，帮助管理干部了解心理创伤的表现，学会心理疏导方法，掌握压力管理技术，熟悉学生帮助计划。

3. 学科教师培训

学科教师的培训主要目的在于帮助教师运用心理学的理论和技术方法，在常规教育教学工作中及时发现和处理学生中出现的创伤心理问题。主要的培训内容是创伤心理学的基本理论、发展心理学相关知识的普及和运用。培训的目的在于一方面可以帮助教师处理自身存在的创伤，另一方面对于灾后心理援助产生感性的认知，在平时的工作中能够支持心理辅导员工作。让学科教师把心理学的观点、方法和常规教育教学结合起来，及时地识别和帮助需要进行心理援助的中小学生。

学科教师的培训纳入各个区市教育局师资培训中心常规工作，以保证其长期有效地开展下去，并能够探索出教师培训和灾后心理援助的新模式，建立长效的机制。

4. 班主任培训（班级管理）

班主任是灾害危机后学生工作的主要依靠力量，他们跟学生接触最多，了解学生的信息也最多，对学生的心理、学习、家庭等状况一般了解得比较准确和全面。所以，心理援助必须要特别注重对班主任的培训，要通过培训使班主任能够学习和了解心理学的基本知识和理论以及心理变化的特点和规律，了解心理创伤表现及其发展规律。学会识别心理问题，学会疏导学生情绪，掌握有效沟通技术、团体辅导技术、危机后的班级管理，把心理学的理论和方法融汇到班级管理常规工作中，去更好地疏导学生情绪，对班级进行有效的心理管理。

5. 教师（新教师）培训

“特岗”教师指的是特殊岗位，就是地震等重大灾难灾害后补充到各个学校承担遇难或因灾害暂时不能在岗教师的工作。一般选拔来自师范类专业的大学毕业生。他们具备了教育学和心理学的基础理论，能够独立开展教育教学工作。对于他们的培训主要目的在于帮助他们顺利转换角色，进入工作状态；帮助他们观察、识别出需要进行心理援助的学生，并能够妥善处理和安排。培训内容一般包括：教师职业生涯设计和自我成长；灾后教师及学生的心理创伤反应和应对；团体心理辅导的方法和技术等。培训的形式一般为辅导式培训，让受训教师在培训中体验和学会团体心理辅导的组织。结合不同的学校和学生的情况，培训人员需要对受训教师进行不同形式的辅导式培训。

总之，心理培训对象的选择原则是以专业队伍为重点，对基层学校管理者要予以特别重视和积极关注，因为只有他们认识统一了，重视起来了，学校心理援助工作才能真正有条件地在其学校开展起来，才能真正建立其心理援助的社会支持系统，顺利地开展心理健康教育的普及和宣传，增强对心理健康教育课程的理解和支持。同时要兼顾其他学科教师和班主任的心理学知识普及，对于灾后刚参加工作的特殊岗位新教师来说，心理学培训是上岗前必需的培训，有助于教师识别和处理受到危机创伤的学生。

在培训内容的设置上，对专业队伍教师着重基础知识、基本技能的培训，对于其他教师和学校管理者着重进行心理干预的基本流程和宣传普及相关心理学知识培训。力求用专业带动非专业，用骨干带动大多数，以薪火相传的精神来建立灾后心理援助的长效机制和专业队伍。

（二）富有成效的灾害危机后心理援助工作者的特征

心理援助工作者需要具备一定的条件，经过专门的培训达到条件后才能上岗。一般具有以下特征条件。

（1）拥有丰富的生活经验。灾后危机援助涉及的方面很复杂，不仅仅局限于心理上的帮助辅导，还包括行为习惯、生活方式、人生理想等方面的指导，拥有丰富的生活经验可以从各个方面帮助被援助者，提高灾害危机后心理援助的效果。

（2）沉着、镇定的性格。心理援助工作者要面对形形色色的援助个案和被援助者，他们的经历与人格有时会超出常人的想象。同时，灾后也有各种各样的突发事件发生，如次生灾害、民众哄抢或抢购紧缺物资、家长聚集等现象。面对这些事情，就要求心理援助工作者有沉着、镇定的性格，以平稳的心态面对。

（3）具有创造性与灵活性的工作方式。一个富有成效的心理援助工作者能够根据被援助对象的一般与特殊情况制定和实施独特的援助方案。在危机援助的原则之下，根据现场实际情况，灵活运用各种资源进行心理援助是必需的，这不仅有利于心理援助的效果，更有利于危机心理援助的实际发展。

（4）多元文化的适应能力。由于危机突发事件发生的不可预知性，心理危机援助工作者不能自主地选择危机的发生区域。因此，拥有多元文化的适应能力也尤为重要。心理干预工作者在面对不同的民族文化、区域文化、企业文化、社区文化等多元文化背景时，要积极适应和接受，在尊重的基础上，积极进行心灵对接，并利用不同的文化资源参与到危机心理援助的工作中。

（5）快速的心理反应。受灾者在经历巨大变故和创伤后，往往心理状况变得高度紧张封闭。灾害危机后心理援助工作者要敏感地感知到受灾者的心理状况的变化，根据实际情况迅速做出反应与回应，让受灾者感受到自己被关注、被呵护。不仅有利于温暖的援助关系的建立，也有利于援助者对心理援助方案的及时实施。

（6）成长潜能。在危机突发事件中，灾害不仅对受灾者的心灵造成了冲击，同时也对心理援助工作者造成了考验。拥有成长潜能的灾害危机心理援助工作者不仅能够温暖和塑造受灾者的心灵，更能在心理援助过程中与受灾者共同成长。这种成长包括了心理素质的提高、危机援助理论技术的深化、个人阅历的丰富与成长，能够以此在今后灾害危机援助工作和自身的生活中更加高效从容。

（三）培训原则

（1）专业化培训。由具备扎实心理学知识，掌握创伤心理学理论，了解危机干预知识，并且具有实际危机干预经验的专业人员进行系统培训。

（2）主题化培训。依据不同来源的干预队伍成员，根据其自身已掌握的知识内容体系或从事的工作背景等选择不同的主题或技能方面的培训。

（3）特殊培训。特殊培训的方式属于因地制宜、因势利导的培训。既要有干预前的系统全面培训，又要有在危机干预中短期、随时、集中式的适应性培训，也有在危机干预后给予随访、反馈总结提升式培训。

（4）针对性培训。在综合应用心理干预技术的同时，也需要根据实际工作中的突发事件的变化和不同的任务安排与当事者的特点等给予有针对性的培训，以适应实际工作的需要。

（四）注意事项

（1）态度认真。要有严谨、认真负责的态度，不能仅凭一腔热忱盲目投入工作中，而忽视了特殊群体的特殊性。比如，对于中小学学校里的未成年学生，他们中的大多数由于对灾难危机事件无法进行完整的言语表达和比较深刻的理解，在他们身上形成的心理创伤可能更为严重，需要我们采取科学的、有针对性的心理干预方法。

（2）培训当地相关人员开展心理援助。无论是考虑到人手短缺还是便于开展工作，即使从为当地培养心理援助人才的角度出发，都要对当地具有相关背景知识的医护、教育工作者或志愿者给予危机干预知识和相关知识的培训，让他们参与或协助心理救援工作，扩大心理救援的范围和效应。

（3）了解参与心理救援的动机。充分了解自身参加心理援助的动机，经常反思自己意识层面的动机以及无意识层面的动机。在一些情况下，一部分参与心理援助的人员存在补偿动机，会驱使援助者抱有强烈的愿望而投身于援助工作，由此在援助现场的特殊情境下，很容易造成自我的心理创伤。尤其是针对没有处理好丧失问题的心理援助人员了解其动机尤为重要。

（4）避免对受援助人员的二次创伤。要根据灾害和危机的发生时间、程度以及对每个人的打击程度，制定有针对性的心理援助个体和集体援助方案，心理危机干预活动一旦进行，就应该采取必要的措施确保干预计划和干预活动得到完整科学的开展，谨慎言行以避免受援助者再次受到创伤。

（五）基本培训内容

1. 建立正确的灾害危机事件心理干预理念

（1）以整体救援工作为核心，援助者和受援助者二者紧密合作，建立和谐的信任关系，并尽力与当地领导、专家或受援助者共同商定心理援助计划，并根据实际情况及时调整心理援助的重点。

（2）以“生命第一”为前提，不过分或强制、生硬地实施心理援助。

（3）保护当事者隐私权，不可随意泄露他人信息。

（4）明确危机事件的心理干预仅是整体灾害援助中一部分，具有一定局限性，对干预效果要有合理的预期。

（5）明确对危机事件的心理干预不是标准化、流程化的心理治疗，而是一种心理服务。但这种心理服务要由受到心理危机干预专门培训的人员按照科学性、有效性、伦理性、公益性原则谨慎施行。

2. 了解危机事件当事者心理问题的表现形式

借鉴国内外心理援助的成功经验，根据我国实际，对灾害危机后人们的心理问题的表现形式进行梳理、分析和归类。

（1）遭遇灾难后，人们通常会经历一系列心理反应。以下是一些较为普遍的反应：①兴奋或生气，拒绝他人帮助，没有食欲；②自责或责备他人，情绪不稳，伴有头部或胸部疼痛；③拒绝与他人沟通，将自己封闭起来，拉肚子、胃疼、恶心；④惧怕回忆，极度活跃，感到头晕、麻木或不知所措；⑤物质依赖，大量饮酒和服用药物，感觉无助；⑥常做噩梦，难以集中精神，记忆力减退；⑦失眠，抑郁；⑧疲劳无力。

（2）生还者或者幸存者阶段性心理反应。从灾难发生到灾后，当事人会经历一系列心理和生理反应，这些反应的强度和类别因人而异，与当事人是否有过相同的经历、被困时间的长短，以及生存所需是否得到满足等因素都有关联。灾难发生后，当事人的情绪一般会经历几个截然不同的阶段：①

受冲击阶段：灾难发生的一刹那，很多人并不会感到害怕，有人甚至没有任何情绪波动，此时，人的活动只是下意识地保护自己和家人的生命安全。②整理阶段：生还者在评估自己的损失后，立即开始搜索和寻找其余的幸存者。此时，人们会自发地组成搜索、营救以及紧急医疗救助等应急救援组织。③营救阶段：救援小组开始指挥营救工作，此时，生还者或其他处于危机状态的人对于救助人员报以绝对信任，并且会无条件地服从，跟从他们迅速地聚集在安全地带，因此，救援人员最好穿着标志醒目的衣服，以便生还者迅速找到他们。④恢复阶段：此时，有些人可能会抱怨救援工作进展得不够迅速，甚至联合起来抵制救援人员，这种反应可能和幸存者接下来要面临寻找临时住所、与保险公司交涉赔付等问题引发的紧张情绪有关。

3. 应激相关精神障碍的识别与处理原则

参与危机心理干预人员要了解应激相关精神障碍的含义、分类、症状表现。能够及时识别并根据自身专业特点与能力等因素及时把一部分受援助者转介给专业化的心理干预者，或联系当地医疗援助机构给予实际有效的帮助。

4. 采取基本必备的干预措施

心理援助者按照一定的流程，采取一些必要的措施保证心理援助效果的达成。①接触方式。因突发灾害危机事件导致人们情绪、认知行为等心理状态发生混乱、失控和功能失调，每一位当事者内心都充满了恐惧绝望、焦虑、无助等情绪体验，因而在危机事件发生后的一段时间内无法合理、客观、理性地思考问题。此时往往需要心理援助人员的主动介入，关注他们的情绪行为和思维变化，了解他们的需求，给予其主动帮助和积极关注。但心理援助人员一定要清晰地评估当事人精神状态，认清自己能力，确定当下能做和不能做的。②建立“有节制的结盟”关系。“结盟”是指站在当事者的角度，接受并理解他们的感受与遭遇，充分取得当事者的信任，为后续工作建立可靠的治疗和援助关系。“有节制”是指心理援助人员要保持清醒、客观、价值中立的态度，避免心理援助者过度陷入哀伤或自我情境中。③安全确认、情感宣泄。建立良好的心理干预关系才会使当事者增进安全感，信任援助者并可放松地疏泄内心的真实情绪、情感。心理援助人员需注重倾听与理解的技术，鼓励当事者情感疏泄。④稳定情绪。利用非言语沟通（如得当的肢体语言等）或简单的言语沟通方式使当事者情绪逐渐平复。使情绪被压垮或定向力失调的当事者得到心理平静、恢复定向。⑤解释、关注。对当事者的提问给予积极、中肯、有效、明确的解答。切忌模棱两可、含糊其词，要时刻关注当事者的情绪行为，防止自伤、自杀或攻击等行为。⑥必要协助。危机事件的发生会使当事者体会到强烈的无助感，丧失对自己的掌控，感受到痛苦体验。心理援助人员需要提供给当事者维持基本生活和避难场所的需要的一些紧急医疗救护，帮助处理一些现实困难也是心理援助工作的一部分。哪怕是协助或鼓励当事者简单的自我照料与对他人的帮助都可以帮助当事者恢复自主能力，为其建立重建生活的信心。⑦信息提供。及时传递国家与当地政府的救援进展和具体措施信息，提供基本生活需要供给信息；恢复重建家园保障信息，社会各界援助信息等。良好的信息提供可以使当事者重新升起生活的希望，内心得到安定，维护社会秩序的定。⑧帮助寻求社会支持网络。尽量帮助受灾人员联系朋友及亲人，为幸存者与亲人和团体之间建立起连接，重塑归属感。寻找或暂时组建社会支持系统，充分发挥家庭、社会支持系统可以消除或减轻当事者的无助、绝望、悲观情绪的作用。可以让重点人群确认自己的社会支持网络，协助他们找到自己的支持系统并得到相应的帮助。尽量具体化，可以写出他们的名字，并注明每个人能给自己提供哪些实际帮助，如情感支持、建议或信息、物质方面，等等。

5. 心理援助人员要掌握一些自我心理压力缓解的方法

面对巨大的危机事件和繁杂的工作压力，援助人员尽快调整状态适应灾区和学校援助生活和工作状态至关重要。以下是一些简便的方法来帮助心理援助人员舒缓身心压力，也可以用来教会危机幸存者进行自我心理调整。

①保证睡眠与休息。如果睡不好可以做一些放松和锻炼的活动。②保证基本饮食。食物和营养是我们战胜疾病创伤和康复的保证。③与家人和朋友聚在一起。有任何的需要，一定要向亲友及相关人员表达。④不要隐藏感觉。试着把情绪说出来，并且让家人一同分担悲痛或悲伤。⑤不要因为不好意思或忌讳，而逃避和别人谈论自己的痛苦。⑥不要阻止亲友对伤痛的诉说。让他们说出自己的痛苦，是帮助他们减轻痛苦的重要途径之一。⑦不要勉强自己和他人去遗忘痛苦。伤痛会停留一段时间，是正常的现象，更好的方式是与我们的朋友和家人一起去分担痛苦。

6. 心理援助的禁忌

在心理援助中，对幸存者进行干预时要注意：①一定不要强迫生还者向你诉说他们的经历，尤其是涉及隐私的细节。②一定不要只给予空洞的鼓励，如“一切都会好起来的”或者“至少你还活着”等。③一定不要告诉他们你个人认为他们现在应该怎么感受、怎么想和如何去做以及之前他们应该怎么做。④一定不要空许诺言。⑤一定不要在需要这些服务的人面前抱怨自己所做的工作和生活。

7. 援助人员在援助后的自我调适

灾后救援工作是一个艰难的过程，对救援者的身心状况会产生诸多影响。日本阪神大地震救援者中，有 16% 的人罹患精神创伤综合征。澳大利亚草原火灾抢险救援者中，在三年后有 13% 的人仍患有各种心理障碍。这被称为“燃烧殆尽症候群”。有些援助人员具有真挚的理想和信念，有时会产生一种强迫性的“过剩治疗”或救援不足的负疚感、罪责感等。一旦他们的心理与现实发生背离，自我无法调节时，其自身就会产生巨大的心理压力，这时各种心理症状就容易出现。同样，在汶川地震后一系列救援工作中，一些心理援助者由于对自我能力的高估、具有某种相应情结，或者缺乏专业督导的支持，往往感到资源枯竭，产生了替代性创伤，使得有一部分抱着助人目的而来的救助者，结果自己成为需要救助的对象。因此，心理援助工作者一定要保证有必要的休息时间，进行积极的自我调适，参与团队行动。同时，督导机制的建立和运行是必不可少的。要避免援助不当造成的替代性创伤，在援助之前援助者要接受必要的培训，在援助过程中要有督导（专家的或同辈的）支持，才能有助于更加科学地开展救援工作，助人自助。心理援助工作者如发现自身情绪失调，应及时做好自我调节，避免与被助者情绪互染和同感创伤，必要时停止心理援助工作，向心理督导求助。通过督导的监控作用，不仅可以增强心理援助者自身的心理免疫力和面对特别事件的心理应激承受能力，心理援助者还能在督导机制中得到相互支持，了解自己的体能和精神极限，懂得自我保护。

在灾后心理援助中，许多日常的工作往往由心理援助志愿者完成，他们一般都经过了上岗培训，但好多并不是教师。他们运用所学，拿出自己的时间，给灾后学校的学生开设心理健康教育课，开展适当的援助活动，也在一定程度上缓解了孩子们的情绪，优化了孩子们的行为，对学校的教育也是一种开创和补充。但在专业性上，必须有专业督导老师进行监督、指导和协调，以保证心理健康教育的课程和心理援助的科学性、专业性和有效性。

四、心理测验的开展与控制

（一）心理测验的理论基础

1. 心理测验的基本概念

1890 年卡特尔在《心理测验与测量》中首次提出了“心理测验”的概念。美国心理学家安娜斯塔西认为，心理测验实质上是对行为样本的客观和标准化的测量。编制一个测验应该具备的 4 个基本条件，即行为样本、标准化、难度和应答率、信度和效度[①]。

其中，行为样本是指从人的大量行为中抽取与欲测量的心理特质直接有关的行为，即通过测量外部行为来推测心理特质。标准化一般是指内容、施测条件、评分规则、常模的标准化。难度和应答率要求测验的难度适中，应答率符合统计计算要求。测验的信度和效度是指测验结果的可靠性，以及其是否能准确反映所测的特质。

心理测验的基本假设是，个体的差异性和心理特质的可测性。

2. 心理测验的分类

心理测验根据不同的标准可以分为不同的类型，在灾后中小学的常规心理援助中，需要根据测验的目的和对象，选择合适的测验或者自行编制测验进行调查。

（1）按功能分类

能力测验。能力一词，其含义颇为笼统。从心理测验的观点看，可将其分为实际能力与潜在能力。实际能力是指个人当前“所能为者”，即代表个人已有的知识、经验与技能，是正式与非正式学习或训练的结果。潜在能力是指个人将来“可能为者”，是在给予一定的学习机会时，某种行为可能达到的水平。有人把测量潜在能力的测验称作能力倾向测验（亦称性向测验）。实际上二者很难分清。能力测验又可进一步分为普通能力测验与特殊能力测验。

---

① ［美］安妮·安娜斯塔西：《心理测验》，缪小春、竺培梁译，浙江教育出版社 2001 年版，第 5 页。

前者即通常说的智力测验，后者多用于测量个人在音乐、美术、体育、机械、飞行等方面的特殊才能。

成就测验。主要用于测量个人或团体经过某种正式教育或训练之后对知识和技能掌握的程度。因为所测得的主要是学习成就，所以称作成就测验，最常见的是学校中的学科测验。无论成就测验还是能力测验包括能力倾向测验，所测得的都是个人在其先天条件下经由学习的结果。不过成就测验多是测量有计划的或比较确定的情境（如学校）中学习的结果，而能力测验，特别是能力倾向测验则是测量较少控制的或不大确定的情境中学得的结果，也就是在个人生活中经验累积的结果。

人格测验。人格测验主要用于测量性格、气质、兴趣、态度、品德、情绪、动机、信念、价值观等方面的个性心理特征，亦即个性中除能力以外的部分。

（2）按对象分类

个别测验。个别测验每次仅以一位被试为对象，通常是由一位主试与一位被试在面对面的情形下进行。此类测验的优点在于主试对被试的行为反应有较多的观察与控制机会，尤其对某些人（如幼儿及文盲）不能使用文字而只能由主试记录其反应时，就不得不采用面对面的个别测验。个别测验的主要缺点是不能在短时间内经由测验收集到大量的资料，而且个别测验手续复杂，主试需要较高的训练与素养，一般人不易掌握。

团体测验。团体测验是在同一时间内由一位主试、必要时可配几名助手对多数人施测。此类测验的优点主要在于可以在短时间内收集到大量资料，因此在教育上被广泛采用。团体测验的缺点是被试的行为不易控制，容易产生测量误差。

（3）按方式分类

纸笔测验。测验所用的是文字或图形材料，实施方便，团体测验多采用此种方式编制。文字材料易受被试文化程度的影响，因而对不同教育背景下的人使用时，其有效性将降低，甚至无法使用。

操作测验。操作测验项目多属于对图片、实物、工具、模型的辨认和操作，无须使用文字作答，所以不受文化因素的限制。此种测验的缺点是大多不宜团体实施，要花费大量的时间。

口头测验。测验项目为言语材料。主试口头提问，被试口头作答。

以上几种分类都是相对的，从不同的角度进行分类，同一个测验可以归为不同的类别。

（4）按过程分类

标准化测验。当测验按照标准化程序进行编制时，所得的测验是一种标准化测验。标准化测验一般由素养较高的心理学专业人员编制，程序较规范、完整，所花的代价较高，因此，标准化测验的科学性与价值也较高。标准化心理测验通常也称为心理量表，它不仅在编制程序上要标准化，而且在测验施测、分数评定、结果解释方面也要标准化。

非标准化测验。与标准化测验相对的是心理专家自编的非标准化测验。这类测验不能准确地在一个分数量尺上鉴定被试的心理水平，它只能粗略地用于对人的心理个别差异进行分类或分等。

（二）心理测验的编制

已有测验有时不能测得我们想要测量的内容，这时就需要进行自编测验或问卷。

不同性质的心理测验有不同的编制方法，但其基本编制程序一致。一般要经过以下几个过程：一是明确测验目的，二是制订编题计划，三是编辑测验项目，四是预测与项目分析，五是合成测验，六是测验标准化，七是鉴定测验，八是编写测验说明书。

1. 明确测验目的

就是要明确测量对象、测量目标和测量用途。针对不同的对象、目标和用途，要设计不同的测验题目。

2. 制订编题计划

就是要明确测验的总体构思。要明确测验的内容，使测验的内容全面而具有代表性；并要明确各个内容的相对重要性，通常用百分比来标明。

3. 编辑测验项目

在编辑测验项目时需解决以下三个问题：第一，收集测验资料。测验资料要丰富，要有普遍性和趣味性。第二，选择项目形式。在心理测量中，必须将测验项目以某种形式呈现给受测者，而确定测验项目呈现的形式取决于受测者的年龄、人数的多少、测量的目的、测验项目的性质等因素。

4. 预测与项目分析

预测对象要有代表性，预测情境要力求与正式施策一致，预测时间可以适当延长，保证受测者完成测验，预测的目的在于获得被试对测验项目做何反应的资料。项目分析就是对预测结果进行统计分析，确定项目的难度和区分度。

5. 合成测验

就是把经过预测以后证明有价值的项目排成有组织的测验，它要解决的问题有两个：一是测验项目的选择，二是测验项目编排。

6. 测验标准化

一个测验的好坏取决于对该测验的标准化水平，所谓标准化是指测验的编制、施策、评分及解释测验分数的程序的一致性。

7. 鉴定测验

测验编好后必须对其可靠性和有效性进行鉴定，以便确定该测验是否可用。对测验的鉴定，主要是确定其信度系数和效度系数。

8. 编写测验说明书

测验说明书向测验使用者说明如何使用该测验，以保证测验的信度和效度。说明书应包括下列内容：本测验的目的与功用，本测验的理论依据，测验实施的方法，测验的标准答案和评分方法，关于测验的信度、效度资料的说明，常模表即如何依据常模解释测验结果。

（三）心理测验的实施

在施测的过程中，施测者应当了解哪些因素会影响测验分数，并进一步对这些因素进行适当的控制。

1. 测验前的准备工作

一个好的施测程序，最重要的就是预先做好准备工作，包括准备好测验材料、熟练掌握施测手续、熟练使用测验指导语。

2. 指导语

指导语的主要作用是使受试者按正确形式对题目做出反应，确定指导语时要注意不要暗示受测者应该选择什么样的答案。当指导语中包括测验目的的说明时更应该注意这一点，一般要求测验的主持者和指导语都应保持中立的态度，不倾向于答案中的任何一种方向。

3. 测验情境

包括测验场地（通风、光线、噪声）、座位、答案纸型，以及施测者的特征等。这些因素都会影响测验分数。因此需要加以必要的控制，使之对每一个施测者都应保持相同。这里尤其要强调的是，当进行心理测验时，务必不能有外界干扰。施测者的态度对测验分数也有影响。施测者的微笑点头或说暗示的语言，都要有严格控制。

4. 测验焦虑

是指被试因接受测验而产生的一种忧虑和紧张情绪，它会影响测验结果的真实性。在实施测验时，主试应尽可能避免警告、催促、威胁、恐吓 4 种态度，以免使被试产生过度的焦虑。

5. 与受测者建立良好的协调关系

在心理测量学中良好的协调关系是指施测者努力设法引起受测者对测验的兴趣，取得他的合作，以保证他能按照标准测验指导语行事。

6. 评分技术

在标准化的心理测验中，测验与答卷通常是分开的。被试将测验项目的答案直接记录在专用答卷上，另外备有一个标准答案卡，此为计分键，评分时只要将被试的答案逐一与标准答案相比较，即可评定被试应得的分数。

（四）心理测验结果的解释

测验结果的解释涉及两个问题，一是如何看待测验结果的意义，二是如何将测验结果的意义告诉受测者。

1. 解释测验结果的意义

首先，一个测验结果的解释，必须对所做的具体测验（包括它的常模的代表性、信度、效度、难度等）要熟悉了解；其次，对受测者的情况（文化程度、职业、是否可能接触测验中的有关问题等）也要有所了解；最后，还必须结合当时测验的具体情况，如是否有干扰受测者，当时有无情绪波动和身体不适等。例如，同一个分数，可能是由不同原因造成的。合格的施测者会结合以上三方面的因素对测验分数进行解释，对同一分数可做出不同解释。

在解释测验结果的意义时应遵循以下几个基本原则。

（1）主试应充分了解测验的性质与功能。

（2）对导致测验结果的原因的解释应慎重，谨防片面极端。

（3）必须充分估计测验的常模和效度的局限性。

（4）解释分数应参考其他有关资料。

（5）对测验分数应以一段分数来解释，而不应以特定的数值来解释。

（6）对来自不同测验的分数不能直接加以比较。如须加以比较，必须将二者放在统一的尺度上。

2. 向当事人解释测验结果

如何向当事人及当事人有关的人员（如家长、教师等）报告测验结果，使他们更好地理解结果的意义是一件非常重要的事情。具体来说，应遵循以下原则。

（1）使用当事人所理解的语言。测验像其他特殊领域一样具有自己的词汇，因此你所理解的词并不意味着当事人也一定能理解。

（2）保证当事人知道这个测验测量什么或其预测什么。

（3）告诉当事人解释的参照体。例如，分数是以常模为参考的，就要使当事人知道他是和什么团体在进行比较。

（4）告诉当事人测验结果或分数不是一个精确的值。要使当事人认识到分数只是一个最好的估计，由于测验的信度、效度不足，可能有误差。

（5）测验结果只是决策的依据，而不是决策本身。

（6）充分估计测验结果可能给当事人造成的影响。由于对结果的解释会影响受测者的自我认识、自我体验和自我评价，因此在解释时要把对结果意义的解释和必要的援助咨询工作结合起来。

（7）测验结果应向无关的人员保密。当事人的测验结果不应让其他无关的人员知道，以免对当事人造成不良的影响。

（8）提供适当的引导和咨询服务。报告测验结果时应设法了解当事人的心理感受，并采取适当的措施加以引导。同样，解释之后宜鼓励当事人表达对测验结果的感受，如发现当事人对其有误解或表现出不良的态度，则应立即配以咨询技术予以适当的引导，以免造成其他不良影响。

危机后心理测验的开展参见第二章第一节相关部分内容。

第二节　表达性心理援助

表达性心理治疗是一种新兴的心理治疗方法，它通过游戏、活动、绘画、音乐、舞蹈、戏剧叙事等艺术媒介，释放被压抑的情感经验，处理当事人情绪上的困扰，帮助当事人重新接纳和整合外界刺激，达到心理治疗的目的。

表达，是人类与生俱来的能力，透过自发的创作可以展现最原始且最直接的情感与意念。原始人还没有文字甚至语言之前，就懂得在山洞的岩壁上用图画来描绘所看到的事物或表达对自然及宇宙的看法，在绘画的想象中寻找生命的意义。而人类通过艺术等形式去发现自身与大自然的密切关系，同时在艺术创作或表现的过程中获得心灵的寄托、肯定自我存在的价值。

20世纪30年代，美国精神病医生南姆伯格提出了"艺术治疗"（Art therapy）这一概念，接下来的精神病治疗运动（psychiatric movement）进一步推动了艺术治疗的发展[①]。艺术治疗是以艺术活动作为手段和方法，把个人内心世界未能表达出来的思想和情感向外呈现出来，从而使个体内在和外在达到和谐统一的状态，消除心理上的困扰，治愈精神上的疾病，以获得身心健康发展的一种心理治疗方法。

表达性艺术治疗分为个体和团体治疗，特别适合于身心症，如睡眠障碍、慢性疼痛、疑病、身心压力、焦虑恐惧、人际关系沟通等方面存在困扰的人群。

艺术治疗的直接理论依据来源于心理分析流派的理论，特别是荣格的心理分析理论。他在弗洛伊德的精神分析理论的基础上进行发展和创新。荣格应用绘画、雕塑等艺术创作方式探索自己的内心世界，为自己治疗内心的创伤。并把这些创作性活动介绍给自己的病人，鼓励他们运用艺术创作的方式表现自己的意象，寻求内心和外界的和谐统一。因此，在荣格的艺术治疗中引入了"意象""幻象""无意识""象征"等具有"分析"特色的术语，形成了

---

① 马美容、王晶洋：《心理学视角下的艺术治疗》，《中小学心理健康教育》2012年12期。

艺术治疗的理论基础。

表达性心理援助是以艺术治疗为主体，以表达性活动为载体，达到心理康复的一种援助措施。艺术疗法对遭遇灾难或事故的儿童的治疗特别有效。对于经历了特大灾害事故处于危机情形的儿童来说，艺术疗法更容易开启曾经身心受过创伤的儿童的心门，打破尴尬和沉默的窘境。尤其对语言表达能力还较弱的少年儿童来说尤其如此。在危机后心理援助的过程中，我们可以通过游戏、声音、身体、故事文本、书写、绘画、舞蹈、音乐等各种艺术题材来促使他们表达内心的思绪、感受及经验。通过表达性艺术活动，创设了支持性的环境，在来访者的内心世界和外部世界之间搭建了一座桥梁，促使无意识的心理内容向有意识的行动转化，进而澄清和诠释来访者的情感、信念和生活实践。艺术的创作为来访者宣泄存在于无意识世界的消极情感和创伤记忆提供了机会，开启了来访者的心灵，帮助他们化解心理的症结，重新获得生活的勇气。

引导发掘援助对象的内在心理能量，创造自我表现、自我沟通及自我成长的机会，以提升个人心理健康、生活质量与个人内在经验的分享。

艺术治疗的基本假设及治疗信念。艺术治疗的基本假设是：艺术的治疗性在于艺术创作是自我意义和社会结构的有力表达。艺术治疗秉承着这样一个信念：艺术创作的过程是一种对当事人的存在经验的具体的或者是象征性的反应，当事人可能还没意识到的冲突会通过动作表现出来。艺术治疗通过艺术创作来创造一种视觉或触觉的意象，让来访者对艺术的活动和意象本身做出思考，并寻找它的意义。这种创作的过程开启了来访者的心灵，使他们能够意识到内心情感异常的源头，从而从更多维的视角来解释他们的情感和经历。总而言之，来访者所创作的艺术作品投射出来访者在其他环境下的行为、思想和情感。艺术创作是联系个体内在心理世界与外在环境的中介桥梁。

1. 艺术治疗的要素

治疗室。艺术治疗室不同于普通的房间，它对治疗师和来访者都具有独特的意义。治疗室具有隔离性、包容性和安全性三个特点。治疗室将来访者与外界暂时地隔离了，这意味着来访者可以暂时从混乱的日常生活和情感当中解脱出来，在这块“净土”中进行思考和创作。因此，治疗室应该设置成能够安抚来访者的消极情绪的氛围，此外，治疗室还要留有足够的空间供来访者活动和进行创作。例如，治疗室里可以摆放一些高矮不同的橱柜，这些橱柜可以为一个时期内的所有当事人提供一个或者两个“工具箱”。治疗师的工作区，譬如一张多层办公桌，则一般被安排在一个角落。

艺术创作的素材。根据艺术治疗的形式的不同，需要不同的艺术创作素材。例如，绘画艺术治疗需要的素材有硬度不同的绘画铅笔、各种颜色的彩色铅笔、水彩笔、颜料以及不同尺寸、质地和颜色的纸张等；游戏艺术治疗则需要有树木、房间、路桥、人物、车辆、武器、动物等象形玩具。这些艺术创作的素材在治疗过程中都是有一定的意义的，在来访者的世界中象征着某种情感和记忆。

艺术创作的作品。这里所说的作品是指来访者在艺术创作之后得到的一幅画、一件雕塑或者用玩具拼出来的一幅场景等，它是来访者与治疗师进行交流的中介。当来访者欣赏自己创作的作品时，得到一些与之相关的感悟和体验，甚至还会获得一系列新的心理意象。来访者的思想、情感和故事都转移到了作品中，作品是来访者内心世界的折射，需要来访者和治疗师共同探讨和挖掘其中的奥秘。

治疗关系。艺术治疗的关系有别于一般的医患关系，而是来访者、作品和治疗师三者互动的关系。在治疗过程中存在四种互动形式：来访者与作品的互动、治疗师与作品的互动、来访者通过作品和治疗师的交流、来访者和治疗师直接的交流。

2. 艺术治疗的过程

初次接触治疗。当来访者开始进行艺术治疗时，治疗师要向来访者介绍和讲述艺术治疗的素材和艺术治疗过程等常识，让来访者熟悉和适应治疗的环境和治疗的素材的使用。

建立治疗联盟。来访者对治疗师有了一定的印象并产生了信任感，决定和治疗师一起探索和挖掘自己的内心世界。

开始艺术创作。来访者借助艺术素材进行创作或进行游戏，在这一过程中，治疗师可以参与其中，也可以在一旁观看但不参与，让来访者自我发挥。

分享和探索阶段。在上一阶段中，治疗师观看或参与来访者的艺术创作，与来访者进行交流，倾听和感知来访者的心声，一起分享艺术创作的成果。

艺术创作的再体验阶段。来访者与治疗师再次分享和体验艺术的创作过程及欣赏作品。当来访者完成一系列的艺术创作之后，治疗师和来访者要对整体的创作作品做一个回观，因为来访者最初的作品和治疗结束时的作品会有一定的差别，这可能是由于最初来访者对艺术创作的素材不熟悉。重读艺术作品可以让来访者做出更合理的解释，更贴近其心理的诠释。

治疗结束。治疗的结束意味着来访者重新认识自我，重拾信心迎接新的生活情境的挑战。

3. 艺术治疗的现状与不足

在国外，艺术治疗开展得较早，最早是在美国兴起的。主要原因是疾病模式的变化，导致治疗模式的转变。对于一些与心理因素密切相关的“心身疾病”，常规的医学往往束手无策，而艺术治疗却可以施展才华。由此，治疗的模式开始从“身”转向“心”，人们开始重视心理因素对疾病产生的影响，从而对心理加强干预。1969 年“美国艺术治疗协会”(AATA) 的成立，是艺术治疗发展史上一个具有里程碑意义的重大事件。目前，美国已有 100 多个专业的艺术治疗机构，发展的比较完善的有艺术疗法的形式有绘画疗法、游戏疗法、文学疗法、戏剧疗法等[①]。

国内艺术治疗的研究不够深入和系统，主要集中在临床医学的个案研究上。研究的对象是自闭症儿童、经历创伤事件的人群、重症患者（如癌症患者）、术后康复人群等。我国对艺术治疗的研究的理论还是借鉴国外的经验，本土化创新有待进一步开展。

艺术治疗在近些年来得到了一定的重视和发展，获得了许多的研究成果，但仍存在不足：艺术治疗很大程度上是源于临床治疗的个案，其外部信度或者说可推广性受到质疑。但如果采用大样本进行研究，个体的差异存在使得治疗的方案不一，该以何种标准来评估其疗效的问题又凸显出来。因此，对艺术治疗的效果需要进行更深入的研究。

4. 艺术治疗的展望与未来

艺术治疗作为心理治疗的一种治疗方式，其优越性已经在众多的有关文献中得到了论证，随着时代的发展，艺术疗法的发展前景是广阔的，具体来说有以下几点。

---

① 李欧:《当代美国艺术治疗》,《世界文化》2007 年第 11 期。

艺术治疗与其他的心理治疗的方式结合。越来越多的研究证明，艺术治疗不仅仅适用于个案研究，它同样也适用于家庭和团体的研究。艺术治疗完全可以与集体治疗、团体辅导等心理治疗方式结合起来，发挥更大的作用。

艺术治疗与学校教育的结合。从艺术治疗的发展历程来看，艺术治疗最初也是在学校中实施的。学校常用的黑板、美术器材、艺术器材、教室等本身就是很好的艺术治疗的素材，而学校具有的教育功能更能使这些素材操作起来更简易，更容易让人从内心接受。

艺术治疗的跨文化研究。中西方有着不同的文化背景，中西艺术有着不同的风格，这必将导致中西方艺术治疗中的工具、方法、标准等存在差异，治疗的效果上也会不尽相同。因此，进行艺术治疗的跨文化研究有助于探索适合本国治疗方法的发展道路。

艺术治疗的网络时代。网络的方兴未艾给我们提供了更加便捷的沟通方式，也给艺术治疗带来了新的生机，借助网络工具，艺术治疗会发展出越来越多的治疗新形式。例如，一种借助 QQ 视频、UC、MSN、手机、网络日志等工具而开展起来的文学治疗新形式——心理性作文（Psychological Composition），已被常用。

一、音乐教育与音乐治疗

（一）音乐和音乐教育

1. 音乐的功效

音乐是一种声音的艺术，运用音响、节奏、旋律塑造艺术形象，音乐通过听觉影响人的情感，而听觉又在欣赏音乐中发展得更灵敏、更细致、更丰富，使人进一步获得更大的审美享受。音乐能陶冶人的精神生活，陶冶人的思想情感，激励他们奋发向上。音乐艺术是以最富于情感的音乐形象，直接向儿童进行美的教育。这些音乐形象为儿童提供了情感体验的意境。

在这些情感体验中，孩子们能够正确地认识客观世界，能感受音乐形象中的崇高思想，形成自己美的观念和道德观念。音乐艺术通过形式和内容的美，寓教于乐，潜移默化地影响儿童的思想情感，在他们的成长过程中具有不可替代的意义。在培养儿童对音乐的感受力、表现力和鉴赏力的过程中，孩子的记忆、想象、思维、情感、意志、个性也都得到了良好的发展。美的歌声能激励儿童的意志，鼓舞他们学习的热情，培养他们积极的情感，形成坚强、勇敢、活泼的性格，从而得到个性的全面发展。由此看来，音乐既能陶冶孩子的性情、发展智力、活跃思想，又能鼓舞他们努力学习、奋发向上，促使其形成良好的世界观。

积极的歌曲对人的精神世界有着独特、强大的、潜移默化的引领作用，不论是在战争年代还是和平年代，都是巨大的精神力量源泉，催人奋进。比如《国际歌》《抗日义勇军进行曲》《大刀向鬼子们的头上砍去》《人民解放军进行曲》《红梅赞》《春天的故事》等系列歌曲，伴随着人们对心理健康重要性的认识，音乐的社会功能得到了进一步的拓展和延伸，在情绪宣泄、情感抚慰、心理治疗、保持积极健康的心态等方面发挥着独特的作用。

音乐有着无比神奇的康复功能。有相当多的研究显示，音乐对人的躯体化症状也存在有益的功效。医学专家发现，音乐所能治疗的疾病范围非常广泛，包括身体上的疼痛和心理上的创伤，弹奏和收听音乐都会提升人们的健康状况。音乐可以减轻癌症患者的焦虑感，会让他们的血压处于更稳定的水平，情绪也有所提升；进行外科手术时起到镇静作用；会促进心脏健康，当一个人听到一首幸福的歌曲时，他的血管直径会增加，血液流量会增加。而当他听到令其感到焦虑的音乐时，血管直径会缩减；音乐会减轻疼痛。容易焦虑的人如果听了轻松的音乐，会分散他们对疼痛的注意力，也就让他们觉得不是那么疼了。音乐专家发现，音乐有助于提高记忆力，儿童在上完音乐课之后，他们在考试中的成绩明显提高了，这是因为音乐课程中的读谱过程增强了其记忆力。音乐可以像按摩那样起到放松作用，特别是有助于减轻焦虑症的躯体化症状。

德国伟大的音乐家贝多芬认为：音乐是比一切智慧、一切哲学更高的启示，谁能说得透音乐的意义，便能超脱常人无法挣脱的苦难。音乐具有感化人、塑造人、拯救人的作用。比如汶川大地震，许多孩子在废墟下面面对死亡时，是歌曲激发了他们存活的意志，使他们能够坚持下去等待救援队伍的到来。

音乐的社会功能性特征：音乐反映社会生活，其审美、认识、教育和娱乐等功能对社会有着深远的影响。

音乐的社会功能性特征包括以下几方面。

第一，审美功能。音乐能提高人们的审美能力，净化心灵、陶冶情操。第二，认识功能。音乐从不同的角度反映社会生活，是社会文化的一个重要组成部分，通过音乐可以更深入地了解、认识社会生活。第三，教化功能。音乐对人有政治思想和道德伦理的教化作用，具有“以情感人”和“潜移默化”的性质。通过“5·12”汶川大地震和新冠肺炎疫情侵害，我们看到了生命的珍贵和崇高，得到了一次次社会责任感的提升，很多音乐作品在内容上反映了地震等灾害后中国人民的坚强意志和多难兴邦的不屈不挠的精神。以音乐交流的方式教化大众如何理解生命的存在与伟大、和谐社会的现实意义。第四，实用功能。主要表现为音乐医疗功能和体育锻炼功能，音乐治疗学已成为一门新的学科。根据治疗需要将音乐分为调节精神情感类、治疗忧郁和内心病症类以及平息愤怒、亢奋、烦躁类等。汶川大地震在废墟下面的一些灾民就是运用唱歌得到一种自救的办法，最终使他们能够幸运地活下来。第五，激励功能。音乐作为感情艺术，不仅潜移默化地激发着人们的思想情感，而且具有号召力。它不仅影响人们的情感，而且激发人们的意志。第六，音乐的娱乐功能。音乐提供有教养的娱乐，有文化的休息，能丰富人们的精神生活，给人以轻松、美的享受。

2. 音乐教育

音乐教育不但可以培养学生的感受力、鉴赏力、表现力、创造力，还可以培养学生高尚的道德情操；不但可以提高学生的智力，还可以促进非智力因素的发展，对于培养身心和谐、全面发展的学生具有重要的作用。

音乐教育与心理教育的融合是危机心理援助的一项重要举措。根据教育部中小学教育的发展规划要求，结合地震等灾害危机的具体情况，可以在音乐教育中渗透心理健康教育。

3. 危机后音乐教育的作用

（1）音乐教育有助于培养学生的安全感和自信心

通过营造轻松的歌唱氛围，培养学生的安全感和自信心。地震等灾难危机之后，学生内心的安全感受到极大冲击，一有点风吹草动，立马神经紧张、肌肉紧缩。所以教师可有选择地挑选一些让人内心安静的曲目让学生学会逐渐放松自己，进入比较松弛的状态。然后在课堂上以享受音乐、参与展示自我为目的开展音乐教育。学生由于个性特点的不同，在音乐课上会呈现不同的状态。有的学生活泼、外向，善于表现自己；有的学生内向、羞涩，难以展现自己。老师可以通过领唱或合唱等各种手段，让每个学生找到适合自己的表现方式，在轻松友好的氛围中增加相互支撑和鼓励，提升安全感和自信心。

（2）音乐教育有助于帮助学生进行情感和认知的统一

用歌词触动心灵，达到情感和认知的统一。歌词在一首歌中占有重要位置，一首歌曲的感情基调和感染力都在歌词里。要唱好一首歌，必须先充分理解歌词所表现的意义。在学习新歌之前，除了让学生了解它的歌词意义、时代背景、作者生平外，教师会让学生先用歌曲所需要的情感来朗诵歌词，再进行下一步的教学工作。

（3）音乐教育有助于对学生进行有效的心理健康教育

把音乐教育和讲故事相结合，充分发挥孩子的想象力，来寻找心理治疗的契机。每一首音乐、每一首歌词都会激起孩子的情绪，在这种情感的共鸣中，因为每个孩子不同的背景和性格特征，而呈现出个体差异，心理健康教育要寻找音乐教学内容中的契机，通过孩子的故事联想，把握教学的最佳时机，充分发掘故事中的心理教育因素，走进孩子的内心深处，对其进行心理健康教育。

音乐教育案例

课时安排：两课时。

教学用具：打击乐器（沙筒、沙锤）

第一课时

自我介绍。（2 分钟）

教学步骤：

发声练习：音阶练习、顿音练习。（5 分钟）

新课导入：（30 分钟）

谁能模仿小黄鹂鸟的鸣叫声？如果你不会的话，请听听歌曲中小黄鹂鸟的叫声。

听歌曲范唱。（录音或教师示范）

请你模仿歌曲中的黄鹂鸟的叫声“嘀哩哩嘀哩”。

讲解十六分音符的时值。

再听歌曲范唱，要求学生感受歌曲的情绪。

集体朗读歌词，学习曲调：分两部分学唱。

前 16 小节（先学唱前 8 小节—后 8 小节）

后 16 小节（先学唱前 8 小节—最后 8 小节）。

有感情地、完整地演唱歌曲。

课堂小结：下次请带彩色笔。（2 分钟）

第二课时

教学步骤：

①师生问好。

②发声练习：音阶，连音练习。（5 分钟）

③巩固歌曲《嘀哩嘀哩》，分小组或男女声演唱。（10 分钟）

④提问：歌曲讲的是什么主题？

提起春天你还能想到什么？（春天的特征，象征春天的颜色，大自然的变化，你的变化）将春天的图片贴在黑板上，具有视觉感受，引出欣赏曲目班德瑞《春意绿浓浓》。（15 分钟）

请同学们闭上眼睛来聆听乐曲，用彩色笔画出你想到的图画，尽情发挥自己的想象力，你会想到什么样的故事，分成小组代表描述一下。（10 分钟）

⑤请同学演唱歌曲展示自己。学习节奏练习。（8 分钟）

⑥课堂小结。

教师分享：音乐课上的故事

今天听了一节隋老师的音乐欣赏课，很有感慨。坐在最后面的那个小男孩听完歌后给我讲了两个故事。一个是《黄金竖琴》的故事，讲得是一个小朋友找爷爷奶奶，因为突然遇到一个石头滚下来，把桥砸断，没见到在桥那头的爷爷奶奶，他掉下去，突然变成一只鸟飞走了。另一个是《雪绒花》，是一个关于小女孩找妈妈没找到的凄凉故事。晚饭时候，给同事们读着上课时听来的故事，想起这孩子在地震中失去了亲人，边读边泣不成声了！真没用，我还不如一个孩子勇敢！感谢他的信任和喜爱。（尚文，2010 年 4 月 15 日）

（二）音乐治疗的基本理论

地震等危机发生后“心理疾病”患者的基本症状表现为：一是过去患有某种疾病，治疗康复后，灾害危机会导致进一步的神经紧张和心理恐惧，诱发了以往病症；二是年迈体弱，自身各种生理机能衰退，灾害危机致使神经紧张、心理恐惧，导致内分泌失调或某些生理机能更加衰退，诱发头晕、头痛、心跳加速等症状；三是完全因为灾害危机导致精神紧张，加之地震等继发灾害不断，产生条件反射，余震等状况一发生便感觉恐慌不安、心情烦躁。唐山大地震造成的心理创伤使受害者产生了持久的疾病，长期影响他们的身心健康。心理问题若得不到及时解决，日后会影响患者身体恢复及生活。汶川特大地震导致很多人士伤残，他们在身体康复之后迫切需要心理的恢复，特别是受伤的孩子经历这次地震后，医院的环境会使他们产生恐惧和紧张的情绪，不利于病情和心理的发展。通过音乐改善医疗环境是理想的措施，建立起以病人需求为目的的灾区医疗场所。而减轻或治疗地震等灾害危机造成的心理问题，音乐是良好的策略之一。

通常音乐治疗的方法：接受式音乐治疗方法——放松、催眠、解压、想象等技术，都可以对受灾人员进行心理恢复和减压，而音乐想象这类比较深层次干预的音乐治疗方法更适合灾后精神创伤严重的心理疾病患者。在即兴音乐治疗类别中，常常用到乐器的即兴演奏，如鼓、散响类乐器，这些乐器通常不需要任何背景音乐，却可以用击打节奏的方式帮助受灾人员宣泄情感，缓解失去亲人或者受到危机打击的悲伤，这比传统语言式心理维护更容易深入人心，也有较强的可操作性。

前美国音乐治疗协会主席，Temple 大学教授布鲁西亚对音乐治疗做出了定义：“音乐治疗是一个系统的干预过程，在这个过程中，治疗师利用音乐体验的各种形式，以及在治疗过程中发展起来的，作为治疗的动力的治疗关系来帮助被帮助者达到健康的目的[①]。”该定义强调了，第一，音乐治疗是一个科学的系统治疗过程，在这一过程中包括了各种不同方法和流派理论的应用，而不只是一种简单的疗法。第二，音乐治疗运用一切与音乐有关的活动形式作为手段，如听、唱、器乐演奏、音乐创作、歌词创作、即兴演奏、舞

---

① 转引自高天编：《音乐治疗学基础理论》，世界图书出版公司 2007 年版，第 99–101 页。

蹈、美术等等各种活动，而不只是听听音乐，放松放松。第三，音乐治疗过程必须包括音乐、被治疗者和经过专门训练的音乐治疗师这三个因素。缺少任何一个因素都不能称其为音乐治疗。没有音乐参与的治疗过程不是音乐治疗，因为在音乐治疗中，音乐是一个基本的因素，音乐治疗正是通过音乐的人际作用、生理的物理作用和心理的情绪作用等来达到治疗的目的。没有由受过专门训练的音乐治疗师介入的任何活动，也不能称其为音乐治疗，治疗师与患者的治疗关系是音乐治疗的关键动力因素。

在汶川地震灾后心理援助中，青岛的心理援助队伍在各个学校和社区开展了一系列的音乐治疗、绘画治疗、叙事治疗、舞动治疗等表达性治疗，但同时也开展了许多文体艺术活动，在灾区学校建起了舞蹈队、鼓乐队、武术队、绘画小组、读书小组等，并由心理治疗师带领志愿者、学校教师一起组织活动，把表达性治疗和表达性活动有机地结合起来，取得了明显的效果，做了有益的实践。

在心理援助工作中，进行音乐治疗的对象主要是因地震等灾害突发危机引发而导致的紧张、恐惧、烦躁甚至出现生理症状表现，比如头晕、头疼、心跳加速等的来访者。青岛心理援助工作站在曲山镇小学设置了音乐治疗室，配备了先进的治疗设备，通过放松、催眠、解压、想象等技术，对灾后中小学教师、学生等进行心理减压和恢复，根据不同的心理需求，选择不同的乐曲，在音乐治疗师的引导下，帮助灾区师生宣泄情感，缓解失去亲人的悲伤、无奈和愤怒等负面情绪，促进积极心理能量的生成。

音乐在心理治疗中具有独特的作用。有学者认为音乐在临床治疗中具有生理作用、人际沟通作用、情绪作用、社会化整合作用、审美与娱乐作用[①]。对“5·12”汶川地震灾区的初中生进行音乐治疗的对照实验，结果发现：团体音乐辅导可以有效地提高灾区初中生的心理弹性、社会支持水平和自尊水平，并增加其积极的应对方式，如寻求社会支持、问题解决、积极地合理化解释；降低其焦虑、抑郁水平，减少其逃避的应对方式。

音乐治疗的技术大致可分为三类，即接受式音乐治疗、再创造式音乐治

---

① 董镕:《团体音乐治疗对地震灾区青少年心理弹性的干预》,《中国心理学会第十五届全国心理学学术会议论文摘要集》,《中国心理学会》2012 年第 2 期。

疗和即兴演奏式音乐治疗。接受式音乐治疗的方法主要是让来访者通过聆听音乐的过程来达到治疗的目的，这种治疗技术的中心是音乐及由其引起的各种生理和心理体验。再创造式音乐治疗是让来访者主动参与演唱或演奏已有的音乐作品，治疗师会根据治疗的需要，要求来访者在治疗过程中对现有的作品进行改编（包括演唱、演奏、创作等），以此来达到治疗的目的。即兴演奏式音乐治疗是给来访者提供各类乐器，让来访者自由地挑选乐器，并进行即兴演奏，根据演奏时的互动来达到治疗的目的。

（三）音乐治疗的实施

音乐治疗可以通过个体和团体两种方式进行，治疗师应根据不同的情境、目的、条件等进行选择。个体音乐治疗更注重治疗师与来访者的关系，而团体音乐治疗更注重成员之间的互动。学校的音乐治疗更适合以团体的方式进行。

音乐治疗的实施首先要与来访者建立良好的关系。音乐治疗可以通过针对不同个体或群体，选取合适的、能缓解气氛的音乐来建立关系。例如，针对儿童可以选取欢快的、有活力的歌曲，和儿童一起合唱或伴着音乐进行游戏。其次，设计丰富多样的活动，根据年龄、喜好等因素分小组进行。通过合唱、演奏、创作等多种形式，帮助个体通过参与活动改善情绪、调动积极性、建立人际关系上的支持。在实施过程中，对个体心理健康状况进行评估，确定需要进行治疗的个体，并由专业的治疗师进行进一步的音乐治疗。

教师分享：用音乐抚慰心灵

回到青岛已近一周，卸去奔波的疲劳，在北川从事心理援助志愿服务的记忆不断地在头脑闪现，这些特殊的经历和感受如风吹麦浪，使我思绪起伏，不能平静。

2011 年 5 月 9 日，我受青岛心理援助办公室和青岛大学东校区管理办公室党总支委派，作为青岛啤酒集团、青岛市红十字会、青岛大学三方联合举办的四川心理援助项目的志愿者，来到四川省北川羌族自治县青啤曲山镇小学开始了为期一个月的心理援助工作。

赴北川从事心理援助的想法源自于 2009 年在中央音乐学院师从高天教

授学习音乐治疗时，高教授讲述的音乐治疗技术为汶川地震灾区群众抚平心理创伤的成功案例深深震撼了我。我在为音乐治疗技术神奇治疗功能折服的同时也深刻地认识到，严重的地震灾难摧毁的不只是楼房和居所，它可能会对人们的安全感和身心健康产生颠覆性破坏，由此产生的心理创伤可能会在震后几年甚至几十年里不断折磨和吞噬着人们的心理和生活。因此我决心要到北川为震后灾区群众开展心理援助，为他们心理家园的重建奉献自己的一份力。

出发前，心理援助项目的专家组负责人陶明达教授为我“量身制定”了三项任务：一是在青啤曲山镇小学建立一个专业的音乐治疗室；二是运用音乐治疗技术为北川县的曲山、陈家坝和周边社区的中小学师生开展震后心理治疗；三是为学生开展具有治疗功能的音乐活动，增强和提高学生的人际和社会功能，促进学生健康成长。

青啤曲山镇小学地处老北川县城西侧的曲山镇任家坪社区，距离老县城不足2公里，紧邻地震中损失惨重的老北川县中学。学校周边地域狭小、群山环抱，人在其中如“坐井观天”，我们戏称之为“晨不见旭日、暮不见晚霞”。

曲山镇小学的领导十分重视和支持我们的心理援助工作。在学校教学用房紧张的情况下，腾出了2间办公室用于心理援助工作站和多功能心理咨询室（音乐治疗室、沙盘游戏室）建设。校长为保障我们能够休息好，还特意将自己的宿舍腾给我们，而他却住进了临时搭建的板房，这让我们十分感动，同时也感到自己肩负责任的重大。

进驻学校的第一天，我就立即着手进行音乐治疗室的建设工作。在陶教授的悉心指导和项目组的资金支持下，我们在不到一周的时间里按照中央音乐学院音乐治疗研究中心的设备配置标准，建设完成了北川地震灾区第一所高标准的专业音乐治疗室，为今后开展音乐治疗工作打下了坚实的硬件基础。

我从事的专业主项是音乐心理创伤治疗，关注教师群体身心健康，运用音乐同步脱敏再加工技术（MEDR）为灾区老师提供心理援助是我此行的主要任务。教师群体在震中学生救援中做出了很大牺牲，他们在危难时刻不顾自己和家人安危舍身救助学生的事迹比比皆是。然而正是因为责任和身份的特殊，他们常常成为社会救援中被忽视的“特殊群体”，这使他们本已脆弱的内心更加“受伤”。而教师的情绪状态会直接影响和传递给学生，正如“阴郁的老师不会带出阳光的学生”。因此确保老师身心健康是推进北川教育事业发展的重要前提和保障。

为给治疗工作做好铺垫，我首先举办了一场题为“让音乐抚慰心灵”的音乐治疗讲座，让老师们了解什么是音乐治疗，如何用音乐治疗心理创伤，在老师中间引起了较大反响，很多老师主动找我交流心得，这使我很受鼓舞。然而接下来遇到的情况却给我当头一棒，让我认清了心理援助工作的艰难所在。

成功举办讲座后，我乘势发出了开展团体音乐培训（治疗）的通知，结果三天过去了只有一名老师报名，这使我很受打击，百思不得其解，难道是因为地处偏远，老师们对心理治疗存在观念上的误解和排斥？答案在与老师们进行个别沟通后终于找到：在震后一年中，各种心理机构和个人多次来学校为师生开展“拉网式”心理测试，但很少会反馈测试结果；更有一些非专业的心理咨询师为学生治疗后，非但没解决问题反而使问题更加严重，学生情绪几近崩溃，而咨询师却将痛苦不堪的学生塞给老师，义无反顾地“拍屁股走人”。这些缺乏职业良知的心理咨询师深深伤害了灾区群众的心，以致“防火、防盗、防心理咨询”成为震后灾区的流行语。时至今日，一提到“心理咨询”，一些老师们就会产生强烈的抵触和不信任，这就成为我们开展心理援助必须逾越的巨大障碍。

为此，我利用各种形式和机会向老师们表达我们开展心理援助的诚意，进一步介绍音乐治疗技术的科学性和安全性，在感情上与老师们加强沟通和交流。两周后，老师们终于接纳了，他们向我讲述地震中的痛苦经历和感受，带我实地察看震塌的老校址，在残垣断壁中共同回顾那惊心动魄的时刻。有些老师通过短信和QQ讲述自己的经历和症状，表达寻求帮助的意愿。至此，我与老师们之间的隔阂终于得以消除，她们主动求助的愿望和行动得以呈现，使后续的音乐治疗工作得以顺利完成。

为做好灾区学生的心理援助，项目组从我校音乐学院和绵阳师范学院音乐学院招聘了4名学生志愿者，分别在陈家坝小学、陈家坝中学和曲山镇小学指导学生开展鼓乐演奏、演唱和舞蹈等音乐活动，运用再创造式的音乐治疗形式，将过程取向与结果取向相结合，有效地提高了学生们的自信心和人际交往能力。从“六一”儿童节孩子们的精彩演出和欢声笑语中，我们看到了他们的幸福明天，看到了北川的美好未来。

虽然一个月的北川心理援助已经结束，但是灾区心理家园的重建仍任重而道远，需要社会各界尤其是心理专业人士的支持和援助，让我们共同携手为汶川地震灾区的全面重建出一份力、献一片情！（张明，2011 年 6 月 17 日）

二、美术教育与绘画治疗

（一）美术和美术教育

研究表明，绘画的色彩可以对人的心情和肌肉产生作用：强烈的和鲜艳的色彩使人心情感到兴奋，肌肉充满活力，柔和的色彩则消除肌肉疲劳，放松人的心情。作为接近自然和感受周身环境的一种方式，绘画活动既是感觉统合的放松活动，又可形成有用的认知与行为，是一项有效的“治疗性”学习活动。以绘画介入的方式进行心理治疗可减弱当事者的拒绝心理，走进他们的世界。

美术作为美育的主要手段和途径，主要任务不仅仅是传授美术知识，也不仅仅是美术技能的训练，重要的是通过学生内心达到审美状态，使良好心理得到培养和发展，其不良心理受到疗治和矫正，从而使各种心理功能趋于和谐，使各种潜能协调发展，最后达到对人的生存价值的提升，促进美好人生目的的实现。所以美术教育是进行心理健康教育的重要渠道。

美术教育可以疏导情绪。英国心理学家斯宾塞曾经说过：“没有油画、雕塑、音乐、诗歌以及各种自然美所引起的情感，人生的乐趣便失去了一半，这就会给各种疾病的入侵洞开门户。”① 中国具有历史悠久的年画，同样就具有强烈的心理效应。美术作品可以寄托希望、宣泄压力、减轻恐惧等，美术课上随心所欲的画作往往是一个人真实心态的反映。

美术教育可以助人恢复健康，能够激起人的简单想象。也能使心理学家认为各种图案、标志或者某种线条、形状、颜色，均可被视为传达特定联想信息的符号，给人不同的心理感受和影响：三角形稳重，水平线开阔。绘画者充满爱的题材，能够抚平人们心灵的创伤。美国小说家欧·亨利画在墙上

① ［英］斯宾塞：《斯宾塞教育论著选》，胡毅、王承绪译，人民教育出版社 1997 年版，第 204 页。

的绿叶支撑了病中少女的生命。绘画也能成为绘画者宣泄情感的工具。可见美术能对人的心理产生巨大的影响。

（二）绘画治疗的基本理论

人类是先创造图画再创造文字的，幼儿也是先会画图再学会文字，图画相比较于文字可以传递更多的信息。绘画治疗是通过绘画工具，让绘画者在绘画的过程中将潜意识里压抑的感情与冲突呈现出来。同时在绘画的过程中，让绘画者在心灵、情感和思想上获得释放与解压，帮助绘画者宣泄情绪、调整情绪和心态、修复心灵上的创伤、填补内心世界的空白，获得满足感、成就感、自信心，从而达到诊断与治疗的良好效果。绘画的方式打破了语言的限制，从治疗层面看，绘画能使人投射内在潜意识、感受心境，图画的象征性作用能够帮助当事者将感受到的却又无法用语言说出来的情感表达出来。在绘画中，受伤的心灵述说着自己的故事，通过感应减轻痛苦，当受伤者用想象的头脑开始和图画说话时，图画变成另一个“他者”，寻获被压抑在潜意识中的失落的片段，并重新经历它，把包含其中的肉体痛苦或情感丧失事件中的感情全部地宣泄出来。绘画的过程，就是释放受伤者情绪压力和生活中所承受的焦虑的过程，当感到沮丧、孤立、发狂以及异常烦乱时，绘画有助于受伤者了解自我内心世界，进而缓和情绪上的冲突，使灵魂中的本能自我产生医治自己的驱力，帮助受伤者自我认识和自我成长。通过绘画的心理治疗，受伤者逐步克服内心的恐惧，正视问题的存在，抚平被折磨的脆弱心灵，重拾生活的信心，展开新的生命旅程。

绘画具备心理治疗功效，是治疗心理创伤极为有效的手段。绘画治疗就是让绘画者透过绘画的创作过程，利用非语言工具，将混乱的心、不解的感受导入清晰、有趣的状态。可将潜意识内压抑的情感与冲突呈现出来，并且在绘画过程中获得缓解与满足，从而达到诊断与治疗的效果。

一幅图画胜似千言万语，图画是最有效的直达人内心的工具之一，可以通过这个方法打开人的内心世界。经过地震等灾害危机冲击的受创伤者，要治理好灾害危机后的心理疾病，只有勇敢地面对创伤性的情境和情感，才能获得心理治愈的成功①。

---

① 李京龙:《绘画治疗与心理创伤的恢复》,《中国美术教育》2008 年第 4 期。

1. 投射理论和潜意识

“投射”来源于弗洛伊德的心理防御机制，荣格将其解释为在潜意识中将存在于自身的品质、态度归咎于他人身上。潜意识是指人类心理活动中，不能认知或没有认知到的部分，是人们“已经发生但并未达到意识状态的心理活动过程”。投射技术在人格测量领域得到了广泛的应用，如罗夏墨迹测验、主题统觉测验等心理投射测验，绘画测验也是心理投射测验的重要内容。

2. 大脑偏侧化理论

大脑两半球分工不同，左半球负责理性思维，如抽象思维、逻辑分析，右半球负责感性思维，如想象、空间关系、图像音乐的赏析等。右脑既可以欣赏艺术，又控制着人们的情绪，因此，绘画作为一种图像性的艺术形式，可以成为宣泄情绪的一大途径①。通过绘画，治疗者可以了解来访者意识深处的想法，发现潜在问题并通过此方法对来访者进行治疗。

（三）绘画治疗的实施

在学校情境下，绘画治疗既能作为一项单独的技术应用于咨询，也可以作为谈话治疗的一种辅助手段，与传统谈话疗法的理论取向相整合②。绘画治疗既可以用于个体治疗，也可以运用于团体治疗，而且工具简单、易得，实施起来较为灵活。绘画治疗主要是通过分析来访者的绘画作品和绘画过程来进行，可分为无结构绘画和有结构绘画。无结构绘画即自由绘画，让来访者自由地将自己脑海中出现的情境、形象画出来。有结构的绘画规定了绘画的内容，治疗者通过指导语要求来访者根据规定的内容进行绘画，例如，画出你自己、画一棵树等。绘画创作完成后，请来访者对自己的绘画进行讲述，讲述的过程是一种分享，分享本身就有治愈的作用。治疗师在治疗过程中可以对绘画进行解释，引导来访者解读绘画潜在的意义。帮助来访者意识到自己潜意识压抑的感情和冲突，使来访者学会通过绘画的形式进行情绪的释放。

（四）案例分享

工作日志：“房树人”测试课程

课程内容：

① Speery, R.W, “Some efects of disconnecting the cerebral hemispheres”, *American Asociation for the Advancement of Science*, 1982, pp.1223–1226.

② 曾波：《有效发挥绘画在学校心理咨询中的作用》，《中小学心理健康教育》2017 年第 24 期。

今天是给四年级三班上这几周以来的第一节课，心情有点小激动。之前就听说这个班不好教，当我踏进教室的时候，眼前的一切让我惊讶，原来孩子们都忘了有美术课了，看见我进来竟然没有什么反应，在我说出“我今天给你们上美术课”的声音中，孩子们才反应过来，之后的兴奋激动在孩子们身上表现得淋漓尽致。这是第一节课，我还是按照之前给其他班上第一节课的内容让他们以“房、树、人”为主题自由想象地画出自己想画的场景。孩子们很积极地开始动起笔来。在他们画画的过程中我刻意地了解了一下他们班的情况，发现有两位同学说对画画不感兴趣，其中一个叫孙同学，问他原因说是太喜欢美术而不愿画画。还有一个叫母同学，她说她很喜欢美术，但是由于同学们说她画得太慢了，所以导致她不喜欢画。对于第一个同学的回答我很迷惑，之前也遇到过这种情况。母姓同学的问题还算是个心理问题，只要稍作纠正很快就不会有这种情况了。

课程总结：

在这次的美术课上发现了孙同学、母同学这两个孩子的确有与其他同学不一样的地方，下节课我打算在教他们画画之外重点了解这两个孩子生活上的事。这节课总体上讲还是比较成功的，看到孩子们对美术课如此积极，我也感到有些安慰，下节课我准备按照之前的进程给这个班进行美术课辅导。（林波，2010 年 12 月 9 日）

三、舞蹈与武术教育

（一）舞蹈教育与舞蹈治疗

舞蹈教育一般是指在学校针对学生开设的舞蹈课程和学生开展的舞蹈课外活动，属于艺术教育范畴。舞蹈是与音乐、内外身心运动、心理情绪调节紧密结合的有益艺术活动之一。而舞蹈治疗则是利用舞蹈动作这一艺术形式，在舞蹈心理治疗师的引导和带动下，对参与者进行心理宣泄和情绪表达的一种表达性艺术治疗方式。舞蹈教育重在教育活动，尽管也有心理治疗的作用，但它却不是专门的心理治疗，主持者也不一定是心理治疗师；而舞动治疗则是一项心理治疗活动，主持者必须是拥有舞动心理治疗专业资格的舞动治疗师，两者既有区别又有联系。

有研究指出，随心所欲的手舞足蹈不但可以宣泄情绪，而且还能治疗精神疾患。在中国台湾，“舞蹈治疗”已经蔚然成风。近年来，中国台湾患忧郁症和自杀的人越来越多，为了救治不堪身心压力的人群，很多医院开设了舞蹈治疗这个项目。这种对舒缓精神压力、治疗心理疾患颇有疗效的治疗方法，还走进了大学课堂，如作为在台湾地区推广舞蹈治疗的先驱者之一——李宗芹已经开设了20余年的选修课《身体表达与文化》，每次开课都有很多学生报名。她在课上传授“身体表达”的理念与方法，使学生们在舞动中学会达到心身合一的健康状态。

事实上，舞蹈治疗并不需要舞蹈基础，更不是通过严苛的舞蹈训练成为“舞林高手”，只是借由放松状态下自然的肢体语言发现心理压力的真正来源并寻求解决之道。在舞动治疗的疗程中，会让求助者组成团队，在音乐声中集体放松、随兴而动，团队成员在身体的互动中建立联系、取消心防，自然而然地找到心理症结所在。

有的心理压力是不恰当的身体表达带来的。如果让受援者撕扯报纸，精神紧张的人会撕得很猛烈，心理援助师会引导他们慢慢地、轻轻地撕，受援助者惊讶地发现，原来狂躁与平静相比是那么不舒服，以后就会注意纠正自己的行为方式。

所以表达性心理治疗在融化坚冰，建立良好的咨询关系，平复和疗愈情绪，让心理治疗往纵深发展等方面发挥着显而易见的作用，尤其是对言语能力表达稍弱的中小学儿童少年来说，在音乐舞蹈的律动中打开心扉，得到心灵滋养，应是学校危机心理援助的重要形式之一。

中华民族是喜欢运动的民族，发明了太极拳、气功等运动方式，是音乐与运动的有机结合，对身心的体悟程度很深。青少年更是最爱运动和音乐艺术的群体，如果能把喜爱运动的文化传统与时代需求结合起来，让人们用更自由的方式表达身体语言，就能对人的精神健康发挥作用。

综上，我们对舞蹈治疗下一个比较贴切的定义，即舞蹈治疗，又称舞蹈动作治疗或舞动治疗，是利用舞蹈或即兴动作的方式，通过身体和心理之间的交互影响，治疗情感、认知以及身体方面的障碍，以及增强个人意识、改善人们的心智的过程。艺术本身对人的精神有一定的安慰、熏陶和疗愈作用，舞蹈心理治疗将舞蹈与人的心理活动结合起来，通过身体来传达信息。舞蹈治疗的概念是以舞蹈动作的过程作为媒介的艺术心理治疗，其功能在于增进个体的情感、认知、身体以及人际关系等层面的整合和健康。舞蹈治疗的基本理念是身体舞动反映心理状态，透过对身体的察觉以及一些即兴的探索，激发潜意识被压抑的心理状态，达到宣泄的治疗效果。

地震以及其他危机突发事件发生后，少年儿童内心深处的害怕、气馁、疑惑、恐惧、挫折、愤怒、爱等情感常会透过肢体动作的方式有意无意地表现出来。因此通过身体舞蹈动作去观察了解他们的心理困扰，进一步利用舞蹈治疗的模式和方法技术，来引导危机后儿童情绪和行为回到正常健康的轨道，能够再度重造他们的身心健康。

归纳起来，舞蹈治疗的意义如下：增强自我意识、自尊心和自制力，感受思想、感情和行为之间的联系；学会适应性应对技巧、疏导高涨的情绪和调整心理；增进人际交往、观察自我对他人的影响，通过外部观察自我的内心世界、推动身体和情绪及认知方面的转换，发展一种可信任的关系；帮助儿童处理对学习不利的情感、提高社交技巧等。

舞蹈治疗有两个基本的理念，一是身体与心理有交互影响，人格特点可以通过身体动作反映出来；二是以身体动作为“媒介”，通过即兴创造性的舞动，投射出不同的心理状态，可以进行心理分析与治疗。有学者研究了舞蹈治疗在危机干预中的应用，认为在危机灾害后心理团体干预中的舞蹈治疗可以分为支持性舞动治疗、内省的舞动治疗和心理分析的舞动治疗①。通过舞蹈治疗可以帮助个体增强自我意识、自尊心和自制力，学会放松技巧、疏导情绪，增进人际交往。

危机后的舞蹈治疗需要经过评估、制订计划、实施计划三个阶段，通过对相关个体或团体的评估，确定舞蹈治疗的模式并制订计划，进行舞蹈治疗的实施过程如下：首先，观察个体的身体动作，通过对个体动作的观察，记录移动的部分、移动的位置、移动的方式及移动的对象。其次，根据观察和记录的动作情况，发现或触动个体潜在的、内在的情感，进行介入和转化。最后，对治疗对象进行阶段性的评估，将潜意识的非语言沟通转化到语言和

---

① 齐光辉：《舞蹈治疗原理及其在危机干预中的应用》，《艺术评论》2008 年第 7 期。

非语言的意识层面，使身心得到整合[①]。

（二）武术教育与武术治疗

武术是中华民族的优秀瑰宝，已经深入人心。武术的理念、文化和技能体现了武术的精髓，对这些知识和技能进行教授的过程就是武术教育。在中小学加强武术教育和武术训练，对于传承武术瑰宝和武德净化、强身健体、调整身心、锻炼意志、培养健康人格和民族精神尤其迫切而重要。尤其是当青少年面临危机灾难时，坚强的身心、顽强的意志、临危不惧的精神、舍身救人的优良品行尤其能够发挥危急时刻的心灵调节作用。

而武术治疗，则是把武术活动作为心理治疗的一种形式，即武术心理治疗是在心理治疗的基础上，结合中国武术的治疗价值，将其应用到实践中。武术心理治疗是一个系统的干预过程，在这个过程中，治疗师利用武术体验的各种形式，以及良好的治疗关系来帮助被治疗者达到健康的目的[②]。它强调武术心理治疗是一个科学的系统治疗过程，过程中包括不同方法和流派理论的应用；运用与武术有关的活动形式作为手段，如打拳、发力、套路、拳舞等各种活动；包括武术、经过专门训练的武术治疗师和被治疗者这三个要素。与舞蹈治疗同样，武术心理治疗也可以说是一种舞动治疗，可以用于个体心理辅导，也可以用于团体心理辅导。武术心理治疗在学校中的应用可以通过个人练习和集体练习方式进行，方式多样，易于开展。通过参与当中可以帮助学生提高自信心，锻炼自我，学会坚持、合作，在强身健体的同时，培养学生吃苦耐劳的精神和坚韧的品质。

（三）案例分享

1. 陈家坝小学成立舞蹈队

2010 年 3 月 24 日，陈家坝小学的舞蹈队成立了！

经过认真的选拔，青岛啤酒“重塑激情 成就梦想”心理援助志愿者、音乐老师隋老师从三年级挑出了 23 名学生，准备在陈家坝小学成立舞蹈队。

下午 6 点半，在班主任的带领下，这 23 位小女生无比兴奋地来到了操场上，隋老师热情地鼓励了这些孩子，并宣布陈家坝小学舞蹈队成立了！

---

① 庞佳：《震后情绪与行为障碍儿童的舞蹈治疗》，《现代特殊教育》2008 年第 9 期。

② 马建国：《武术心理治疗思想初探》，《中小学心理健康教育》2009 年第 20 期。

根据学生的条件，隋晓燕老师决定首先对她们进行基本的舞蹈功的训练，并打算为“六一”儿童节编排一套舞蹈节目。孩子们和老师都非常高兴！

看到孩子们那一张张可爱的笑脸和认真的表情，我们都被感动了！

如果能有一套自己的演出服，那该多棒呀！

舞蹈队成立后不久，在青岛啤酒股份有限公司和青岛市红十字会的支持下，心理援助项目组为孩子们购买了舞蹈服和舞鞋，我们的小舞蹈队员们穿着崭新的舞蹈服装，真像一只只美丽的白天鹅！

从2009年开始，每年的“六一”儿童节，心理援助项目都会派出领导或员工到北川与孩子们一起过节，并辅导孩子们“六一”儿童节的文艺演出。

（尚文，2010年3月24日）

2. 工作日志

今天是到达北川的第十天，天气不错。今天早上学校为了安排学生练习武术，特意提前了20分钟起床，所以我也提前起床了，来到操场上，高长青老师正在集合队伍，四、五、六三个年级的学生陆陆续续地来到操场上，高老师在练习前先教了武术中的敬礼，左手成掌、右手握拳，练习之前先敬礼，这是礼数。之后高老师带着孩子们一起复习了昨天学习的部分，又教了新部分，我们也在队伍旁边跟着学习。也许他们的一招一式并不是很到位，但他们那股认真劲儿确是实实在在表露无遗的，随着高老师的哨子声，他们一招一招地练习着，那种气势真的令人很震撼。（宋甜甜，2012年4月18日）

四、科技教育与心理引导

（一）科技与科技教育

人们许多心理问题往往是与愚昧和无知联系在一起的，科学是破除迷信、谎言和无知的必经之路，进行科技教学，重视科学，是推动中小学危机干预的重要途径。科学教育水平的高低远一点说关系到国家和民族的未来，近一点就直接关系到日常社会的和谐稳定与灾害等突发危机后重建工作的顺利开展。教育承担着培养人、全面提高人的素质的任务。因此，如何提高灾害危机后学生的科学教育水平是我们教育工作者的一项重要任务，也是基础教育的一个基本目标。科学知识是人们对自然、社会的认识结晶，它由许多基本概念、基本原理、基本规律组成，是人类世世代代积累和传递下来的宝贵遗产。知识在科学教育中起着基础作用，没有科学知识就根本不可能有科学能力。科学能力是科学教育的核心，它包括观察、实验、思维、创新等因素。情感、态度和价值观的形成有利于培养科学意识和社会责任感，对学生的终身发展及社会的可持续性发展具有重要的意义。

学校在经历危机突发事件或情境后，学生不仅受到严重的身心伤害，学习的进程也受到了影响。随着正常学习生活的逐渐恢复，学校应根据学生自身发育特点和心理状况，制定适合灾害危机后中小学的系列心理健康教育内容，并引导学生进行科学的成长和发展规划。针对灾后中小学的科学教育可以进行灾害防治的科普、卫生医疗知识和心理健康知识的普及教育和对灾害等危机突发事件的变化规律的认知，这些都是中小学科技教育的重要内容。要组织相关科技活动和文化活动，让学生能够参与其中，在实践中促进危机后中小学学生的身心健康发展。

对于我国学校来说，学校可以在日常的教学、活动中加强对学生的危机、灾害和突发事件的科学教育，同时对学生的心理健康状况加以关注。不仅要注重学生的学习和综合运用知识解决问题的能力，更要重视学生的心理健康水平。加强系统的安全教育有利于学生了解危机发生的原因，并能正确看待危机，增强危机意识，掌握应对危机的正确方式。能够帮助学生树立良好的心态，在面对危机时能够冷静地找到合适的应对方法。学校要充分发挥课堂的作用，安全教育的实施要贯穿各个年级和各个学科，以及学生的课外生活。首先，学校应建立系统的安全教育，包括基本知识、技能和情感态度三方面。在知识方面，向学生普及常见危机的类型、危机产生的机制、危机后生理和心理的反应，设置自然灾害教育、防火安全教育、应急教育等多种内容的课程。针对不同的年龄可以采取不同的方式进行，例如，高年级多采用课程的形式进行，让同学们讨论、参与；低年级甚至幼儿园可以采用游戏、参观、观看的方式。在技能方面，介绍相关的自救方式并定期进行演习，让学生真正的掌握、运用所学到的技能。在情感态度方面，对学生进行生命教育和心理健康教育，引导学生正视死亡，意识到生命的可贵，珍惜生命、热爱生活，勇敢地面对生活中的挫折，有积极的人生态度。通过系统地教授相关情绪、人际关系的心理健康课程，培养学生的适应能力、抗挫折能力，提高学生心理素质，促进学生的身心朝着积极的方向发展。

（二）科技教育的内容

科技教育的内容可根据灾害和危机的种类以及援助对象的实际情况，有针对性地设计适合各类学生特点的科学教育内容和教育形式。大体包括以下几方面的内容：①危机本身的权威知识和解读；②地震等自然灾害，病毒、细菌等发生侵害的原理、机制及其变化规律等；③面对灾害灾难的心理防护的办法和途径等。以“5·12”汶川地震时青岛心理项目组援助北川学校为例。项目组邀请了北京建筑工程学院理学院杨宏博士在北川青啤曲山镇小学和陈家坝小学主持实验课程。杨宏老师专业的讲解、生动有趣的示范以及学生亲自动手做实验，不但开拓了学生的视野，提高了学生学科学、爱科学的兴趣，还在实验当中，消除了学生对于地震的恐惧心理，使他们能够从科学的角度来了解地震，了解建筑结构，同时学习了避害的方法。

汶川地震发生之后，全国上下给予灾区极大的关注，各地纷纷伸出援助之手，大量物质援助在灾后重建工作中发挥了很大的作用。除了物质援助以外，心灵家园的建设已日益引起社会各界的重视，尤其对灾区孩子们的心理干预更是引起教育界的高度关注。长期、持续、系统的心理干预项目很快地引入了灾后重建工作中。然而，灾后援助应该不仅仅局限于补给物资和平抚心灵上的创伤，同时还应该给予他们重建生活的希望和能力。而科学教育则可以在这些方面发挥重要作用。

灾害危机后科学教育有其自身的特点，不能与普通的科学教育完全等同。教育的目的和内容应该侧重于怎样科学地认识灾难危机、科学地应对灾难危机、科学地改造自然和社会。目前国内针对这些方面的研究和项目相对较少。本书借鉴日本、法国等发达国家的最新研究成果，得到了一些可以推广的理论和经验。

以汶川地震后青岛心理援助的科学教育项目为例，该项目主要针对6—14周岁儿童及青少年开展科普教育和科学实验探究活动，以科学教育为入手点，关注少年儿童心灵重建和能力培养这样的远景目标。

整个项目分为三个阶段：项目前期、项目中期和项目后期。

（1）项目前期：主要包括认识灾难、寻找希望、展望未来三个主题。

认识灾难：以传授知识为主，配合科学小实验帮助大家了解灾难的形成、危害及防御方法。

寻找希望：通过科学小实验展示美好生活。

展望未来：设计探究性实验项目，把高科技元素呈现于面前。

例：地震科学主题实验——地震与波、提前预警、抗震结构。

（2）项目中期：开展科学主题夏令营活动。

按主题分别设计光学、磁学、电学、机械 4 个夏令营。通过邀请相关领域专家参与等方式，和学生一同探索科学。

例：科学主题夏令营活动。

杨宏博士给大家开展了一次以地震科学为主题的科学实验活动。

在本次活动中，杨老师组织同学探究了地震的本质、地震的预测中所包含的科学原理。通过马达和橡皮构成的偏心震动轮来观察波的样子；再用一根细铜丝做成的地震预警仪来探测地震波中走得比较快的 P 波。在讨论什么结构最抗震时，同学开动脑筋，来了场激烈的头脑风暴比赛。杨老师还和同学们就地取材，利用离心力的科学原理，制作了一台神奇的棉花糖机，制造出可口的棉花糖，一起品尝这份甜蜜美好。

通过本次活动，同学们认识到科学的神奇，体验了生动有趣的科学探究活动，树立起学好科学，利用科学建设美好明天的信心。使同学们认识到科学不仅可以帮助我们认识灾难、预测灾难、面对灾难，借助科学的力量我们还可以开创更美好的生活

3. 项目后期：开展大型家园重建主题科技竞赛。

通过前期的科学教育，在学校激发起学生的科学兴趣，学生纷纷成立各种兴趣小组和科学小组，开展了丰富多彩的科学、科研和科技活动。心理援助工作站联合学校一起，举办了科技活动周，开展了大型家园重建主题科技竞赛，在学校掀起了科学活动的热潮。这些科技教育活动，不仅激发了学生们的科技兴趣和热情，还让同学们掌握了灾害危机的发生发展和变化规律，做到了科学认识危机、正确应对危机，认识到心理健康的重要性，同时激发了立志学习、勇于探索的精神，有助于师生共同学习和探求真理，携手尽快走出危机灾害造成的心理阴影，勇敢地面对新的生活。（见图 3–1）

图 3-1 科学教育示例

（三）心理健康教育与心理引导

灾害危机发生后，中小学的心理教育应有计划、有针对性地展开。要在科技教育的基础上，引导学生正确地认识灾后出现的身心反应，开展形式多样的心理健康教育。从不同学校的实际和不同年龄阶段学生的身心发展特点出发，做到循序渐进，分别设置分阶段的具体教育内容。

以小学心理健康教育为例。

小学低年级的心理健康教育主要包括：帮助学生认识班级、学校、日常学习生活环境和基本规则；初步感受学习知识的乐趣，重点是学习习惯的培养与训练；培养学生礼貌友好的交往品质，乐于与老师、同学交往，在谦让、友善的交往中感受友情；使学生有安全感和归属感，初步学会自我控制；帮助学生适应新环境、新集体和新的学习生活，树立起纪律意识、时间意识和规则意识。

小学中年级的课程内容主要包括：帮助学生了解自我，认识自我；初步培养学生的学习能力，激发学习兴趣和探究精神，树立自信，乐于学习；树立集体意识，善于与同学、老师交往，培养自主参与各种活动的能力，以及开朗、合群、自立的健康人格；引导学生在学习生活中感受解决困难的快乐，学会体验情绪并表达自己的情绪；帮助学生建立正确的角色意识，培养学生对不同社会角色的适应；增强时间管理意识，帮助学生正确处理学习与兴趣、娱乐之间的矛盾。

小学高年级的心理健康教育主要包括：帮助学生正确地认识自己的优缺

点和兴趣爱好，在各种各样的活动中悦纳自己；着力培养学生的学习兴趣和学习能力，端正学习动机，调整学习心态，正确对待成绩，体验学习成功的乐趣；开展初步的青春期教育，引导学生进行恰当的异性交往，建立和维持良好的异性同伴关系，扩大人际交往的范围；帮助学生克服学习困难，正确地面对厌学等负面情绪，学会恰当地、正确地体验情绪和表达情绪；积极促进学生的亲社会行为，逐步认识自己与社会、国家和世界的关系；培养学生分析问题和解决问题的能力，为初中阶段学习生活做好准备。

五、游戏与游戏治疗

（一）游戏和游戏治疗的定义

游戏是儿童的天性。弗洛伊德认为，游戏是被压抑欲望的一种替代行为。皮亚杰认为，游戏是儿童学习新事物的方式，是将儿童的思维和行动结合起来的方式，它对儿童的认知发展和心理建构有重要意义。皮亚杰还提出了三种类型的游戏，即练习性游戏、象征性游戏和有规则的游戏，它们分别对应了儿童发展的感知运动阶段、前运算阶段和具体运算阶段。

儿童游戏是作为儿童获得和表达社会交往能力的情境，可以帮助儿童摆脱自我中心倾向，很好地理解他人的想法和情感，是解决冲突、合作及其他社会能力发展的基础。儿童在游戏中学习，在游戏中成长。通过各种游戏活动，儿童不但练习各种基本动作，使运动器官得到很好的发展，认知和社会交往能力也能够更快、更好地发展起来。游戏还帮助儿童学会表达和控制情绪，学会处理焦虑和内心冲突，这对培养良好的个性品质同样有着重要的作用。

游戏治疗源于精神分析，先后经历了精神分析游戏治疗、结构主义游戏治疗和人本主义游戏治疗三个阶段。游戏治疗是治疗师通过游戏对儿童心理行为障碍进行矫正的一种治疗方法，它认为儿童以游戏为媒介可以将内在的焦虑外显化，通过与治疗师的互动，可以认识自我的行为和情绪，促进个体能力和心理发展。

（二）游戏治疗的基本理论

19 世纪发展出了许多有影响的儿童游戏理论。霍尔提出了“复演说”，他认为儿童的游戏是在重复着人类远古时代祖先们的生活，不同年龄的儿童以不同的形式重复着人类祖先的本能特征。这在很大程度上受到了达尔文“进化论”思想的影响。他认为儿童通过游戏引起快感的大小，往往和遗传的时代远近及力量强弱成正比，我们对某一种游戏感兴趣是因为它能接触、复活人类深切的、根本的情绪。席勒—斯宾塞则把游戏看作儿童借以发泄体内过剩精力的一种方式，以使身心达到平衡。彪勒则强调是儿童通过游戏获得机体的满足。格罗斯认为儿童的游戏是对未来生活的一种本能的准备，即“预演说”。博伊千介克则正好与格罗斯相反，认为游戏则是由获得自由、发展个体主动性、适应环境三种欲望所引发的。拉扎鲁斯—帕特瑞克认为儿童游戏是源于机体的放松需要。

精神分析的游戏治疗以人格理论为基础，从本我、自我和超我中寻找心理不适的原因。最早的案例是弗洛伊德在 1909 年进行的一例儿童心理分析“小汉斯和大坏蛋”，但在当时，弗洛伊德没有明确地提出游戏疗法，精神分析的游戏治疗师只是将游戏当作对儿童进行心理分析的媒介。

结构主义的游戏治疗源于精神分析，同时受到了结构主义的影响，它不强调对潜意识的分析，而强调治疗师的作用。它认为驱力是影响人心理的原因，让驱力下降可以解决相关的心理问题。因此，结构主义通过设计游戏活动，并让儿童参与设计的游戏活动，进行能量的发泄。

人本主义的游戏治疗以罗杰斯的人性观为基础，认为个体是完整的有机体，在自我实现倾向的驱使下成长与发展。人本主义强调以人为中心，对来访者进行无条件的积极关注。因此，游戏治疗的重点在于以儿童为中心，为儿童创造一个良好的治疗环境。人本主义发展了游戏治疗的非指导性疗法，即个体有能力争取自我成长，并在这个过程中指导自身的行为[①]。

现代游戏理论不仅仅解释游戏为什么而存在，而且也尝试定义游戏在儿童发展中的角色，以及在某些情况下，指出游戏行为的前导条件。

（三）游戏治疗的实施

游戏治疗的对象主要是儿童，实施过程大致分为以下几个阶段。

（1）初期阶段。说明基本原则和治疗师的任务。在进行游戏治疗前，治疗师和儿童应建立良好的关系，治疗师的角色是友善的。在初期阶段，治疗

① 林崇德:《发展心理学》，人民教育出版社 2018 年版，第 215—217 页。

师需要对儿童的相关情况进行了解，观察儿童的游戏行为，与儿童进行沟通、互动，发现可能存在的问题。

（2）中期阶段。当儿童个案对治疗师发展出信任关系后，即进入治疗的中期阶段。儿童可能会出现攻击和宣泄的情形，具体表现在行为上的不听从、负面的态度或抗拒、故意的行为等。

（3）末期阶段。经过宣泄，个体的心理能量逐渐复原，正向的、合作的和自主的态度逐渐出现。游戏的性质也更能接近真实，较能忍受挫折，社会行为开始萌芽。这也意味着治疗的结束，结束的方式有与父母一起出席结束会议、逐渐加长晤谈的时间间隔、拟定未来的联络方式等。

游戏示范课案例

（1）“快乐大磨盘”示范课

今天是自从到北川之后的第四个晴天，之所以数得这样清楚，是因为这里的气候大多湿漉漉、阴冷冷的，鲜见阳光。而今天，晴空万里，几乎不见一丝云彩，四周青山铺满金色的光线，让人全身暖暖的。我跟臧老师一早便收拾好东西，前往曲山镇小学——今天臧老师要给曲山镇小学三年级学生上一节示范课。臧老师精心准备了一套课件叫作“快乐大魔盘”，以游戏互动为方法，简单明了地引出课程的主题：“如何使自己摆脱不快乐的情绪，成为一个快乐的人。”

下午一点半，我们抵达曲山镇小学，见到了即将接手三年级心理辅导课的林老师。略微了解了一下同学们的情况，上课铃便响了。林老师带着我们进了教室，跟同学们做了简单的介绍，大概见到了新鲜面孔的缘故，一双双眼睛齐刷刷看着我们，脸上充满了期待、欢快的表情。

课程正式开始，当臧老师在黑板上用方方正正的字体写下“快乐大魔盘”5个大字的时候，底下已经有同学一字一句跟着念了出来。

臧老师开场先给大家讲了一个《杰克和钉子》的故事，从反面告诉大家不快乐时采取怎样的方式是错误的、不可取的。当她问这个故事有什么含义的时候，同学们整齐的说：“不要跟别人乱发脾气，不然会像钉子洞一样永远消除不掉。”

一群聪明的小家伙！

接着，臧老师又用了几个互动的环节，例如，让同学们在 10 分钟的时间内，跟同桌相互倾诉自己不快乐的事情；按照座次给同学们分发了大魔盘，4 个人为一组，每组在魔盘写上 4 个让自己快乐的方法等环节，根据同学们的表现和总结，概括了 3 种让自己快乐的方法：注意转移法、情感宣泄法、理智控制法。

臧老师用同学们在魔盘上书写的实例来说明这几种方法的效果和常见性，同学们回想着自己刚才写的内容，联系臧老师讲的这三条，一张张小脸上露出了若有所思的表情。

看着课程内容都被同学们消化得差不多了，下课时间也快到了，臧老师拿出一朵提前做好的花，说："现在，我来带同学们体验一下快乐的感觉，击鼓传花你们玩过吗？"

同学们齐刷刷地大声回答："玩过。"

臧老师笑着说："我选一名同学上来击鼓，花停在谁的手里，谁就上来讲一个笑话，要把全班同学逗笑了才行……现在，想做鼓手的请举手。"

霎时间，整个班像竖起了一片小树林，同学们争先恐后的举起小手，嘴里还不停喊着："我，我！"

臧老师选了一个小男孩做鼓手，很快，花就落在了另一个小男孩的手里，他走上来用方言讲了一个笑话，逗得大家哈哈大笑，连跟我坐在一起听课的林老师也露出了笑容。

本来因为时间关系，打算游戏只进行一轮，但看着同学们的踊跃劲儿，臧老师只好又叫了几名同学上来做鼓手，每次有同学上来讲笑话的时候，其他同学都全神贯注地听着，时不时爆发出一阵阵笑声。

终于，下课铃响了，同学们恋恋不舍地停止了游戏，臧老师问："同学们都记住那三种让自己快乐的方法了吗？"

孩子们齐声答："记住了。"

臧老师打开了手提电脑，从音箱中传出欢快的《幸福拍手歌》，在悠扬的歌声中，孩子们开心地挥舞着手脚，为这堂示范课画上了圆满的句号。

感想：三年级孩子通常集中精力的时间只能维持 20 分钟，但臧老师这堂课大约使用了 45 分钟，超过了一堂课原本的 40 分钟，孩子们参与的积极性仍然很高涨，这说明，低年级的孩子最适合接受新知识的方法是互动游戏的方式，积极参与其中得到的新知识，往往更让他们感到有趣、记忆更深。（王雅丽，2010 年 12 月 3 日）

2. 教师与孩子们的游戏

今天从美丽的江油乘着颠簸的汽车回到陈家坝小学，略有些发暗的天气让昔日的山峦蒙上了一层白雾，显出别样的美感。让我不禁想起山间的孩子，他们今天就要归校了，他们返校的路上是否会遇到危险，是否会寸步难行……，想着这些我看向山顶，看着看着我突然明白，我们可爱的四川孩子们，不怕艰难，不怕困难，他们可以的！

回到学校，我觉得应该去楼下跟孩子们聊一下，避免自己总是猜测他们的心理和想法，只有真正跟他们在一起才知道他们想什么。走到孩子群中，我们跟他们聊了一会儿，感觉他们的课外活动太单调了，除了喜欢骑车就是滑板，再没有什么可玩的。听到这些，我多么希望能给他们带来多一点欢乐和笑声。本来以为他们不会马上就跟我聊到一起，可是当我走近他们的时候，片刻的拘谨之后就是跟我打成一片，当我询问他们是否愿意跟我一起下去玩游戏时，他们立马就同意了，而且还叫着其他的同学一起，他们这种互帮互助的精神深深地感染着我。下楼以后他们跟着我一起玩了“老鹰捉小鸡”，就是这么简单的游戏他们都可以玩得很开心，可想他们平时多么渴望可以一起来玩游戏。

该上课了，我不敢耽误他们上课的时间就提前让他们回教室，结果他们舍不得我，又从教室奔到办公室看了我一眼后才回去！孩子们多么渴望老师的一个微笑和与他们的平等相待。之前一直迷茫不知道自己可以为他们做些什么，可是就在那一刻，我明白了我该为他们做些什么了，还有自己能做什么。（于萍，2010 年 3 月 21 日）

（四）沙盘游戏

沙盘游戏治疗是指以精神分析心理学的相关理论为基础的一种治疗方法。通过借助沙、沙盘以及人或物的微缩模型来建立一个与个体内在状态相对应的世界，是一种潜意识表达的积极技术。通过在一个安全的空间进行自由的、创造性的游戏，有助于来访者表达自我，将来访者的部分潜意识展现出来。

沙盘游戏治疗在一系列灾后心理危机干预，特别是在中小学生危机心理援助中发挥了重要作用。它是一种以荣格心理学原理为基础，由多拉·卡尔夫（Dora Kalff）发展创立的心理治疗方法[①]。沙盘游戏在心理援助咨询师营造的“自由和保护的空间”气氛中，受援助者通过在沙盘内用各种沙具摆出心灵的故事，使受援助者或来访者无意识接触并表达超语言的经历和被阻碍的能量。这种接触与表达，能够促进和激活恢复、转化、治愈新生的力量。沙盘在国外已经是一种非常成熟和有效的治疗方法之一，沙盘游戏被广泛用于治疗抑郁症、孤独症、强迫症、边缘性人格障碍、精神分裂症、创伤性应激障碍等心身疾病并取得非常好的效果。

沙盘游戏既可以用于个体辅导，也可以用于团体辅导，其简要流程如下。

1. 放松阶段

引导来访者放松，可以通过指导语、背景音乐引导学生进入自己的内心世界。让来访者身心得到放松，减轻来访者的阻抗，进入情境之中。

2. 介绍沙盘

向来访者介绍沙盘游戏的组成、过程，让来访者运用模具和沙子进行自由的创作。

3. 陪伴和记录

治疗师陪伴来访者进行游戏，在过程中对来访者选取、摆放沙具等动作、顺序进行记录。

4. 确认沙盘

请来访者对沙盘图画进行确认，进行完善和补充。

5. 体验

治疗师开始陪同来访者对沙盘世界进行探索，努力对沙盘世界进行深入的体验和经历，在适当的地方给予共情，以及在必要的情况下给出建议性、隐喻性或提问性的诠释。

6. 命名

请来访者对所做图画划分部分，并对各个部分进行命名，或者对图画取一个名字。

---

① 申荷永、陈侃、高岚：《沙盘游戏治疗的历史与理论》，《心理发展与教育》2005 年第 2 期。

汶川“5·12”特大地震后，许多心理援助项目的老师在中小学对部分学生进行了沙盘游戏治疗，以下是指导与帮助阶段的几个咨询案例。

案例 1

2010 年 11 月 4 日沙盘个案（第一次）

咨询者：王雅丽　来访者：杨婷（化名）

这是一个二年级的小女孩，叫杨婷。

她的班主任陈老师来找我，说拿这个孩子实在没办法了，她说，杨婷的父母在地震中双双遇难，她一直跟外婆一起生活，由于外婆的性格非常好强，常常教育她不能吃亏，导致她现在好胜心和嫉妒心都很强，在班里人缘很不好，但是学习成绩还算不错。让陈老师格外恼火的是，这天中午，杨婷刚刚唆使另一个女孩往同寝室的高年级女生刷牙杯子里撒尿。

我把杨婷从办公室里带出来，她看上去很怕陈老师，眼光怯怯的，不管我说什么，她都要看着陈老师。

我把她带去了沙盘室，看着满柜子的玩具，她的表情慢慢欢快起来。我先是让她用小手在沙子里触摸、感觉，然后告诉她用柜子里的玩具在沙盘中建起一个属于自己的世界。

杨婷选择了一套家居系列，有座椅、镜子、桌子、餐盘等物，通篇摆放无次序，逻辑混乱，机械性强。

最开始摆放时，她将一所小房子摆放在了图 3–2 中的箭头指向处，我问她这是什么，她说，这是屋子，周围的这些家具都是在屋子里面的。

整个构图非常机械、无次序，思维方向变化困难，表明这个孩子在遇到问题时缺乏智力的柔性，行为易冲动，情绪混乱。

沙盘使用的玩具种类较少，品种单一，暴露了她在性格方面有些偏执。

在沙盘初步完成之后，我问过她几个问题，但她只是笑，不说话。最后经过艰难的沟通，她才告知我，这里是她理想中的家，里面有玩具娃娃，漂亮的家具、电视，还有她的爸爸和煮熟的饭菜。

我问她：你在哪里？

图 3-2 案例 1 我的理想世界（一）

她笑，一直摇头。

我又问她：你不在吗？这么漂亮的家，没有邀请小朋友跟你一起玩吗？

她又笑，还是摇头。

我问：爸爸坐在沙发上，那妈妈在哪里？

她想了一下，摇头说：妈妈不在。

我问：是妈妈平时跟你玩，还是爸爸？妈妈严厉，还是爸爸严厉？

她说：妈妈跟我一起玩，爸爸很严厉。

沙盘内容体现出，她潜意识在刻意回避温暖的亲情，这是一种暂时性减少痛苦的方式，极亲密的亲情的丧失带来巨大的伤痛，会让她认为亲密的感情是带来伤痛的主要原因。

但从整体格局来看，她是很开放式的，并不排斥与人交往，但人际关系却相当不佳。

后来经过我提问了几个问题，她又想起来什么似的，跑上柜子拿了几个玩具，补充到沙盘里：添加了代表她自己和母亲的两个人偶，还放上去一只小猫。她说她要跟小猫一起玩。我又提示她为什么不邀请小朋友到她家里来的时候，她笑而不答。

尽管之前陈老师跟我说，杨婷是很争强好胜的孩子，但是在整个沙盘里表现出来的是，这个孩子内心很弱小，她不善于跟比自己力量更强大的人相处，她希望能支配自己的伙伴，同时内心却又充满了空虚感和自卑感。

后来跟陈老师交流时，我着重询问了一下杨婷与其他孩子的交往方式，果然，她是很喜欢跟别人来往的，但是她的处事和表达方式，却很难与其他孩子融合在一起。潜意识里对亲密关系的刻意回避，也使得她很难交到好朋友。

关于这个孩子，我给陈老师的建议是：不要过分关注，适度即可，在需要负激励时，尽量采取冷处理的方式，不要进行激烈责备，并且应加以一段时间的心理辅导，逐渐扭转她的错误认知。

12 月 7 日沙盘个案（第二次）

今天杨婷做的沙盘让我觉得有喜有忧。

忧的是，她做到一半就表示不想再做下去了，却没有告诉我，是因为什么。在我询问是否不想再玩这些玩具的时候，她也没有回答。

这一次在开始时，为了避免之前摆放得呆板和无序，我特别对她重申了指导语："在这里建造一个你所希望的世界，或者是你想要告诉我的故事，好吗？"

她点点头，这次没有等到全部摆放完，而是一边摆放一边跟我讲述。（见图 3–3）

她先拿了两个穿着盛装的女孩，然后拿了一间带有篱笆和水井的房屋，紧接着从架子上拿下两个美少女战士，把她们两个放在房屋前，说：你看，这是她们两个的家。

然后又拿了一座寺庙，将盛装女孩放在寺庙旁边，说：这是她们俩的家，她们两个现在正在说悄悄话。

接着摆了饭桌、椅子、餐具、盘碗，这时候她的情绪还很高涨，摆放碗的时候，还说，我最喜欢喝汤了，不过老师会骂的。

我问：为什么喝汤老师会骂？

她笑，小声说：没什么。

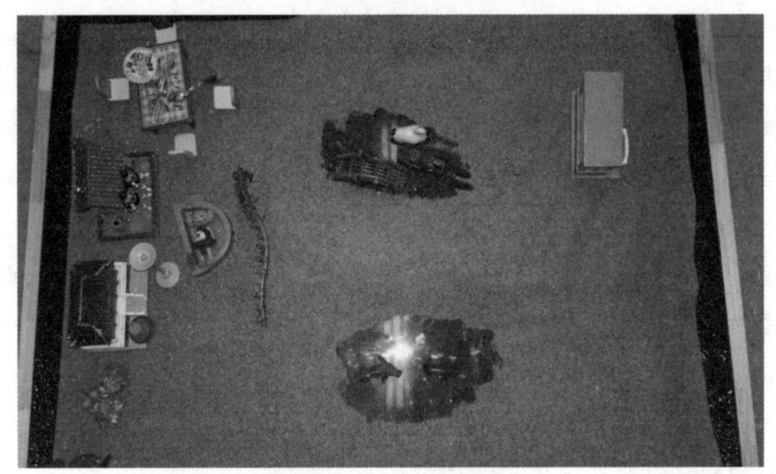

图 3-3　案例 1　我的理想世界（二）

然后她在沙盘中间用手使劲将沙刨到一边，对我说："这是大海，"又在旁边再挖，说："这是湖。"然后在大海里面放上了海豹、海狮，在湖泊里放进去一座桥、渔翁和鸭子。

这是她第一次在沙盘游戏里加入水的元素，并且使用了容量最大的海和湖泊。

但是紧接着，她又拿起了一个篱笆，隔在房屋和湖泊大海中间。

然后拿了一个浴盆放在房子前面，又把一个女孩放进浴盆里，说：我要给她洗澡（能看出她的自我防御意识比较强）。

摆放完了这个之后，她突然抓起一把沙子，撒在湖泊上空，说：下雨了。

接着又撒在海面上，说：这里也下雨了。

我说：你喜欢下雨吗?

她说：喜欢啊，下雨我就可以在家里玩了，平时外婆不许我去跟别人一起玩，让我在家写作业，下雨别人也不能出去玩了。

说着，她突然抬头问我：老师，你知道我爸爸妈妈去哪里了吗?

我说：不知道，你能告诉我吗?

她转身走到沙盘玩具架旁边，背对着我，说：我不想告诉你（轻易不开口的女孩，很强的自我防御）。

我说：没关系，等你想说的时候再跟我说，好吗?

她说：其实，我不是不想告诉你，但是，我不告诉你。我们陈老师都知道的。

我说：老师想听杨婷自己说，不想去问陈老师。

她说：我知道，但是，不想……不对，是不能……也不是，反正不告诉你。

然后突然跑到沙盘旁边说：我不玩这个了。

我说：为什么不想玩了呢？

她又露出熟悉的公式化笑容，摇头不答，又说：老师，我会画沙画，我最喜欢画沙画了，我下次带纸来画沙画给你看吧。

我说：好的。

这是我跟她第一次谈话涉及她的父母，而且是她主动对我提出的，虽然她的态度仍旧犹豫不定，但是，很明显，已经产生了倾诉的愿望，这是很大的突破。但由于她在别人（包括其班主任老师）眼里，都努力扮演着一个很要强很强势、什么都会的角色，所以很难轻易对他人暴露自己的内心。

后记：

在这几次的接触中，她很多次表现出对沙盘架上的玩具和我随身的物品很感兴趣，却从来没有开口要过，甚至我放到她手里，她看过一眼之后，都会匆匆还给我。

我想，这与平时她外婆对她的教育是密切相关的。

我希望，再继续下去她会对我主动倾诉一些事情，而只有当她自己肯直面这些的时候，不良情绪才能慢慢得到缓解。

2010年12月21日沙盘个案（第三次）

上次跟杨婷说好，今天不做沙盘而带她玩沙画，但是去的时候我故意没有带纸张。

到了活动室之后，我说：老师忘记带纸张了，需要回去取一张吗？

她说：没有关系啦，做什么都无所谓。

我说：你不是不想玩沙盘玩具了吗？

她说：就玩这个好了，今天我要摆很多家具。

我点头。

她拿了桌子和椅子，然后在桌子上放上泡面，拿起米饭和刀叉说：阿姨，你是我的客人，我请你到我家来吃饭（有生活化了，不计较老师没信守承诺，请老师做客，说明跟老师的关系很密切了）。

我说：好的，谢谢，你还想请其他客人吗？

她自己小声嘟囔：还请谁呢（打破阻抗和封闭，开始接纳别人）？

考虑了一会儿，她抬头说：谁也不请啦。接着从架子上拿下很多吃的玩具，给我做饭，然后刷碗。

在刷碗的时候，她数次把沙子扬了起来，在我看来，这是她很焦虑的一种表现，所以没有立即阻止，直到她最后一次把沙子扬在地上一些，她马上把东西都放回沙盘里，然后抬头看看我，不知道是对我还是对自己说：没事没事，不玩了，我们把东西收拾起来吧。

我说：好。

她把沙盘上的玩具桌椅收拾起来的时候，她突然喊我：阿姨，我够不到，你帮帮我行吗？

我说：把那个给阿姨，阿姨来放。

她摇头。

我说：那阿姨抱着你放上去吧（沙盘老师的灵动与人性，推动了孩子心灵的流淌和愿望的达成）。

她笑着点点头，有点害羞的样子。

在把沙盘收拾干净之后，她突然又问我：阿姨，你知道我爸爸妈妈去哪儿了吗？

我说：不知道，去哪儿了呢？

她说：我们班同学都知道……（就是不想自己亲口跟老师说出来。她在顾及什么呢，还是……）

那时候她表情有点落寞，这正是她在班里不合群以及表现出攻击性的根本原因。

我说：不知道，我不是你们班同学呀，你能告诉我吗？

她说：我不敢告诉你。

我说：为什么？

她说：我怕我一说就会……她做出哭泣的样子，用手在脸上揉搓了两下。

我说：可是你很想讲给我听，是不是？

她说："嗯！"然后摆了个嘴型，说了两个字，却没声音。

我说：能大声说给阿姨听吗？

她摇头，仍旧摆了口型。

如此反复了七八次，我说：不管是什么事情，希望杨婷能大声说出来。

她跑过来，扒到我耳边，很小声、很小声地说："死了。"说这两个字的时候，孩子脸上还是带着笑容。

说完之后，她突然转身往门边跑过去，说："不玩了，我走了。"（强打笑容）

我问，下周还来跟阿姨玩吗？

她点点头，说：还是下周二吗？

我说：是的。

她说：还要来的。然后就跑回了教室。

后记：

在今天的接触中，她把我当成是唯一的"客人"，请我到她"家"里吃饭，但很遗憾，在同学里，她还是没有其他的朋友。通过这段时间的接触，我知道，她很需要朋友，但是攻击性和防御式的相处方式，使她在班里没有办法交到朋友。在老师心目中，她很要强（刻意压抑出来的刚强），从来不会跟别人诉说关于父母去世的事情，甚至，在与她的老师交流时，也没有将她是孤儿这个事实主动提供给我，但通过这两次咨询，可以看出，这件事是影响她性格和当前表现的重要因素。

她是一个有些自卑，但又很要强的孩子，碰到再喜欢的东西，也从来没有像其他同学一样开口跟我要过。她很难与别人建立起和谐的人际关系。她渴望自己拥有朋友，但过分要强的性格让别的同学不喜欢跟她在一起。她面对群体生活有些焦虑，自我保护意识很强。

给杨婷做个案，只有下周二的最后一次时间了，我考虑会在这两周再进行一两次团体活动，主要从培养团体意识、建立团体成员间的信任感、学会分担和分享、树立面对挫折时的正确态度、树立自信五方面着手，尽可能地让杨婷能够对集体有归属感和安全感。

案例 2

2010 年 11 月 3—4 日沙盘个案

咨询者：王雅丽　来访者：唐立（化名）

11 月 3 日，在吴主任办公室见到了一年级 2 班的班主任田老师，她得知我们是青岛来的心理援助志愿者之后，对我们说，她班里有个孩子需要帮助。在经过简单交流之后，我跟田老师商议的时间是当天晚上带该生采用箱庭疗法（沙盘游戏治疗），具体了解下情况。

具体情况如下：

这名叫作唐立（化名）的男孩是陈家坝小学一年级 2 班的学生，田老师介绍说，在该生小时候，父母关系就不是很好，一直是母亲在新疆打工，父亲在家里照顾他，所以他跟父亲的感情更深一些，后来父母离婚，他就对母亲产生怨恨，在地震当中，父亲去世，更使他加深了对母亲的排斥感，他认为父亲的去世跟父母离婚有直接关系。母亲从新疆回来，他也是变着法地惹母亲生气。田老师还说，他曾经跟班里另一个任课老师说过，整个班里他谁都不喜欢。

当天晚上，田老师把唐立带到了办公室，很可爱的小男孩，有点羞涩，问一句话答一句，讲话声音很小。

我单独带他去了沙盘室，先让他感受了一下沙盘中沙子的触感，然后跟他说，柜子上的玩具，他想拿哪个就拿哪个，在沙盘上组成一个属于自己的世界。

图 3-4 是第一天唐立摆放的沙盘。

图 3-4　案例 2　我的理想世界（一）

在他摆放沙盘的过程中，我一直站在他的左边观看，他每拿两个玩具放进沙盘之后，就会看我一眼，下意识地举起左手在耳边遮挡一下，然后才又跑回去继续取用。

中间有几次，他跑到柜子边后，停下来看看我，我跟他说："如果你想要的画面没有完成，你可以继续拿玩具来摆，直到你自己认为满意为止。"他才又继续开始摆放（拘谨，在意老师的态度）。

整个过程充满了警惕感和拘谨性，我想是因为我跟他还不熟悉的缘故。

从他摆放的第一个"作品"来看，首先，里面所有的动物几乎都是恐龙、老虎、狮子之类的猛禽，这表明他的内心对力量、能力的渴望；一匹小马在猛兽中间孤零零地站着，说明他对目前的生活感到焦虑和不安，当我问到这些猛禽是要吃小马的吗，他说不是，他们是朋友。这很清晰地表现出他更加喜欢与强大的、有力量的人在一起，借以增强心中的安全感。

唐立接着又在右边摆放了山石和建筑、两个石狮子，他认为山石和建筑代表了像陈家坝一样的村庄，而那对石狮子则是佛像，用来保护村庄的安宁与和平。

村庄对面稍远处有两个屋子，代表了新疆，当我问他怎么会摆放新疆的时候，他回答说：因为知道新疆。我问：那你不知道北京、山东吗？他说：不熟悉，就是喜欢新疆。

我问他是不是因为妈妈在新疆，所以才喜欢新疆？他想了几秒钟，点点头。

我又问：是不是很想见妈妈？他迟疑了一下，又点了点头。我说：跟妈妈通电话的时候，会告诉妈妈自己想她吗？他这次没有犹豫，声音小小地说：会说。

从代表陈家坝的假山旁边摆放的车辆可以看出，唐立十分渴望与在新疆的妈妈进行沟通。但在整个沙盘里，没有一个人物的出现，并且从动物到建筑山体的摆放，整个成为两个密闭的圈，意味着现在他在内心中有较强烈的自我封闭感和孤立感，不太喜欢与其他人在一起。

后来跟田老师对这上面的情况进行了沟通，除了唐立曾多次对老师表示跟妈妈感情不好之外，其他情况均吻合。

因距离学校放假的时间已经近了，我在翌日晚上又带他做了第二次沙盘。

这一次尽管唐立还是不怎么说话，但是总体情况比第一次好了许多，在摆放沙盘的时候，他已经几乎可以忽略我的存在，一边拿玩具，一边嘴里很小声地自言自语，已经完全投入了自己的世界。

这次的沙盘比上一次好了许多，有不少的绿色植物，代表他内心的能量有所增强。并且，在其中出现了奥特曼和恐龙（沙盘景物摆放多而乱，显出该生纷繁复杂的内心，需要梳理。而渴望的东西多，透射出现实生活中爱和物质的匮乏。见图 3–5）。

图 3–5　案例 2　我的理想世界（二）

唐立对我说，奥特曼很厉害，一下子就能把怪兽打败。而现在奥特曼守护的地方，刚好是他跟妈妈在江油那边的新家。这表明，尽管他的安全感仍需要借助外界强大的力量来获得，但较之以前，他的信心大为增加。

在这次沙盘里，仍旧有表现他焦虑情绪的沙具，如持枪的军队等，但当中的新家、新疆的水果和房子、开往新疆的火车，都表现出他目前已经开始逐渐正视自己想念妈妈的事实，从前因为见不到而产生的负面情绪，被积极的正面情绪所代替。

尤其是，他在新疆的楼房旁边摆放了太阳和凤凰，当我问他能不能告诉我，他认为凤凰是什么样的动物时，他不假思索地说，代表了幸福和温暖。

这次沙盘结束后，我又一次问他，过段时间妈妈再回陈家坝的时候，他会不会惹妈妈生气。他摇摇头，说不会了，还说，想在新家跟妈妈一起，吃妈妈亲手做的饭。

总结：

地震给灾区人身财产造成了重大损失，许多家长为了生计奔走他乡，而年龄太小就离开父母的孩子，在情感上往往容易变得冷漠和迟钝，有时候会不能分辨自己强烈的感情究竟是爱还是厌恶。而且，案例中唐立在妈妈每年回陈家坝的几天时间里，也不知道该用怎样的态度去对待唐立，或者，他会认为对妈妈冷漠粗暴的态度会使妈妈增加对他的关注。对于这样敏感又聪明的孩子，我想用沙盘游戏的方法改变其思维图式，让他知道怎样用正确的方式来表达感情。那么很多问题都会迎刃而解。

案例 3

2010 年 12 月 23 日沙盘个案

咨询者：王雅丽　来访者：王瑶瑶（化名）

这是第二次给王瑶瑶做沙盘，之前我特别征得她的班主任陈老师的同意，在每周二晚自习的时候给王瑶瑶做单独辅导。

晚上，我提前 10 分钟去教室门口喊她，开始她没看到我，脸上的表情有些烦躁和不愉快，后来，听到我的喊声，便抬身朝后门走去，等走到我面前，脸上已经挂满了笑容。

我带她走到团体活动室时，问她："你喜欢玩这些玩具吗？"她点点头，脸上带着腼腆的笑，说喜欢。

因为有了上一次做沙盘的经验，这次没等我做提示，她已经自己跑到沙盘柜子前去挑选她喜爱的玩具。

这次，王瑶瑶比之前格外活泼一点，仿佛对陌生人的防御感已经减退不少，她每拿起一个玩具来都会自言自语，但声音又刚好大到可以让我听清楚她在讲什么。

同上次一样，她每将一个玩具放进沙盘后就会抬头看一眼我的反应，想从我脸上发现我对她的行为是否赞同，充满了不自信以及对成年人过度的讨好和依赖。

但这次，她首先拿了两个正在玩跷跷板的小孩，然后拿了一对正在说悄悄话的男孩、女孩水平放在左边，将飞机场和火车站放在沙盘正后方，然后又拿了白雪公主和七个小矮人放在飞机场左边，在汽车站前方放了骑着白龙马的唐僧，拿起一个小天使放在沙盘正中央，又把几个或者帽子上或者肩膀上落着小鸟的娃娃放在小天使左右两边，在娃娃的左边放上篮球和猴子、兔子，又在后方的唐僧左右两边放上马、长颈鹿、蝴蝶、孙悟空，在跷跷板小孩的旁边放上米老鼠和一只手掌。最后在正前方放上一段篱笆。

沙盘摆放完毕，我让她自己讲一下这个虚幻缩小的世界，她仍然如同之前那样，笑而不答。于是，我指着玩具一个个问她。她说，放火车站、飞机场、蝴蝶、米老鼠、手掌，只是因为喜欢，放上去白雪公主是因为自己听说过这个童话，而且觉得白雪公主很漂亮。而在其他的人物中，孙悟空和唐僧是好朋友，马儿和长颈鹿是好朋友，小白兔和猴子是好朋友，小天使和小娃娃是好朋友，两个戴帽子的小娃娃是好朋友。

我问她：小兔子、小猴子跟长颈鹿是好朋友吗?

她回答：不能。

我问她：小天使跟戴帽子的小朋友是好朋友吗?

她想了想，摇头。

我问她：它们在一起玩什么呢?

她答：在一起玩球。

我问她：你喜欢玩球吗?

她笑了，说：喜欢，还喜欢玩跷跷板。

我问她：前面的篱笆是做什么用的?

她笑，不答。

我问她：是为了不让里面的人出来，还是不想让外面的人进来?

她说：为了不让外面的人进去。

其他再问很多问题，她都不怎么回答了。

从这次沙盘中可以看出来，她表现出对友谊的渴望，但是，却很排斥团体活动，在两个人相处时，她可以很好地表达并表现自己，但当有第三个人出现，她很快就会安静下来，很不喜欢引人注目。这是内心不自信甚至自卑的表现。一方面她渴望得到人的关注，另一方面又怕同时引起太多人的关注，会有人看出她的弱点和缺点。

但在第一次的沙盘中，她表现得比较开放，第二次却有了封闭性，不允许别人走进她的世界，只有她喜欢的人或物才能在这个世界中和谐存在，这也可以解释为什么在与人交流的过程中，她经常对别人的提问报以微笑，却不正面回答。

鉴于这个孩子团体融入感和自信心较差，从下次开始，我打算带她将团体辅导和沙盘一起进行。

六、叙事与叙事治疗

（一）叙事和叙事治疗的定义

叙事，即对于故事的描述。在文学写作中，叙事指以散文或诗的形式叙述一个真实的或虚构的事件，或者叙述一连串这样的事件。按照一定的次序讲述事件，即把相关事件在话语之中组织成一个前后连贯的事件系列。

叙事治疗（Narrative Therapy）作为一种通过尊重及合作的方式进行个体咨询或集体治疗的方法，可以应用于年龄稍大的儿童当中[①]。它使咨询师与来访者双方专注于来访者生活中的故事叙述，并且认为来访者的心理问题是在整个社会、文化及政治环境中引起的，来访者在叙述的过程中给自己的故事赋予意义。叙述疗法的一个重要意义就是使人们思考人类生活的本质。具体来说，叙述治疗涉及“拆析或解构”（Deconstruction）和“意义建构”（Meaning Making）的过程，并且通过咨询师和来访者的合作来完成。一般情况下，人们对世界持有一种基本的假设和预期，即认为世界是善的、可预期的、充满意义的，自我是有意义的，这些假设与信念让人们有一种安全感和稳固感，并逐步使人们感到生活是连贯性的。重大创伤事件会对这种基本信念产生巨大冲击甚至颠覆，削弱了人们的可控感、自我的价值感。因此，对事件形成解释、探寻出意义就成了从创伤中复原的一项基本要求。在国外，叙述工作已经在家庭、社区、学校和高等教育机构得到了应用。

在叙事治疗中，咨询师通过倾听来访者叙述自己的生命故事，运用适当的方法，帮助当事人重新认识故事中的问题，引导来访者重新建构故事，从

① Wallis J, Burns J, Capdevila R., “What is narrative therapy and what is it not?: The usefulness of Q methodology to explore accounts of White and Epston’s (1990) approach to narrative therapy”, *Clin Psychol Psychother*, 2011,18(6), pp., 486–497.

而协助来访者发生积极的改变。叙事心理治疗认为，心理问题产生的原因是个体的叙事与社会的主流叙事之间的冲突和矛盾，通过叙述自己的故事，使个体意识到自己的“问题”来源于主流叙事的消极内化，引导个体进行积极的认知，对生命产生新的体悟，重构富有积极的内在力量的故事。

（二）叙事治疗的基本理念

叙事治疗的基本思想是咨询者运用适当的方法，帮助当事人找出遗漏片段，以唤起当事人改变内在力量的过程。而叙事治疗重视这样一种积极的治疗方法，它让当事人重新看到自己的力量，并创造机会让当事人体验成功，在消极的自我认同中，寻找隐藏在其中的积极的自我认同。

1. 语言构建了现实

叙事治疗认为，语言不能代表全部的客观事实，语言构建了现实，而不是对现实的客观描述。语言作为一种符号，可以帮助人们进行沟通、交流。在心理治疗中，治疗师也大多根据来访者的语言描述进行分析。但是，语言在表达的过程中，因为个体主观的选择性和倾向性等因素，治疗师不能真实地了解客观现实，而是了解来访者建构的现实。在构建的现实中，存在着来访者自身想要得到解决的问题，这些问题也是由语言构建的。因此，这些问题是可以通过语言进行解决、消除的。叙事治疗通过语言的运用，对来访者进行积极的引导，帮助来访者重新构建生活。

2. “问题”是一种叙事

叙事治疗认为“问题”是人在特定历史文化条件下，在人际互动中共同建构起来的一种叙事，并非一种存在于个体自身上的客观存在。在不同的时代、不同的治疗流派中对心理问题的不同定义，都是一种叙事，而不是客观存在。这种将“问题”归为叙事而非来访者自身客观存在的做法，在一定程度上也可以提高个体的积极性。治疗过程更关注来访者叙事，通过改变叙事来改变生活态度。

3. 社会的主流叙事与个体叙事之间存在的冲突或矛盾是心理问题产生的原因

叙事治疗认为心理问题产生的原因是个人叙事和主流叙事的关系存在问题。个体以社会主流所“规范”的叙事来解读自己的生活故事，忽视了个人的内在力量。而叙事治疗的目的是通过解构旧故事，了解每个人对社会主流的文化观念会有不同理解，帮助个体重构一个有个人内在力量的新故事，使新故事取代旧故事。

4. 治疗师与来访者的关系是平等的，是互为主体的

叙事心理治疗认为，来访者是可以像专家一样解决自己的问题的。在此过程中，不是以治疗师为主体，来访者为客体，而是互为主体。来访者可以自己提问，自己回答。治疗师和来访者的关系是平等的，两者通过分享和互动来推动治疗过程的进行。也由于来访者的生活故事是自己建构的，来访者个人是最了解自己的人，重构的过程需要来访者自己进行。

（三）叙事治疗的实施

叙事治疗作为一种通过尊重及合作的方式进行个体咨询或集体治疗的方法，可以应用于年龄稍大的儿童当中。它使咨询师和来访者双方专注于来访者生活中的故事叙述，并且认为来访者的心理问题是在整个社会、文化及政治环境中引起的，来访者在叙述的过程中给自己的故事赋予意义。

从叙事治疗师的角度来说，叙事治疗一般按以下的程序展开。

1. 问题外化

问题外化是叙事治疗的基础治疗技术之一，它认为问题本身和人与问题的关系才是需要解决的，而人本身是不存在问题的。来访者常常将问题内化，认为自己本身有问题。外化是通过将问题和人分开，使问题成为一个单独的存在，即问题是问题，人是人。问题外化的过程就是帮助来访者把问题和个体本身分开。治疗师运用技巧性的对话，帮助来访者划分问题和个体本身，使来访者从一个新的角度描述自己的故事。例如，对于一名有抑郁障碍的青少年来说，治疗师可以通过给抑郁命名，进行问题的外化。这可以帮助个体更好地认识抑郁，将抑郁和个体本身分开。接着，协助来访者更深地了解抑郁是如何形成的，抑郁对个人造成的影响，从而找到应对抑郁的方法。

2. 探索“独特的结果”

经过问题外化后，来访者将问题与自身分离开。在原来的故事中，存在一些“独特的结果”，通过对这些“独特结果”的认识和反思，可以促进个体进行积极的自我认识。“独特的结果”也被称为“闪亮的事件”，这些事件可能是不符合社会主流叙事的，但通过这些事件可以让来访者发现积极的自我，从而重构更有内在力量的故事。“独特的结果”被发现得越多，就能越多地看

到身上潜藏的积极品质和所拥有的力量，有助于来访者由消极的自我评价转向积极的自我认同[①]。例如，在叙述人与问题相互影响的过程中，出现“独特的结果”，治疗师可以提问：“在什么时候，问题没有控制你？”“当时你做了什么？”

3. 丰厚新故事

找到“独特的结果”并不是叙事治疗的目标，治疗师要协助来访者通过“独特的结果”构建新的故事。这个新故事更丰富，是在旧故事的基础上重新建构，同时用更多的细节来丰厚新故事。在这个过程中，来访者逐渐由建构新故事向建构个人成长的力量转化，来访者会感受到自己内在的积极力量。在这一阶段，治疗师要注意小心地对待这些积极的体验，就像原始社会的钻木取火，先用火石或木钻费好大的力气钻出一点点火星，然后让这一点点火星慢慢变大。治疗师要循序渐进地引导来访者，给予来访者充足的时间去建构新的故事。当治疗进行到一定阶段的时候，可以邀请来访者的亲人、朋友来见证这一改变，从而给予来访者更多的社会支持。

（四）案例分享

研究者对北川羌族自治县重灾区海信陈家坝小学的高年级儿童进行了干预，并采用了可对整个班级同时进行干预的写作叙述治疗方法：表达性书写。主要利用孩子们的晚自习时间进行，通过表达性书写，即叙述疗法的书写形式来改进儿童的心理状况，包括 PTSD 症状和可能出现的抑郁焦虑。完整的表达性书写要求儿童每天写 20 分钟，共 3 天。书写的内容是他们在地震中的经历，并且鼓励他们表达出自己的情绪及内心深处的想法，要求他们探寻地震给自己带来的变化和地震的意义。这种干预方式不但用时少、方法简单，可以大范围地在学校进行，而且可以通过孩子们的写作内容发现需要进一步干预的个案。儿童由于语言沟通方面不如成年人，因此采用这种方法可以较好地表达自己。国外的研究已经表明，表达性书写可以有效地减轻心理症状，包括抑郁、焦虑等。

首先，干预结果显示，表达性书写对于学生震后心理复原起到了正面作用。

---

① 李明、杨广学：《叙事心理治疗导论》，山东人民出版社 2005 年版，第 133—134 页。

（1）通过写出地震的经历可以帮助学生重新建构自己的记忆，符合学生的需要，让学生的情绪（恐惧和不安）得以疏解，同时，对于意义的寻找还使他们能重新看待地震。

（2）研究发现，学生整体的PTSD分数和抑郁焦虑情绪得分较高。许多孩子在写作中反映出自己的性格改变。虽然地震过去近三年，而且孩子们表面上看上去也能正常进行学习和活动，但是地震给他们带来的影响已经由显性变成隐性，这样反而会使教育工作者和心理援助者放松警惕。

（3）面对地震这样的大规模灾难，需要干预的人群非常大，表达性书写的效率高、覆盖面也广，而且有实际的效果，可以作为一种普遍的方式进行推广。在通过表达性书写减轻症状后，可以结合班级心理辅导课进行进一步的干预，而且心理辅导课也是应用较广的心理辅导方法。在心理健康课上，老师可以根据学生的写作内容，有针对性地选择主题，更有效率地缓解孩子们的心理症状。例如，通过开设情绪调节、生命意义的课程，进一步帮助学生正常化自己的心理反应，学会一些有针对性的应对和调节技巧，帮助缓解紧张、恐惧、焦虑等不良情绪。在心理辅导时也可以鼓励同学们分享自己写的故事，通过互相分享来减弱孤独感，并通过生命的教育而增强意义感。

其次，研究发现，运用表达性书写对学生进行震后心理治疗，需要注意以下几点。

（1）虽然表达性书写对于学生整体的效果有显著性的意义，但是个体的差异效果较大，这与学生对待写作的态度以及重新建构的程度有关，要注意个体差异性影响。还有很少一部分学生干预后的得分比干预前要高，这也需要援助者再针对个体进行深入的了解和有效的干预。

（2）关于表达性书写与心理辅导课的结合。地震两年半后，对儿童的心理援助应从灾害发生时的危机干预转到长期的心理成长教育上，开设好心理健康教育课程是一个重要的途径。在实际操作过程中还需要注意以下几点：一是强度要充分，要保障辅导课程全面、系统的实施；二是一定要根据班级的实际情况和相应的发展阶段合理设计具体内容。例如，“震后情绪疏导”和“生命教育”这两大主题就是分别基于创伤心理学领域、临床和积极心理学两种取向，分别从直接疏解症状和增加心理资源两个角度入手，理论上来说是比较合理、全面的设计[①]。

（3）表达性心理治疗尽管有显著疗效，但由于儿童的心理不成熟，可变性和可塑性都很强，持续性的跟踪辅导和治疗是必须的，单靠一种方法也很难彻底消除心理创伤。创伤性心理治疗是一个长期持久的过程，需要综合运用多种心理治疗方法和辅导方式，特别是一对一的儿童心理治疗尤为重要。

（4）表达性心理治疗要科学持续地进行。震后对儿童青少年的心理干预方法很多，但其效果也良莠不齐，有的甚至因为使用不当产生进一步的伤害，因此心理援助者应尽量采取成熟的科学方法及技术谨慎地持续进行。汶川地震后许多研究者和支援者因为时间和经费等方面的影响，到灾区为儿童做长期持续的心理辅导和治疗少了，许多儿童的心理得不到专业的心理援助，这不能不说是一种缺憾，持续关注和实施对灾区儿童、学生的心理援助尤为必要。

七、心理旅游

（一）一种新的旅游与心理治疗模式——心理旅游

1. 心理旅游的内涵、作用及主要表现形式

心理旅游，亦称旅游心理咨询，是指在旅游活动中，心理咨询师运用心理学的理论、方法与技能，对旅游者进行心理咨询和心理治疗的过程，或旅游者在心理咨询师的指导下，通过一系列活动，放松身心、宣泄情绪，实现心理互动、满足心理需要的过程。

心理旅游主要以满足人们的心理需求、解决人们的心理问题为目的。旅游的线路、景点以及导游词的确定都要围绕这个主题进行。心理旅游的设计由心理咨询师确定。心理咨询师从有利于实现心理治疗的效果出发，合理地选择旅游者、旅游线路、旅游景点和导游词，合理安排咨询或辅导的时间和地点，既实现传统旅游的目的，又具有鲜明的心理特点，最大限度地满足人们的心理需求和精神需要。心理旅游以心理咨询理论为指导，遵循心理咨询的规范，旅游景点的设计与游览以及导游词的撰写与解说等都要满足心理咨

① 潘益中、王芳、许燕等:《班级心理辅导对学生震后心理复原的作用》,《心理科学进展》2009年第3期。

询的需要。心理旅游是现代人缓解压力、放松心情、人际交往的一种手段。在旅游的同时由心理专家给予适时的专业指导和帮助。心理治疗效果深刻，影响深远。借助环境的影响，通过感觉、知觉、视觉、听觉、触觉等感知觉体验以及心理咨询师的适时点拨，往往会产生茅塞顿开的意想不到的效果，产生深刻记忆，留下深刻的影响。

心理旅游具有心理咨询与治疗功效。它可以教人学会休息和宣泄压力。在丰富多彩的心理旅游活动中，既可以满足同伴需求和交友欲望，又可以加强素质拓展，培养团体意识、沟通能力和抗挫折能力，消除不良习惯和行为。心理旅游有助于减少和防止个人独处上网封闭、成瘾、厌学等不良现象，消除人们的不良支配时间，优化和提升人们的生活质量和层次。在旅途中接受心理医生的疏导，会使心理得到最大限度的康复，同时也使旅游更能满足人们的精神需求。

当然，受传统经营模式的局限，多数旅游活动还满足不了游客这种心理诉求。目前的旅游市场根本无法真正让游客享受到旅游的心灵乐趣，更不能起到游客所期望的减轻压力、缓解疲劳、放飞心灵的作用，因而大大降低了游客的旅游积极性和旅游效果。

心理旅游主要适应于寻找心理帮助和有一定心理需求的旅游者。特别适应于青少年、学生、有身份的成功人士或白领阶层、公务员、企事业单位员工等上班族、离退休人员以及家庭成员和有交往需求的网友、车友以及为了追求另类感觉和私密性的其他人士等。

心理旅游的主要形式包括在旅游过程中针对个别旅游者进行的个体心理咨询、针对旅游团队或旅游团队中同质性较高的部分成员的团体心理咨询以及家庭心理咨询、康复类心理治疗、社交训练、心理茶座或心理座谈、拓展训练、周末和节假日游、高考后放松游，等等。

2. 心理旅游与普通旅游的不同

在生活节奏快速变化和竞争日益激烈的今天，旅游已成为人们重要的心理调节方式。无论是旅游还是心理咨询都是为了让客人获得精神上的愉悦、满足以及寻求心理上的宣泄与放松。在心理旅游中实现心理咨询与旅游的结合，可以使这些需求得到充分的实现。

心理旅游与普通旅游相比，存在着以下明显的不同。

（1）心理旅游突出心理咨询与治疗特点。这是心理旅游与一般旅游的主要区别之处。心理旅游在旅游过程中，通过心理咨询师的帮助，使旅游者的行为发生变化，在这个过程中，旅游环境的独特作用，会使心理咨询更有成效。爱因斯坦认为，场是相互依存的事实的整体。勒温认为，人的心理活动是在心理场中发生的，他将群体视为一个动力整体，认为群体大于个人之和，他的行为公式是$B=f(P, E)$（B代表行为，f代表函数，P代表人，E代表环境），此公式表明，行为等于个人和环境的函数，亦即行为随着人与环境这两个因素的变化而发生变化。在心理旅游过程中，心理咨询师可以充分发挥环境的作用，综合运用各种心理学理论以产生深刻有效的心理治疗作用。

因此，心理旅游的组织者会对旅游做一些特别的安排，比如，精心选择景点、线路以及归纳与解说导游词。心理专家会选择一些既优美又艰苦的地方，一般不选择一些过于舒适的景点，常常选择一些诸如令人有所感悟、产生震撼力的人文景观，以达到净化心灵、升华情感、感悟人生的目的。在心理旅游中组织一些集体活动是必不可少的。让大家在参与之中相互间产生良好的交流与沟通。旅途中还会穿插一些心理游戏。心理专家还会根据情况为大家梳理情绪，营造良好的心理氛围，有时还会讲解一些社交技巧，等等。

（2）心理旅游活动者一般都有一定的心理需求。无论是一般旅游，还是心理旅游，都要满足旅游者的旅游动机，但心理旅游旅游者的主要旅游动机是通过旅游解决心理问题或满足一定的心理需求，即旅游者需要在旅游活动中改善心理状况，得到一定的心理帮助和求得一定的心理满足。

（3）心理旅游与旅游者的交往更有深度。由于心理旅游的旅游动机，不仅要满足旅游者的一般旅游动机，而且还要最大限度地满足改善或完善心理状况的动机，因此，旅游活动的组织者必须了解旅游者的内心需求和心理现状，在旅游前就能对旅游者的心理健康状况做出比较准确的评估，并与旅游者一起共同商定出详细的旅游路线和活动项目，旅游后进行长时间的跟踪服务或咨询治疗，以及心理咨询严格的保密等原则，使心理旅游的组织者与旅游者的交往深度比一般旅游更为深刻和私密。

（4）角色地位不同。在心理旅游中，大多数旅游从业人员的职业角色跟一般旅游是相同的，表现在与旅游者的关系是服务与被服务的关系，其职业角色是不平等的。但对参加心理旅游活动的心理咨询师来说，与旅游者的关系却是平等的关系。与其他旅游从业人员的关系则是专家或指导者的关系。旅游活动要按照与心理咨询师制订的旅游计划进行，导游员提供旅游全程导游服务及配合咨询师做相关心理旅游活动，围绕着旅游的心理咨询目标，共同使旅游活动达到减轻压力、缓解疲劳、放飞心灵的心理治疗功效。尽管心理咨询师参与旅游活动的目标制定和实施，但一般不参与经营，有一定的相对独立性，保证了心理旅游的效果和心理咨询师的中立性。

（二）心理旅游涉及的理论、方法与操作规程

1. 理论和方法基础

（1）团体心理咨询的理论与技能

心理旅游充分利用和借鉴团体心理咨询的理论技术与方法。在心理旅游初始阶段，要确定心理旅游的目标、明确带领心理旅游团体的人员、确定旅游团体的对象以及招募或甄选方法、明确旅游团体咨询的类型与程序，以及咨询的日期、时间、间隔、次序和实践方式，明确团体咨询主要在哪里进行、环境条件如何以及经济预算、活动道具准备，等等。在心理旅游过程中要熟练地设计首次聚会和成功地带领旅游团体进入初始阶段，有针对性地选择适当的团体活动，增强团体凝聚力，建立充满信任、安全、接纳的团体氛围，鼓励成员开放自己，深入探索，做出积极的改变等。在心理旅游结束阶段，协助成员总结并巩固在旅游团体中学到的经验，处理成员即将分离的情绪，评估心理旅游团体咨询与治疗的效果，等等，所有这些都要遵循团体心理咨询的主要规范和理论方法。

（2）个体心理咨询的理论与技能

旅游个体心理咨询要与旅游团体心理咨询结合使用。随着对团队成员逐步了解和双方信任关系的逐步深入，可以对团体中某个成员的个别心理问题进行适时的咨询与矫治。根据不同情况，可以在下榻地、行进交通工具中进行面对面的个别咨询。或利用网络进行在线咨询，或线上线下相结合的形式。在这些过程中可以充分利用心理咨询的理论及诊断与咨询技能。

（3）旅游心理学的理论与技能

心理旅游不同于严格意义上的心理咨询，是一种新的心理咨询形式，旅游是团体成员的动机，但不是团体成员参加旅游的唯一动机，解决心理问题或满足心理需求才是最终目的。所以，旅游服务与管理要符合旅游心理学的

要求，同时又要有利于满足心理咨询的要求，特别是在倾听、热情、尊重、感同身受、价值中立、保密等方面要多加注意。

（4）其他

如家庭咨询、同伴咨询等都是比较有效的心理旅游形式和方法。

2. 操作与规程简介

（1）筛选与招聘的对象

①旅游意向相同或相近者。旅游者的心理需求相同或者相近，更容易产生群体吸引力、凝聚力和强大的心理动力，使相互之间产生比较强的心理互助效应，增强心理咨询的效果。

②有心理咨询意向者。心理问题相同或相近者更好。带着相同或相近的心理问题，相互之间封闭性小，容易减少顾虑，提升开放性，产生良好的咨询效果，同时，也使咨询更容易进行，咨询效果更佳。

③两种需要兼备者。其中需要心理咨询或提高心理素质与能力的参加者优先考虑吸纳参加。

④可以根据实际情况构成其他结构式或非结构式、开放式或封闭式、异质或同质的各种团体。

⑤排除精神病障碍患者和其他潜在危险者。心理旅游重视旅游者的心理诉求，但必须把精神病患者和有严重人格缺陷的人排除在心理旅游团体之外，除了旅游团队一般不配备精神科医生外，这样做的主要目的就是要确保旅游活动的安全顺利进行和心理咨询与治疗的效果。

（2）筛选与招聘的方法

①通过海报、广告、宣传单、小册子、广播媒体和计算机通信网络等方式招募团体成员。措辞要谨慎，有吸引力和感召力，尽量选用一些正面、积极的词语以满足不同的需要者。

②通过面询和心理测验，发现其在发展课题或心理问题方面与心理旅游团体的目标和主旨较为相近者，经介绍团体目标，协商同意后加入团体。尤其需要从报名者中筛选出年龄、爱好、学历、人生际遇或心理需求相近的成员组成心理旅行团队或小组。

③经由其他渠道，如旅行社其他团队、学校、公司、企事业单位、医生介绍或其他心理咨询室转介而来等。

3. 场所安排

（1）旅游途中。旅游行进中和交通工具上都可以进行。

（2）旅游地。室外景点、旅游地室内及其他活动场所。

（3）跟踪反馈咨询。旅游是短暂的，但咨询可以是长期的。心理咨询贯穿于旅游活动的始终。有些心理问题或个人需求，通过一次旅游可以得到满足和解决，但效果的巩固和进一步的需求还需要在随后的时间里得到进一步的满足和解决。因此，进一步的跟踪咨询是必要的。组织者可以此继续推动旅游团队成员的进一步交往与交流，使心理旅游成为人们结交朋友、建立良好社会支持系统、净化心灵、助人自助、构造健康成长与成才的良好内外心理环境的有效手段和载体。

4. 注意事项

（1）所有线路均由旅游心理咨询专家根据成员特点和实际情况精心设计，以提供科学、安全、有效的旅行线路及行程安排。

（2）努力加强旅途安全保障，提供旅游保险救助保障，确保人身与财务安全，使顾客在心理旅游过程中既舒心又放心。

（3）严格遵守保密原则，不得泄露个人隐私，未经团队成员个人同意不得公布和使用个人心理状况资料。

（4）旅游前进行人员筛选、心理需求调查以及心理旅游知识、心理学知识技能培训和讲解，共同商定心理旅游的计划和实施方案；旅游过程中要科学安排，防止疲劳；旅游结束时要进行心理旅游评估，对问题较严重的旅游者进行追踪治疗，使旅游者利益得到最大限度的保障；定期组织旅游经验交流会和团体训练，巩固团体动力效果。

（5）建立旅游资料库，建立客户档案，对客人的心理问题、兴趣、特殊要求等建立数据库进行保存，客户再次光临时提供有针对性的服务，让客人倍感温暖。

（三）心理旅游的实施

1. 心理旅游的准备阶段

（1）进行调研并制定计划方案。心理旅游的组织者要在充分市场调研的基础上，初步制定心理旅游的计划和实施方案。要明确心理旅游的目标和带领心理旅游团体的人员，确定旅游团体的对象以及招募或甄选的方法，明确旅游团体咨询的类型、程序以及咨询的日期、时间、间隔、次序和实践方式以及团体咨询主要在哪里进行、环境条件如何，还要进行经济预算、活动道具准备，等等。

（2）培训与商定心理旅游计划，签订相关协议。心理旅游具体实施之前要进行有关心理旅游、安全、心理学知识与技能的培训和讲解，明确双方的责任与义务，共同商定心理旅游的计划、目标和实施方案，并签订相应的心理旅游协议。

2. 心理旅游的中间环节

在心理旅游的初始阶段要熟练地设计首次聚会，并成功地带领旅游团体进入初始阶段。有针对性地选择适当的团体活动，增强团体凝聚力，建立充满信任、安全、接纳的团体氛围，鼓励成员开放自己，深入探索，做出积极的改变等。随着对团队成员逐步了解和双方关系的逐步深入，可以对团体中某个或某些成员的心理问题进行适时的咨询与矫治。根据不同情况，可以在下榻地、行进交通工具中、室外景点、旅游地室内及其他活动场所进行团体咨询或面对面的个别咨询。并且充分利用场景和家庭及团体其他成员的心理互动，有针对性地采取叙事咨询、家庭咨询、同伴咨询等心理咨询治疗形式，将团体旅游心理咨询与个别心理咨询有机地结合起来使用，充分发挥旅游心理咨询的效应。

3. 心理旅游的结束阶段

在心理旅游结束阶段，协助成员总结并巩固在旅游团体中学到的经验，处理成员即将分离的情绪，评估心理旅游团体咨询与治疗的效果等。旅游是短暂的，但心理咨询援助可以是长期的。心理咨询援助贯穿于旅游活动的始终。

（四）典型案例

2008 年 8 月 10 日，来自北川陈家坝小学、陈家坝中学、曲山小学一行 28 人在成都乘火车开始了为期一周多的青岛心理夏令营。援助者在经费范围内，设计了来青岛坐火车、回四川乘飞机的交通路线。我们的心理专家可以利用在火车上 30 多小时的时间，跟大家接触、交流、沟通，了解师生心理现状，取得大家的认可和信任，建立信任关系，为后面的心理旅游打下良好的基础。

老师同学们在青岛度过了幸福、快乐、身心放松的一周时间，于2009年8月18日安全顺利地返回北川，2009年北川师生心理夏令营活动圆满结束。这次北川师生心理夏令营于8月12日在青岛啤酒厂开营。作为由青岛市红十字会、青岛啤酒有限公司、青岛大学共同举办“重塑激情，成就梦想”心理援助项目的重要组成部分，此次心理夏令营得到了精心的组织，得到了灾区师生的一致好评，收到了良好的社会效益。

1.心理夏令营人员组成

本此心理夏令营营员主要从青岛市对口支援的北川县曲山镇、陈家坝乡的中小学师生中产生，经过北川县教体局和各学校的组织选拔，最终确定了28名营员，具体情况如下：

曲山小学11人，其中学生5人、教师5人、领队1人（曲山小学教导主任）；陈家坝小学14人，其中学生6人、教师7人、领队1人（陈家坝小学副校长）；总领队3人，其中北川教体局干部2人、北川县心理咨询中心1人。团队中男性11人、女性17人，其中男同学5人，女同学6人。

2.心理夏令营参与师生的选拔条件和选择方式

因为是一项心理援建项目，所以，在选拔参与此项活动的师生的时候我们充分考虑他们的心理状况，以满足需要异地进行心理康复为标准，主要选拔三类人员，即第一类是直接卷入地震灾难的人员，包括死难者家属及伤员。第二类是与第一类人群有密切联系的个人和家属，还有现场救护人员以及地震灾难幸存者。这两类人群属于高危人群，是干预工作的重点，需要缓解继发的应激反应，如不进行心理干预，其中部分人员可能发生长期、严重的心理障碍。第三类是因地震造成严重危害的群体和在抗震救灾、灾后重建中表现突出的群体和个人。

本次心理夏令营活动属于青岛啤酒“重塑激情，成就梦想”四川地震灾区心理援助计划中的内容之一，项目涉及企业、社会组织和学校等单位，因此在专业伦理的范围内，项目的组织需要考虑各方面的需求，比如要适当考虑宣传和新闻价值。这种宣传和新闻价值，也有助于社会对灾区状况的了解，有助于吸引社会更多的人士和资源支持灾后援助，同时我们也注重用青啤文化和青岛这座城市精神帮助灾区人民重塑激情，重建心灵家园。因此，我们确定了以下选拔条件：

（1）选拔条件

教师的选拔条件：地震中致残的；地震中有直系亲属（如父母、兄弟姐妹、儿女）和配偶遇难的；在地震发生后的抗震救灾中表现突出的，有事迹的优先；在灾后重建中表现突出的；因地震被困过长时间而被救出的；先期问卷调查结果中心理问题严重的。

学生的选拔条件：地震中致残的；地震中有父母遇难的；在地震发生后的抗震救灾中表现突出的，有事迹的优先；因地震被困过长时间而被救出的。

选拔中主要考虑到心理健康状况，真正把机会给需要的人。在致残和失亲两种情况中，我们考虑到严重程度问题，对于问题严重的暂时不参加这类旅游活动。

（2）选拔方式

根据前期问卷调查结果和心理干预过程中掌握的资料确定一定名额；自己报名参与，学校根据实际情况参考选拔条件给予意见；学校根据选拔条件推荐。

值得说明的是，当中的无论是教师，还是来自教育部门的工作人员，他们在地震中都遭受到很大的灾难，地震后他们照顾救护学生，坚持工作，他们身心也非常需要放松和得到疏导，心理援助不能把他们排除在外，而且由于他们了解学生，便于心理援助队伍对学生的了解和管理；他们还代表家长承担着监护人的责任，和心理援助人员一起担负着在外出旅游期间对孩子们的安全保护和心理管理，担任着多重使命。

心理援助人员给所有被选中参与夏令营活动的老师和学生建立了心理档案，包括亲属遇难状况、灾后心理状况，心理恢复过程与结果等。

3. 活动日程

心理夏令营之前，心理援助负责人会同青岛啤酒股份有限公司、青岛啤酒股份有限公司国际旅行社对旅游线路进行了多次认真细致的商定，并将商定的结果向青岛市红十字会领导作了汇报，听取指导和建议，向北川教体局和相关学校征求意见，使线路及活动安排方案更加完美。从实际组织活动情况来看，活动设计新颖别致，能够最大限度地满足广大师生的心理旅游需要，使其身心达到了最大限度的调适和放松，活动取得了圆满成功。

活动基本上是按照预先设计的线路和计划进行的，但由于碰上了多年罕见的酷热天气，在实际执行心理旅游计划时，我们对部分活动内容和时间做了适当的调整，避免了高温天气带来的中暑和身体不适，最大限度地发挥景点和企业文化等对他们的心理调节作用。具体活动安排如下。

（1）开营仪式。

（2）参观与联欢。参观青岛啤酒博物馆，了解青岛啤酒的文化，游览青岛市容市貌和所有青岛市最具代表性的景点；与青啤职工、青岛大学师生、青岛市红十字会志愿者联欢，参观部分学校和少儿活动中心，体验青岛市人民、青岛啤酒公司的热情与关爱。

（3）心理培训。在夏令营活动中，安排心理专家全程陪同，开展个别咨询和系列心理培训，疏导情绪，放松心情，学习积极的自我调整方式，培养健康心态。

（4）座谈，征求意见，研究和部署下一学期心理援助计划的实施。

第三节　支持性心理援助

灾害危机后，人们的心理重建需要人文环境、自然环境以及精神鼓励和增能方面的支持。像汶川地震发生后，举全国之力援建灾区，其中援建的重点除了基础设施外，学校的建设是重中之重。一座座现代化的学校成为灾区灾后建设的亮点，慰藉着人们一颗颗受伤的心灵，点亮着人们心中的希望。

汶川灾区新建成的中小学校格外壮观漂亮，硬件设施齐全，充满了现代化的气息。但是从学校人员变化情况来看，经历了特大地震，师生心理都受到了剧烈的创伤影响。从师资来看，震后人员调动频繁，不少年轻老师离开了这片伤心地。相对而言，学校的软件则更需要相当长的一段时间来建设。在这种情况下，心理援助项目在实施过程中，不能把纯粹专业上的心理治疗作为工作的全部，而应把心理援助与学校的整体发展和教育教学相结合。笔者在灾区将心理援助与支教工作相结合，对学生进行正常学习秩序恢复、对老师进行业务上的帮助，同时找出师生的问题，提升师生的心理能量，帮助灾害危机后的学校解决问题，促进重建，实践证明，这是一种非常有效的心理援助手段。

以山东青岛的心理援助为例，山东省的援建对象是汶川地震破坏非常严重的北川羌族自治县，而青岛市则对口援建北川县下辖的陈家坝乡和曲山镇，分别毗邻北川老县城的南北两端。经过青岛援建人员的昼夜奋战，震后第二年的9月，陈家坝中小学和曲山镇小学就开始投入使用，硬件设施绝对是一流的。心理援助队伍重点对学校的发展献计献策，支持学校尽快恢复正常的教学和学习秩序，满足学校对紧缺师资的迫切需求。先后对学校的心理健康教育、音乐、体育、美誉、德育、英语等科目进行了支教。并且在支教过程中，注重团体活动对学生的影响力，在两所学校相继举办或辅助举办了“六一”儿童节会演、趣味运动会、锅庄舞比赛、红歌会、读书会、小学生画展等活动；为师生举行心理知识讲座、邀请青岛市红十字会领导作红十字精神宣讲、组织学生进行读书交友活动；结合小学生水痘疫情，开展了传染病知识和卫生知识的讲座；斥巨资为3所学校建起了文化长廊、宣传栏、开放式读书角；为曲山镇小学购置了校服等。心理援助队在加强校园物质文化建设的同时，没有忽略精神文化的建设，做到为新建学校健康快速地发展添砖加瓦。

总而言之，在心理援助过程中，青岛心理援助队为学校灾后重建提供了全方位的支持，并见证了学校的发展，见证了学生的可喜变化，也见证了老师业务上的进步和精神面貌的改变。

一、校园文化建设与心理援助

像震后刚刚重建的学校，在校园文化方面几乎是断裂的，校园的美化除了花草之外，再无他物。青岛心理援助项目组发现了这个问题。经过与校方的共同努力，2010年上半年，由心理援助项目出资，校园宣传栏终于得以完成。在青啤曲山镇小学，以感恩为主题，竖起了感恩牌、建起了文化长廊，在美化校园环境的同时，也使校园文化以文字的形式固化了下来，深入每个师生心中。在陈家坝小学，建起了美观简洁的宣传栏，校务内容、老师风采、校园明星、校史等内容，每天吸引了大批的师生团聚在此，领导与老师、老师与学生之间的沟通更加顺畅，校园里呈现出一片和谐景象。“六一”儿童节前后，心理援助项目组邀请青啤副总和青岛市红十字会副会长，在受援学校进行了企业文化和微尘精神的宣讲。把援助方的城市文化、企业文化与受援助方的民族文化、校园文化、地域习俗结合起来，开展一系列别具特色的校园文化活动，这为整个校园树立了鲜明的示范作用，起到了积极的教育意义。

（一）校园文化

1. 校园文化的内涵

和谐的校园文化对学生身心健康发展起着积极的促进作用。校园文化究其含义可分为广义和狭义的两种论点。狭义的校园文化是指学校的课外文化，包括学校舆论风气、人际关系、校园环境等。而广义的校园文化则是指学校的整体文化，包括校容校貌、教学内容与管理制度、全校师生的共识及所遵循的价值观念与行为标准，特有的浓烈而持久的精神氛围，等等。

关于对校园文化的解释大致有以下几种分类。

第一，文化氛围说。认为校园文化既非课内活动，也非课外活动，而是通过具有学生特点的精神环境或是学校在教学管理及整个教育过程中逐渐形成的特定文化氛围和文化传统，使置身其间的学生受到熏陶和启发，从而获得全面发展的文化形态。

第二，课外活动说。认为校园文化是指以学生为主体开展的课外活动，是学生校园生活存在方式的总貌。其作用是娱乐和调剂学生的学习文化生活，是一种寓教育于活动的文化形态。

第三，第二课堂说。认为校园文化是学生接受道德及艺术教育的第二课堂，是第一课堂的延伸、补充和完善。

第四，意识形态说。认为校园文化是由学生这一特定的社会群体在学校这一特定的环境中所创造的一种社会文化，是校园意识形态的总和。

第五，文化要素复合说。认为校园文化是在学校工作、学习和生活中全体成员创造的，具有新的内容和独特形式，以不同形态存在，由最小独立单位所组成的复合整体。

第六，物质、精神总和说。认为校园文化是学校在长期的育人实践中所逐步营造的具有学校特色的物质财富和精神财富的总和。

以上六种对于校园文化的解释都试图从某种角度切入阐释校园文化的本质，都对于我们对校园文化的理解有一定的帮助作用，各有各的优势之处。

但是也存在一些缺陷，比如容易将校园文化简单理解为娱乐活动文化或是理解为校园亚文化。

我们可以针对校园文化的内涵给校园文化这样一个定义：校园文化指的是以校园为地理环境、以社会文化为背景，以学校管理者和全体师生员工组成的校园人为主体，在学校教育、学习、生活、管理过程中逐渐形成的、相对稳定的、高度成熟的文化。校园文化的形成，是校园内全体师生员工在长期的教学、科研、管理、生活等实践活动中共同创造的物质和精神成果的总和，是集体共同拥有的成果。校园文化应牢牢植根于中国的校园土壤。由于学校规模、教育类型、办学历史、学生来源、归属关系、地域特征、财力状况等各不相同，校园文化除有共性特征外，还须有本校的个性特色，以显示其旺盛的生命力。

2. 校园文化的内容

物质文化：是学校文化的表象层，是学校文化的物质基础，是学校文化的有机载体。它包括学校建筑文化、设施设备文化、环境文化、标志文化，等等。

制度文化：是学校文化的规范层，它包括学校的组织机构及其相应规范、纪律、制度和约定俗成系统。它规定了师生的工作、学习、生活等各方面的具体要求。它把学校的精神文化和物质文化有机结合成一个整体，是学校文化的制度保证。它包括学校对人、财、物、时间、空间等的管理制度。制度文化中有很大部分是管理制度文化，包括教师管理制度、学生管理制度、会议管理制度、作息管理制度、校园管理制度、专用教室管理制度、财务管理制度、档案管理制度、网络管理制度，等等。当这些制度内化为师生的行为习惯时，不但能保证学校正常的工作、学习、生活秩序，而且对师生道德品质的养成，遵纪守法意识、行为习惯的形成具有重大意义。

精神文化：是学校文化的观念层，是学校文化的核心和灵魂，是学校发展的精神动力。它包括学校精神和办学理念等内容。

校风：学校的风气，是学校成员共同具有或应该共同具有的思想行为作风，是一所学校区别于其他学校的独特风气。校风的形成离不开校训的指导，校训是以优美的语言文字和深刻的文化内涵，简洁形象地表达出该校的指导思想、教育目标、学校特色和精神风貌。

（二）危机后校园文化建设与师生心理援助

1. 校园文化建设对师生心理援助的意义

校园文化有利于规范师生的行为，缓解师生危机后的紧张不安情绪。健全的规章制度及健康的集体舆论对学生的学习、生活及思想言行具有规范作用。但是再健全的规章制度也无法完全指导师生的行为和思想，尤其是在危机后紧张的氛围下。这时就需要校园文化的支持。当师生的思想言行开始出现灾后紧张焦虑、无所适从等反应时，校园文化就会潜移默化地影响师生的自我调节和矫正。

校园文化有利于促进师生的心理健康。师生在经历过像地震等重大危机后，他们渴望精神生活的丰富多彩，而且不同的人有不同的兴趣爱好。多彩的校园文化可以适应他们精神需求的多样化、个性化的特点，避免了危机后由于受到重大危机的影响而对学生人格塑造造成扭曲的倾向，并在活动中看到自己的价值，从而激发他们的自主性、自尊心和自豪感，树立一个真实、完整、积极的自我。学生置身于和谐的校园文化环境中会感到心旷神怡而暂时逃离“神经紧张，甚至心烦意乱”的境地，在轻松的心境下，心窗打开，增强进取心，从而自觉接受困难的挑战。

心理援助志愿者在陈家坝小学的心理援助志愿者手记中有这样的描述：“下课了！学校里立即沸腾起来，孩子们的欢声笑语不时从身旁传来，他们三五成群，或做游戏，或拍球，或打乒乓球，或在一起聊天，一切都显得那么热烈而有秩序。教师们则比学生忙碌得多，上课、下课，脚步匆匆。远处四周都是大山，学校如同被大山包围起来的桃花源，美丽却也有些闭塞。可是这美丽的校舍、孩子们的笑脸、教师们忙碌的身影，犹如一道闪亮的光芒，照亮了陈家坝通往山外的路。”虽然经历了深重的灾难，但是从志愿者的描述中你不难看出陈家坝小学经过一年的时间，校园文化建设已经初见成效，师生在这种和谐向上的校园文化环境中也慢慢从地震的阴影中走出来。

2. 危机后校园文化建设的原则

（1）继承与创新原则

校园文化发展如同现实发展一样，时时遵循新陈代谢的规律，因为继承和创新是一种特定文化发展路线中永远无法避免的问题。根据这一原则，文化继承和创新有三种形态，即对某些内容和形式都已经陈旧，并且已经失去了现实意义的校园文化，我们应给予淘汰、去除，革新其内容；而对于一切有利于新的时代、新的社会生活发展的文化内容和形式在文化营造时则要大力提倡，使之发扬光大。对于危机后校园文化的建设更是如此，危机后的校园文化应该吸取危机前校园文化中已经打下基础的部分，不管发生怎么样的危机，一个学校传承下来的优秀文化，一个学校的风骨是不可以被改变的。在保留这些校园文化的精华部分的基础上，再进行一定的创新。考虑到危机对师生的具体的影响，可以通过调查问卷、访谈、量表等方法调查师生危机后的心理状态，了解他们对于校园文化的需求，进行创新，在此基础上发展新的校园文化。

（2）整体系统性原则

在文化建设内容上，强调综合文化的观念，涉及学校管理、德育工作、课堂教学、学术活动以及物质环境建设等方面。在文化建设实施的主体上，应重点考虑教师与学生的建设与培养。校园文化建设应在灾后各种援助的基础上，对学校组织各部门、学校文化各内容、学校各成员主体进行完善和整合，应与师生个体进行文化互动，在互动的过程中不断生成、发展学校文化，实现可持续发展。

（3）因地制宜原则

因地制宜原则强调各发展主体的个性化发展，尊重发展主体的个性差异。由于灾后各学校间自然条件、经济条件和文化背景都存在显著差异，不同学校之间在经费、设施、师资、生源、资源和环境条件以及文化传统等方面也有所不同。

（三）危机后校园文化的建设

从系统的观点看，校园文化建设是一项系统工程。完整的危机后校园文化的基本结构应该包括物质文化环境与校园制度文化、丰富的文化活动等基本要素。各要素间通过自身及相互间的作用，达到相互联系、相互影响、相互制约，构成校园文化特有的氛围，在创造性的校园文化活动中，学校得到不断完善，学生得到充分发展。

1. 完善危机后校园物质文化环境

校园物质文化强调校园物质环境的先决性，同时十分关注学校成员间的人文关系。我们这里所讲的环境是指人生活在其中并给人以影响的客观环境，包括自然环境和社会环境。在人的发展中，环境的作用不可低估。校园环境深刻影响着师生的心理状态。

校园物质文化尤为如此。环境时时影响着人，人也处处在改变着环境，正是由于师生多数时间都处于校园环境中，校园环境对师生的影响才显得尤为深刻。校园物质文化是校园文化的物化形态，是为实现教育目的而建造和设置的各种物质设施和环境的总称，它反映着整个校园文化的历史积淀水平和文化发展样式。

师生创造的校园物质文化是影响发展的一种自觉因素，对教师、学生的发展起着主导作用。所以，校园物质文化环境包括校园所处的外部自然环境，校园内部的规划格局以及校园建筑、雕塑、绿化和文化传播等，更涉及学校教师、学生对上述各方面内容的认识态度与审美价值取向。

校园物质文化建设的主要措施包括以下几方面。首先，营造优美的校园环境是校园物质文化建设的立足之本。要做到这一点，就需要重视校园地理位置的选择，充分发挥自然环境对学生成长成才的重要作用。合理布局校园内部区域结构，遵循科学规律，打造功能划分合理、学习生活便捷的区域结构，有助于学生的身心健康发展。重视校园绿化工作，营造优美的环境，净化学生的心灵，陶冶学生的情操。其次，塑造富有感染力的校园景观是校园物质文化建设的点睛之笔。要做到这一点，可通过建造雕塑等来传承学校的悠久历史，凸显景点的纪念意义，激发学生进取、拼搏、团结的情感，培养学生的主人翁意识和归属感。通过设置景点来蕴含丰富的哲理，启发学生的思维。充分利用校园内的一草一木，塑造学生的人格品质和良好素质。最后，建造现代化的场馆设施是校园物质文化的坚实之根。要做到这一点，就需要健全图书馆强大的功能，建立现代网络管理系统，分门别类完善和规整图书馆数据库，使学生在课堂之外能够进行自我补充、开阔视野，为学生学习和科研提供详尽的信息和资料。修建功能齐全的体育场所，为学生日常体育锻炼和运动素质的提高提供必要的基础设施和便利条件。完善现代化校园网络，满足师生快捷多样地汲取知识的迫切需求。

科学研究证实，人的心理是受客观环境制约和影响的，校园物质文化能对学生的心理倾向和心理状态起到一种隐性的引导和影响作用。因此，从育人理念的视角来看，校园物质文化建设便具有陶冶熏陶功能、审美与美育功能、内化与自我教育功能。危机后校园物质文化建设最终能够达到陶冶学生的情操，使他们的思想得到升华和成熟、产生积极的情感体验和健康的心理状态的目的；产生提高学生审美能力的影响，起到内化和促使学生进行自我教育的作用，帮助他们尽快从危机造成的阴影中走出来。

2. 健全危机后校园制度文化

校园制度文化是指处于一定经济社会文化背景下，在长期的发展过程中逐步形成和发展起来的日趋稳定的独特的价值观，以及在此基础上形成的行为规范、道德准则、群体意识和风俗习惯等。校园制度文化本质上表现了学校的控制程度，在量上表现为规章制度的多少，监督和控制校园成员的指导原则的多少，等等。

首先，建立科学完善的考核管理制度。教育主管部门制定校园文化建设方面的评估制度，把校园文化建设纳入学校的常规管理之中。在学校的各种检查评估中，把校园文化工作作为其中一项重要的目标责任考核内容。建立科学合理的规章制度和相应的考核机制是确保校园文化建设的重要措施。

因此，主管部门要在校园文化建设中实施目标管理责任制，对各项校园文化工作提出要求和评价指标，必要时可借鉴企业文化管理模式，把质量责任制落到个人或部门，切实把校园文化建设工作落到实处。

其次，实施人本主义精神的管理制度。校园文化建设必须树立以人为本的观念，实现以人为核心的管理方式。无论教师文化、学生文化、制度文化、环境文化、课程文化都是为提高人的素质服务的。本着人本主义观念，通过提高人的素质，调动师生自我评价的自觉性和积极性，不断促进学生的全面发展。用文化的、意识的理念来制定学校管理制度，改变传统的硬性规定，把管理的内涵赋予更多的人文精神，从多方面关注学生的内心世界和精神体验。

最后，有特色的校园精神文化。校园精神文化是指学校所拥有的思想观念、价值体系、文化产品、道德准则等精神形态的文化氛围。校园精神是学校的灵魂，是校园文化的核心要素。每个学校都有各具特色的校园精神，它通常借助简洁而富有哲理的语言形式加以概括，并常常借助校歌、校训、校徽等形式加以形象的表达。

3. 开展丰富多彩的校园文化活动

可以开展课外学习活动来引导学生自觉地学习各种知识，通过开展各种形式的文化活动，以拓展自己的知识面，提高思维能力，促进全面发展。

首先，在教师的指导下开展丰富多彩的校园活动。通过在教师指导下开展的校园活动，可以锻炼学生的组织能力和沟通能力，又可以使教师在指导这些活动的过程中感受到学生的热情，进而感染自身。

其次，开展丰富多彩的自由体育活动。通过这些体育活动，能够锻炼师生的体魄，增强师生的体质，又有助于思维方式改进，为学生的智能发展奠定良好的身体基础。开展比赛形式的体育活动有助于培养学生的竞争意识，形成良好的得失观，并能促使学生养成坚持体育锻炼的好习惯。学校应该积极引导师生参与到这些体育活动中，以体育活动的拼搏精神，以体育活动的友谊第一、比赛第二的体育品格感染和影响师生。

再次，开展丰富多彩的文娱活动。文娱活动对学生的成长成才起到不可替代的作用。征文比赛、演讲赛、辩论赛、文艺晚会、才艺表演等给学生美的享受，艺术的熏陶，能够充分体现校园文化的优雅、纯净，荡涤师生的心灵，用艺术的美抚慰师生危机后受到创伤的心灵。

最后，建立各种兴趣小组。兴趣小组的成员不只局限于学生，还可以让教师参与。这些小组的成员具有共同的志趣和爱好，组织形式多种多样。兴趣小组的活动以理性的文化知识为基础，以制作、创造、发明为特征，以培养学生自身的动手能力和提高思维能力为宗旨。兴趣小组中的科技活动更是课堂教学的延伸。通过丰富多彩的兴趣活动，能够调动学生的学习积极性，提高对课程知识学习的认识和理解，进一步拓展智力水平，激发创新动机，促进学生的全面发展。

（四）案例解析

1. 校园文化外显建设

考虑到学校作为一个灾后重建校园，校史断开、校园文化特点尚需更加明确，校园环境美化做得还不够完善等现实状况，在心理重建时期，心理援助可为学校做好校史整理的工作以及校史、校训、校园名言警句上墙活动。青岛心理援助人员拟定了以下主题题材的上墙内容。

（1）校史长廊。整理校史和重大事件以及为学校带来荣誉的人的事迹。

（2）教师风采。学校老师的事迹介绍上墙，树立老师在学生中的正面积极的形象。

（3）明星你我他。将身边人的事迹呈现于校内重要位置，让其他人有一个学习榜样。事迹不必太大，真实感人就好。或者直接可面向全校征集原创画作和原创生活感言，择优做成精美挂画，挂于教室、校园、宿舍，以起到警示学生规范、升化学生心灵的作用。以上内容，旨在培养学生对学校的自豪感和归属感，养成学生爱校尊师的性格品质。

（4）其他具有校园特色的内容，做成宣传专区。2011 年 4 月，青岛啤酒“重塑激情，成就梦想”红十字四川地震灾区心理援助项目组，为曲山镇小学制作了文化长廊、宣传牌，为陈家坝小学制作了校园宣传栏，并将所有内容更换一新，这几处建筑，已成为校园中的亮点（见图 3–6）。

图 3–6　曲山镇小学校园宣传栏

2. 开展校园读书活动

通过专业老师的读书指导，指导学生读《微尘》和《一杯沧海》等公益或励志书籍，既能提高学生的阅读水平，也能通过阅读表达出自己的想法，起到一定的情绪宣泄的作用。还可从这些书中学习到援助地区、企业和高校的文化背景、城市精神、企业品格等精神食粮。心理援助志愿者在阅读中指导学生写读后感，激发学生的创作欲望，并以征文和演讲的形式，激励学生参加集体活动，培养学生积极应对挫折和战胜困难的精神。并承担学校图书室的整理和环境建设，美化读书环境，培养学生浓厚的读书兴趣。

3. 在中小学开展“才华展示”活动

给学生一个展示自己的舞台。通过展示，让学生找到合理宣泄情绪的通道，提高学生的高自我效能感和创造性思维。

4. 进行学校科普教育

通过动手，让学生了解大自然的奥秘，消除学生对自然、对未知的恐惧心理。同时也提高了学生爱科学、学科学，通过科技改变生活的积极性。

5. 建立感恩长廊

以古今孝亲故事和爱国事例为背景，结合援建事迹，做宣传壁挂，饰以校园专门区域，让学生学会感恩社会、感恩师长，以博爱精神感染学生，并鼓励学生传播这种感恩精神。

6. 组织师生、家庭联谊运动会

将心理辅导内容，以运动会的形式呈现，加强师生之间、亲子之间的交流与沟通，提高学校师生的集体合作意识。

7. 协办趣味运动会

心理援助项目组针对学校春季运动会，规划设计一次趣味运动会，发动全部老师和孩子以及部分家长一起参加。一方面增强师生感情交流；另一方面，也从拓展的角度出发，开发孩子和老师的潜能，在活动中增加人际交流，释放压力，锻炼意志，培养积极情绪。

2011 年 5 月 13 日，曲山镇小学趣味运动会如期举行。在汶川特大地震三周年之际，老师和孩子们以这样的形式来告别那次灾难所带来的影响。天阴阴的，还下起了小雨，但是这丝毫不能影响师生和家长对这次运动会的热情。他们都很投入地参加各项运动。运动会过程中，有一阵雨下得特别大，学校决定暂停避雨，而有的孩子并不愿意暂停，热情高涨地要求老师将运动会继续下去。

心理援助工作站还根据学校的需求，结合当地民族特色，联合校方，共同组织举办了“红歌伴我成长大合唱”“春季运动会”“读书会友，天长地久”“地震科技实验”“校园锅庄舞比赛”“故事演讲比赛”“迎五四文艺汇演”等校园文化活动。

二、支教与心理援助

（一）支教的内涵和特点

1. 支教的内涵

“支教”即支持教育、支援教育，是指为学生学习活动进行授课、讲解和学习辅导等活动。它与“支农”“支边”一样，都是我国社会发展特定时期的进步产物。多年来，我国中央和省级党政机关曾多次派出讲师团培训中小学师资，并从党政机关和事业单位中选派干部支援落后地区的教育发展。

灾害危机突发事件后，受到危机灾害冲击的地区，其原先的教育平衡被破坏，急需建立新的平衡，并有许多新的发展规划需要执行。这些更多更新的发展需要有更多、更高水平的人力资源的注入。汶川特大地震发生后，教育部和四川省对各级学校提出了灾后重建的诸多要求，有些要求对一些学校一时难以满足和达到相应水平。比如，灾区对英语师资的需求，就是为了满足中小学生对英语学习的需求，也是为了落实教育部对课程内容标准的新要求。还有就是心理健康教育和科学教育师资的缺乏，灾区一时无法得到满足，也需要外部的支援。

2. 支教的特点

（1）志愿性

志愿性是指出于特定地区发展的需要，人们通过实际参与或者是捐助的形式去帮助需要帮助的人，维护社会和谐。志愿者支教是一种力所能及的活动，志愿者能够利用自身优势为灾区或者贫困山区儿童送去知识、快乐和陪伴，开阔他们的视野，同时也是对社会公益的有效宣传，是传播爱心、帮助社会弱势群体、维护社会和谐的公益行动。

（2）自发性

自发性是指无须借助外力就能自动进行的过程。灾害危机后的短期支教明显地区别于“西部计划”“三支一扶”等支教形式，一般没有国家奖励政策，多数属于草根性质，由社会公益组织或个人自行发起倡导，活动资金多数由志愿者自身承担，或接受捐献，所以支教主要是一种自发性活动。

（3）时效性

支教有一个明显的特点就是持续时间较短，主要利用寒暑期及平时假期进行支教活动，支教时间大部分集中在几天到几个月不等，主要利用志愿者的假期及受支教学生假期重合的时间。也有利用在校大学生实习或临近毕业时间，但时间一般也不会太长。

（4）不稳定性

支教目前还没有形成完整的教学法规和国家政策，制度性和强制性非常弱，活动的策划和实施自发性、变化性较强，所以时常会有新支教队不断涌现，支教地点不断更换，支教周期不断变化的情况，所以形成了支教的不稳定性。同时支教志愿者也存在严重的不稳定性。很多调查显示，支教志愿者以低年级大学生占多数。高年级的学生由于临近毕业，忙于考研、找工作，学业压力大而鲜少有人参加，因此每年参加支教团队活动的支教人员都会更换，人员流动性很大。

（二）支教与危机后师生心理援助

危机突发事件发生后，学校需要尽快复学，教学秩序需要尽快恢复，一些针对灾后重建的课程和活动需要开展，学校力量显得不足，需要外部力量的介入支持。

1. 师生心理援助中支教活动的参与主体：志愿者

志愿者是志愿活动的主导因素，大多数的志愿者都具有以牺牲个人利益为他人服务的共同利他性特征，他们是勇于实践，具有高尚的道德素质的人。支教对于志愿者来说是一件贴近自身能力能够做到的事情，是能够身体力行地为社会做出贡献的社会实践活动，因此支教志愿者也有以下一些独特的自身特点。

自愿性与积极性。志愿者凸显的是参与活动的自愿性，他们不受外界力量所控制，是否参加志愿活动由志愿者自身决定，经由有关社会组织选拔或者受支持组织考察同意后成为支教者。由于支教团队的志愿者多为在校大学生，在人们的思想观念中帮助他人、关爱他人是一件崇高的事情，是值得每个人去做的事情。因此，在每个志愿者心中可能都有一个成为志愿者的梦，他们渴望用自己的能力去帮助他人。这也是志愿者的主要特点之一。他们自觉自愿遵守活动规则，帮助他人。正因为志愿者存在绝对的自愿性这一特点，因此他们参加支教活动的目的完全出于自身的主观能动性及热爱，因而具备较强的责任感，能够主动完成活动任务，参与积极性也非常高。

非专业性。志愿者大多是非师范类专业在校大学生，缺少教育教学理论与基础实践经验，组织活动与学生交流考虑不够全面，做事缺少一定的衡量标准，缺乏一定的认真负责的态度，对自己的行为和想法过于自信并且受到挫折后很容易放弃。

易沟通性。大部分志愿者的年龄在20岁左右，也具有爱玩、爱动等特点，能够与学生一起玩耍并带来新鲜有趣的事物，满足学生们的好奇心。他们与学生之间更多的是朋友关系，是学生们眼中的大哥哥、大姐姐，具有一定的榜样作用，学生能够快速地接受他们，容易沟通和交流。

持续性弱。支教志愿者会存在时间上的不稳定性和短效性。支教志愿者组织普遍缺少对支教志愿者的持续支持，志愿者在支教过程中得不到持续的支持，遇到了问题和困难等得不到及时的解决，影响了支教志愿者的信心、主动性和积极性。

2. 志愿者的准备和组织

（1）志愿者心理准备

对于前往灾区支教的志愿者来说，调整好自己的心态无论是对自己还是对受支教的那些孩子都甚为重要。在希冀与受灾儿童进行心灵交流的同时，也应当对这段即将到来的日子有清醒客观的认识。

一是准备好应对艰苦的生活条件。对于身处城市的志愿者们来说，灾区生活环境的艰苦可能大大超过大家的预期，因此在物质需求上，志愿者要做好艰苦奋斗的思想准备。

二是准备好承担支教教师的工作责任。支教并非农家乐旅游，既然选择了作为教师去和孩子们交流，志愿者就必须承担起一个教师的责任。作为一名教师，每一堂课都需要认真准备，每一项活动都要用心对待，每一个学生都要用心去爱。在传授知识的同时，志愿者们还有义务引导孩子们正确看待灾难，勇敢面对生活。

三是准备好面对灾区的现状。灾区的惨状和受灾者的不安情绪可能会给支教志愿者的心灵造成一定的负面影响，支教者要及时通过倾诉、写作、体育运动等方式舒缓心理压力，必要时不妨求助于心理医生。

（2）提高支教志愿者的业务水平

提高志愿者的水平需要从提高志愿者的招募标准入手。

首先，要减少招聘盲目报名者，要设法招到真正愿意去支教的志愿者。面对如何找到真正愿意去支教的志愿者这一问题，我们可以在志愿者招募前增加一个类似于宣讲会的活动，让志愿者在报名参加志愿者支教之前就能对自己要去支教的学校、学生、支教时间、支教内容、支教责任、支教要求等有一个比较清晰、全面的认识，这样可以减少大学生志愿者的盲目报名，从而提高大学生志愿者报名的有效性。

其次，要严格要求，提高标准。支教志愿者招募后，要对志愿者的支教时间和支教任务严格要求，强调支教的重要性、影响性和责任意识，对于不能完成志愿者支教时间和支教任务的应该鼓励其放弃。志愿者确定后，要求志愿者填写完整的个人信息，包括志愿者的专业、个人兴趣、空闲时间、支教意愿、希望从事什么内容的支教、支教的具体时间、能从事支教的时间长度和支教频率等基本信息。在志愿者信息登记后，还要根据志愿者的信息制定出合理的志愿者支教时间、内容安排，支教安排确定后要告知志愿者本人，在志愿者本人同意后，方可确定最后的志愿者的支教安排，并抄送所有参与支教的志愿者。

再次，要加强对支教志愿者的培训。志愿者缺少专业知识、技能及教学经验的缺点会造成课堂纪律混乱、支教效果欠佳等一系列问题。有大量志愿者在支教前并没有接受过支教培训，因此，我们应该加强对志愿者的支教知识、教学技能和教学经验的培训，提高支教的能力，改善支教的效果。对于危机后的支教，还要加强对支教成员关于灾害危机心理的识别、干预等内容的培训。

对志愿者进行相关技能培训，有助于志愿者更好地开展服务工作，不断提升志愿者的素质。支教志愿服务的专业技能则包括教学专业技能以及其他志愿活动的策划与组织开展的专业技能，还包括心理危机识别和干预的技能，等等。与教育系统的教师支教不同，支教者志愿服务，一般几个月或一年左右，时间相对较短。支教志愿者的专业授课知识与技能虽然在短时间内难以达到较高的专业水平，但在支教过程中，仍应注重教育的科学化、标准化和本土化。在了解当地教学特点、学习当地教学方法的基础上，以切实可行的教学方式，增加新知识以及一些新理念的教学，如对志愿服务理念与志愿精神的教育等，建设性地探索并结合实际拟订方案，对支教内容、教育方式进行探索与改进，还可以在支教志愿者组织内开展教学方法、技巧的讨论、交流、演练及相互学习等。

（3）完善支教志愿者组织管理

首先，要加强支教志愿者管理，尽量降低支教志愿者流动性。可以在支教过程中，通过团队建设活动，提高支教志愿者的凝聚力，通过人文情感的手段加强对支教志愿者的管理、约束和影响。还可以通过举办支教经验交流会、支教收获分享会、优秀志愿者评选活动，加强对支教志愿者的管理。

其次全面掌握志愿者参加志愿服务的动机，建立有效的激励机制。对志愿者进行激励离不开了解志愿者参与心理援助支教的目的，根据他们参与支教的目的来进行激励能够做到事半功倍。激励的重要方式之一是奖励和肯定志愿者，包括正式与非正式的奖励。正式的肯定方式包括口头表扬或书面表扬等，非正式的包括对志愿者表示感谢、让志愿者参加训练以增加技能、给予志愿者担任更大的工作、举办表彰会给予表彰等。其中，可以即时给予志愿者鼓励和奖励，让志愿者感受到欣赏与归属感，通过这种经常性的互动累积，会不断激励志愿者的志愿服务活动，要比经过一段长时间后的表彰会更能激励志愿者。

3. 支教对于危机后师生心理援助的意义

促进教育资源的平衡。促进灾区师资和教育资源与非灾区的平衡。支教通过对受灾地区与非受灾地区的调剂，缓解了地区之间的教育发展和教师资源不平衡状态，一定程度上解决了受援学校缺少教师的问题，满足了其教育需求。在支教过程中，支教者可以将部分图书资料、艺体器材、信息技术设备等捐赠给受援方。这些从支教方看来已经无法发挥太多价值的东西，在受援方看来可能是改善教学手段的宝贝。

促进教师之间相互学习，缓解紧张氛围。支教教师较先进的教育理念、教学方法、教学经验、教学技术手段等，为受援校教师提供了可以学习和借鉴的良机，而受援学校教师甘于奉献的师德风范也为支教教师树立了学习的榜样。支教的经历还磨砺了他们的意志品质，提升了支教者的思想道德水平和社会责任感、使命感，并且由于支教老师多来自非受灾地区，受到危机影响较小，所以心理上对于地震等灾害危机没有那么大的阴影，因而由这些支教老师所带来的教学活动，可以在一定程度上缓解受援助学校师生的紧张、恐惧情绪。

（三）支教内容设计

根据心理援助支教主题以及弥补当地日常教学不足，并关注支教对象的特点，心理援助队支教期间可主要开设语数外补习辅导课，音乐、美术、舞蹈、手工、人物传记、卫生、科学等拓展性课程，并且尝试采用兴趣课、选修课等课堂形式，目的是提高学生课业水平，拓宽学生视野，提高学生学习兴趣，陪伴学生度过地震后的时光。

1. 教学工作

在开展教学工作服务时，支教志愿者团队在受援助学校形成志愿者与当地学生、志愿者与当地老师以及志愿者之间的网络。志愿者与当地学生、老师之间的互动带来了大量信息的交互流动，而志愿者之间的人际信息互动网络使各个志愿者与当地学生、老师间的网络整合成更大的网络，与受援助学校形成各种信息包括教学信息、生活信息以及娱乐信息的交换。支教志愿者以“言传身教、道德示范、塑造学生们的理想品格”为导向，志愿者在完成学科教学外，以自身的志愿服务行为，教育、传播着志愿精神。同时，由于地区与地区的地理环境及风俗习惯有着相当大的差别，志愿者们能给学生带来更多的资讯知识和不同的生活习俗，能够开拓学生的视野，调动学生积极的求知欲望。

志愿者开展教学服务工作一定要考虑到受援助学校的实际情况，再结合志愿者的个人能力去进行。例如，在志愿者对北川曲山镇小学的支教工作中，志愿者发现摆在学校面前的一个难题是学校没有正规的英语老师。学校是由数学老师代替英语老师进行英语教学的，学生们的口语水平基本为零。在老师的提议下，由 3 名志愿者代替数学老师进行英语教学，3 个志愿者每人每周负责两节英语课程教学，在室内室外都可以，但要注意孩子们的安全，当然也不能畏手畏脚。对于小学一年级的英语课教学，志愿者主要是培养孩子们学习英语的兴趣，教授一些基本用语。志愿者这样介绍他们的支教工作：“目前我们能做的是尽量多教给孩子们知识，并且开展丰富多彩的活动，让同学们能够良性发展。”其中有 3 名志愿者是大学社工专业的本科毕业生，当年都考上了清华大学、北京大学和人民大学的研究生，他们利用研究生开学前的这段时间来支教，另一名支教志愿者本科学的是英语专业，正在大学攻读公共管理专业的在校研究生。在他们的支教期间，不仅教授英语，还发挥他们的专业优势开展心理援助工作。他们用丰富的学识、睿智、勤奋和豁达感染了孩子们。不仅将知识带给这些经受过灾难的孩子们，而且用自己的人格魅力感染着这些孩子们，帮助他们逐渐走出这场灾难的阴影。

2. 课余活动

支教志愿者还可参与到当地学校的课余活动中。如策划与组织英语朗诵比赛、文艺演出、写作讲座等活动，以及为学校举办摄影比赛、进行文化制度建设等课余活动。志愿者的教学志愿服务能够为当地的学校补充师资，保证教学教务工作的正常进行。志愿者也在向当地老师学习交流的同时，获得了锻炼个人能力、实现自我的机会。志愿者服务团队在支教期间的周末，还可以在学校举行运动会或文艺会演，以培养学生们竞技精神和团结精神。文艺会演以挖掘展示学生特长潜能为主，并对支教期间的教学成果进行展示。

与平常的爱心支教不同的是，危机后抚慰灾区孩子们的心灵更是支教过程中至关重要的环节。因此，支教教案不同于普通的备课教案，要尽可能地涉及先进的教学手段和新鲜事物，达到让孩子们开阔眼界、振奋精神的目的。支教内容的设计可以从以下几方面进行。

（1）了解灾区孩子们的心理状况。到灾区支教，意味着志愿者们要与经历地震灾难的孩子们交流。这就要求我们必须首先理解孩子的感受，知道如何与儿童谈论关于地震后身体和情绪反应。

（2）低年级课程和活动设计。灾区支教具有特殊性，除了常规支教内容，还需要加入更多的艺术和游戏类内容，让孩子们在其中得到心灵伤痛的慰藉和淡却，感受到外界对他们的关心，重建对生活中美好事物的向往。对低年级而言，在下午自由活动的时间里，可以带领孩子们学习儿童歌曲，玩玩具，搭积木，或者捏橡皮泥，做运动，给画册涂鸦上色（中性的图画，如花、彩虹、树、可爱的动物）以及玩团体游戏等。

（3）中高年级课程及活动设计。对于中高年级的学生来说，可以增加一些听音乐、剪纸、看电影、编故事、图画接龙等，通过这些活动能够帮助孩子们平复心情。

（4）支教教案设计的原则。对于支教教案设计和详细的施教过程构思而言，还需要记住几个关键词：针对（学生实际状况）、适应（当地教学环境和接受尺度）、贴近（当地现实和学生生活）、启发（对今后学习生活有启迪性的道理）、互动（多设计课堂互动环节）、多媒体（丰富教学手段）、可操作（不要异想天开）。这些日常支教活动的原则也适用于一般状况下的灾区支教。

3. 后续工作

或长或短的支教生活终有一天要结束。无论是志愿者，还是灾区的孩子们，都要回归到他们原本的生活。支教志愿者在离开灾区前，应做好以下后续工作。

（1）交接教学工作。与当地教师进行支教这段时间内教育、教学工作的梳理和总结。这样也有助于当地教师就一些尚在进行中的教育、教学工作进行对接和跟进。

（2）交接对孩子的辅导工作。当对孩子的辅导需要接替时，注意不要让灾区受助的孩子觉得他们将要面对无穷尽的一系列不同的帮助者，而每一次他们都需要重新解释他们的困境以及回忆经受的创伤，请尽量减少这种情况的发生。

离开前，如果可能的话，将他们手把手地介绍给继任支教者，让继任者维持原有的课程辅导或者心理援助治疗计划。向继任者交代所有应该对当事人有所了解的事情，最好能提供一份书面介绍。

如果没有其他志愿者来接力支教，志愿者应该将支教的方法和对孩子的沟通状况全面地跟孩子的父母和老师进行交流。

（3）温和告别。当支教工作完成，要离开时，尽量不要使自己的伤感情绪在孩子面前流露。因为孩子们会将他所信赖的人的表现当作参照。

（4）保持联系。从灾区返回原住地之后，也请尽量与孩子们保持联系。现在的通信手段非常发达，无论是原始的信件，还是电话、电子邮件，都可以缩短空间的距离。回到各地后，志愿者们依然可以和学生们保持联络，把这份友谊和感情继续下去。

（5）支教总结及信息反馈。在支教结束后，志愿者最好能对本次个人参与的支教活动进行总结和思考，帮助自己今后更成熟地参与到志愿者活动中来。总结最好以书面方式进行，并可通过聚会或网络等方式分享给其他志愿者，给有意前往灾区的志愿者提供经验和忠告。

此外，尽量将自己在灾区了解到的信息和经历反馈给相关部门，以其他方式帮助灾区人民。

三、家访与心理援助

在灾害和危机发生后，家庭和学校之间的紧密联系对于促进学生的心理恢复至关重要，但由于重大灾害和危机突发事件发生后，每个家庭面临的损失和现状不同，加之，许多家长忙于救灾和一些现实生活问题，甚至会忽视对学生的关心，尤其是忽视自己孩子在心理上的变化。因此，家访就成为联系学生和家庭的极好纽带，在心理援助中起着举足轻重的作用。

（一）家访的内涵和形式

1. 家访的内涵

家访，是家庭访问的简称，是进行个别家庭教育指导的一种常用的有效方式，主要是解决儿童、青少年的个别的家庭教育问题。通过家访，教师与学生家长可以相互交流思想和感情，交换教育其孩子的意见和看法。它是学校教师，特别是班主任校外工作最重要的一个方面。经常家访，有利于做好学生的思想教育工作，对弄清问题，全面了解真实情况，正确处理突发事件，密切师生关系，增强教师与学生家长之间的联系具有重要作用。

2. 家访的形式

（1）调查访问型家访

一般是指教师接到一个新班，在开学初通过家访深入了解全班学生的各种情况，为以后的班级管理做好学生思想工作的一种方法。在危机发生后也可进行调查访问型家访，有针对性地走访学生家庭进行调查研究，摸清学生家庭因危机造成的损失状况和孩子受到的创伤情况。通过家访，整理好收集得到的资料，为以后有针对性地开展班级管理工作，制定心理援助方案，以及对每个学生进行个别化教育和干预奠定基础。有时，为了检查家庭作业的完成情况和在家里的实际表现，也可以采用这种家访法。

（2）交换意见型家访

班主任或其他老师或志愿者通过家访，如实地向家长反映学生在校的情况。同时，向家长了解学生在家里的表现。教师与家长一道分析确定教育和干预方案，商量研究怎样对学生实施行之有效、有针对性的教育方法和采取切实可行的帮助方案，探讨如何共同做好学生的思想引导和心理疏导，促进家校沟通和教与学的协调进行。

（3）鼓励导向型家访

鼓励导向型家访是走访者通过家访对成绩优异，或学习成绩差或犯过错误却在某方面有进步的学生给予及时表扬鼓励的一种思想教育方法或管理措施，也是一种心理强化的举措。学校走访者利用走访还可以与家长共同探讨学生以后的发展问题，剖析学生存在的优缺点，及时和家长一起为学生把握好方向，为学生的发展排除来自家庭内外的不利因素。

（4）慰问辅导关怀型家访

学生因病或其他原因不能到校上课，或学生家里遇到较大困难，教师可以利用家访对学生进行探望、辅导与安慰。这会使学生感到教师的关爱、学校集体的温暖。运用慰问辅导关怀型家访必须注意：一是探望要及时。如学生病了，要及时了解学生病情，表明老师和同学们都非常想念该生，并安慰其安心养病，早日康复。二是班主任亲自或组织班上学习好的同学给其补课，定期进行辅导。三是对家里遇到不幸发生较大困难的学生，教师要及时家访，给予安慰，并尽可能地设法帮助其排除困难、渡过难关。

（二）家访与危机后师生心理援助

家访是学校教师，尤其是班主任对于学生的一种关爱方式。但是在对于危机后的师生心理援助工作中的家访来说，我们不能仅仅将目光放在受灾学生身上，同时要关注受灾地区教师和家长的心理状况，全面精准地进行危机后教师、学生、家长“三位一体”的心理援助行动。

1. 家访对危机后师生心理援助的作用

（1）家访有助于家长全面客观地了解孩子

要对学生在校的情况做正确的评价，对学生的优点多夸奖，让学生在家长面前感到自豪，增强学习的信心。不能对过失大加评论，更不能在家长面前对学生进行告状式谈话，要善意地提示家长，教会家长用心教育管理学生。家访工作常“报喜”，可以为后进生的转化创造良好的环境。这样家长就能正确地了解自己子女在学校的真实情况。如果在家访时，当着学生的面指责其过错，会对学生造成伤害，使其产生逆反心理，对以后的教育管理带来不便。家访的目的是关心、爱护、转化、教育学生，而不是因教师管教不了才去向家长“告状”，因为这无异于给家长送去一根“棍子”，学生回家不免要受“皮肉”之苦。这样做不但解决不了任何问题，而且学生还会迁怒于教师，不忘这一“棍”之仇，给下一步的工作制造障碍。

家访能协调孩子和家长之间的矛盾冲突，从而及时阻止孩子不正常的心理问题的发生。现在的孩子，因特殊的环境和生活条件，已经有自己独特的思维和自我独立意识，但又因为思维的不成熟，往往和家长的想法形成矛盾对立之势。在这种矛盾情况下，教师的家访能起到非常有效的调节作用。

（2）家访能够增强与家长的沟通并帮助他们科学地教育孩子

家访能教给家长正确的心理教育方法，及时地避免孩子心理问题的产生。教师家访，有时言语间的一条适合自己学生的切实可行的建议，不仅能循循善诱孩子，也能对家长如何引导孩子提供借鉴。情况也的确如此，孩子们诸多的心理问题，实际上反映出家长们不懂得教育孩子的恰当方式方法，是家长们不充分了解和理解学生的结果。因而，教师进行家访，要注重教会家长一些教育孩子的方式方法，有理有根据地去转变家长的一些观念，这样容易对孩子的心理健康教育起到意想不到的推动作用。一些家长认为，学校就是教书育人的地方，而家庭只供给孩子的物质生活，自己对孩子教育起的作用不大。在这种情况下，可以借家访等形式广泛宣传，大力倡导家长参与教育，共同帮助孩子成长。

（3）家访还能协调师生关系，从而促进学生心理更健康地发展

教师亲自上门家访能让孩子们从心里体验到“荣耀”，尤其是学习差的孩子，他们往往得不到老师和同学的友谊，往往存在着一定程度的自卑心理，这样的孩子能把老师迎进家门做客，他们视之为“荣耀”，而这种“荣耀”能有效地激发起他们潜在的学习兴趣。孩子们尤其会忐忑不安，很期盼家访老师的到来能给自己带来真正的荣耀和自豪，这无疑对受家访学生今后的积极表现给予极大的推动。“兴趣是最好的老师，也就是最好的学习动力”，尤其是小学生，他们的学习动力绝大多数首先取决于对老师的喜欢。一旦喜欢老师，则学习的课程对他们就有无限的吸引力。这样，就能形成良性循环，让孩子逐渐自信起来。通过家访能让孩子们喜欢实在是一项事半功倍的举措。

（4）家访是沟通教师、家长、学生心灵的桥梁

三者共处，促膝谈心，拉近了彼此间的距离，有利于意见的交换，有助于达成共识，更容易商量出解决问题的办法。通过家访，教师可以了解到学

生的在家表现、日常行为、家庭教育、学习环境、学习习惯等；教师还能了解到家庭的其他情况，比如经济状况、家庭成员构成、相互关系概况、居住状况等信息，也能就孩子的一些苗头问题更好地提醒家长；家长也能了解到学生在校的学习情况，了解学校的教育理念、学校的规定和教育计划，这样家长就能更有效地配合学校做好孩子的教育引导和管理工作。通过老师和家长的沟通，几乎所有的家长都能接受老师的建议，并表示愿意和老师一起搞好孩子的教育管理工作。

2. 危机后师生心理援助家访的内容

（1）家访前的准备工作

要进行成功的危机后师生心理援助的家访工作，需要心理援助志愿者或者社会工作者在家访前做大量的准备工作。其中，最重要的就是志愿者家访前应根据家访对象的不同情况确定家访的内容。家访的内容主要包括了解学生家庭情况和家庭成员概况、了解学生在家的表现、向家长反映学生在学校的表现、与家长一起共同探讨孩子的情绪情感和行为现状，共同找到引导学生走出危机阴影的方法等。

（2）不同情境下的家访内容

危机后师生心理援助的家访工作可以是安排在心理援助初期即志愿者刚刚到达被援助学校时、心理援助进程中期或实时监测师生出现情绪异常时。

心理援助初期的家访工作。为了快速、全面而有效地了解学生的具体情况，可以联系家长到学生家里家访。这样的家访主要是通过与家长的交流沟通，了解学生的思想、兴趣、学习、性格、爱好、身体及其家庭情况。在摸清学生的具体情况后，与家长一起商定引导孩子的方法，有助于心理援助者针对该学生的特点有的放矢地进行心理引导。

心理援助的中期家访工作。这一时期进行家访工作主要是进行中期反馈并对学生在校即将参加的期中或期末考试进行家访沟通。主要是跟家长汇报学生在校期间的表现，并和家长一起鼓励学生好好迎考，促使学生树立信心。大多数的家访是安排在考试后。考试后可以根据学生考试情况先与学生单独谈话，然后联系家访。这类家访的难点在于对那些成绩下滑的学生进行的家访。学生成绩下滑时，心理援助者在和学生分析完下滑原因后，联系家访。在家访中，志愿者要跟家长一起分析各方面的原因，然后提醒家长积极配合学校教师的工作，一起帮助孩子改正错误、弥补不足，努力提升学习成绩。这种家访的另一个目的是通过和家长的沟通交流，防止学生因为成绩下滑而遭到父母的责骂或歧视。

学生出现情绪异常时的家访工作。这时家访的主要内容就是和家长沟通，分析可能引起学生情绪不稳定的因素。这些不稳定因素可能是家庭因素、学习方面的因素、情感因素或人际交往方面等方面的因素。通过教师与家长的沟通，确认导致学生情绪不稳定的因素，然后对症下药，有针对性地帮助学生平稳度过情绪波动较大的时期。

通过驻曲山镇小学的志愿者的家访回忆录，我们可以看到这样的志愿者家访工作。在“五一”放假期间，两名志愿者决定进行一次家访工作，探访一些学生家庭。两名志愿者决定优先探访几个比较内向的孩子，并且买了彩笔、蜡笔、橡皮泥作为小礼物去家访。两名志愿者分别探访了不同年级的几个家庭。所到之处，家长都非常热情地接待了志愿者，很尊重他们作为志愿者和学校老师的身份，也非常迫切地希望和志愿者谈论孩子的情况。学生们也很开心，只是因为内向，不好意思跟老师交流内心的想法。通过这些家访，得到了家长们的良好反馈，看得出家长们都愿意为孩子们付出，只是由于受到经济条件或是教育水平的限制而情况各异。家访过后，那几位性格有些内向的孩子，主动来找两位志愿者玩，还给志愿者带来了礼物。

志愿者这样记录他们的家访：“我忽然意识到，能带给孩子们最好的帮助就是我们自己走进他们的生命中，尤其带着那颗愿意去爱和奉献的心。”

家访工作带给这些经历了灾难和危机的孩子们的不只是一些家庭情况的切实了解和物质上的慰问，更多的是心理援助志愿者作为这些孩子们的帮助者走进他们的生命，给予孩子们温暖。

3. 危机后师生心理援助家访的技巧

（1）心理援助志愿者和教师应做好家访的准备工作

心理援助志愿者和教师要根据学生的在校情况和家庭情况，初步制定上门家访的实施方案，做到有目的、有计划地进行家访。比如通过家访能达到什么目的，对学生今后将会产生怎样的影响。对家访中可能出现的情况，要做预先设想，有针对性地制定出应对策略。在实施过程中，可以根据学生的基本情况和本人的要求适时微调，这样既能体现家访的灵活性，又能体现教师与学生之间的和谐、民主、平等的互助关系。当然这个前提就是要了解学生，然后有针对性地进行家访。要以学生的表现为依据，切中要害地指出问题，经过教师和家长双方分析，达成共识，在双方的共同努力下完成对学生的教育。

（2）进行家访时要把握学生的心理状态

危机后心理受到创伤的学生是十分渴望心灵上的沟通的，但由于他们更容易和社会、家长、老师出现代沟，从而会把目光放到志愿者的身上。他们渴望得到志愿者的理解、信任，渴望友情，期盼能和志愿者做真正的朋友。在家访过程中，只要前来家访的援助人员和教师能够敞开心扉，真诚、耐心地与学生沟通，并多采用一些委婉、含蓄或者幽默的话语，学生自然就会放下顾虑，说出自己的真实想法。当孩子们说出自己的真实想法时，教师才能在进行家访时更好地与家长沟通，与家长一起引导孩子们的心理状态，走出危机和困惑。

（三）经典案例

1. 家访走近留守儿童

陈家坝小学的王某不上学了，现在休学在家，学校很头疼，求助于我们，希望我们能够动员孩子重返学堂。前期的志愿者已对王某家做过家访，孩子妈妈在新疆打工，地震后返回来重建家园，孩子特别担心妈妈再次离开自己，所以待在家里不上学了。志愿者上次给孩子和妈妈、哥哥照了相，这次还委托我们给他捎去作业本，正好这次我把这些东西带过去。

下午一点半，我和万鹏坐上开往江油的车，向孩子家奔去。这条盘山路真是改头换面、焕然一新啊，平坦的水泥路面，靠近悬崖处都安装上了护栏，再也不用提心吊胆了。两边新建的房子都是二层小楼，非常漂亮，让我们不禁感慨灾区建设的速度好快啊。车子停下，我们找到了孩子的家，因为房屋正在建设中，所以孩子和妈妈就住在砖头搭建的棚子里，棚子很矮，基本高过人的头顶，屋子里堆满了各种东西，里面摆着一张沙发，这就是娘俩的住处了。孩子妈妈正在新房子里搞建设，告诉我们，三天前因为孩子不上学，她打了孩子，结果孩子跑到奶奶家，到现在也没回来。我和万鹏立即向奶奶家走去，孩子的叔叔拄着拐杖在门外，说是让摩托车给撞了，告诉我们孩子在屋里玩。奶奶家的房子也正处于建设当中，基本框架形成，砖头都是裸露的，孩子在里面一间堆满了杂物的房间里不知干着什么。我们进到屋里，看见孩子胖乎乎的，圆圆的眼睛，有些戒备，身上的衣服很脏，手上也是黑乎乎的。我拉他坐下，心想先得和他拉近距离，我拿出金老师带来的礼物，孩子的眼睛一下子亮了起来。我说你不上学，在家想不想小朋友啊，他点点头。我跟孩子交谈起他的学校生活，真是沟通困难啊，本来他就说话不多，当地话我又听起来吃力，孩子跟我讲起他不爱上学的原因，说是不喜欢住宿，因为住宿就见不到妈妈了，想等着叔叔腿好以后再去上学，以便让叔叔每天用摩托车接送自己。我了解到他已经几天没看书了，如果这样下去，落下的课程会越来越多，将来回到学校会影响自信心。于是，我让万鹏去他妈妈家把书包拿来，给他辅导了一下语文，孩子学得很快，辅导一遍基本就能读下来。谈完之后又再次来到妈妈家，妈妈告诉我们，孩子迷恋电视，放的碟不断重复地看，不用说学习了，连吃饭都叫不来，前两天就因为这个事妈妈发火了，要摔电视，骂了孩子，结果孩子跑到奶奶家就不回来了，并且声称非得妈妈叫才能回来。这是个很执拗的孩子，不高兴时妈妈说一句他顶十句。我感觉这个孩子还是很敏感的，正因为敏感所以显得逆反性很强，妈妈对他的态度产生反弹，他会以同样的态度回应妈妈。我建议孩子的妈妈先别忙着出去打工，在家里陪着孩子，先建立孩子的安全感，抓住时机多表扬孩子，尽量控制自己的情绪，不要给孩子建立不好的示范，每天抽出点时间检查孩子的作业，慢慢培养孩子的控制力，渐渐缩短孩子看电视的时间，将来上学时可以先让孩子回家住，让孩子心理上有个适应过程。

孩子的奶奶跑来告诉我们，孩子拿到相片很高兴，跑到外面让大家看，并且让奶奶送来给妈妈看，但是他再次提到只有听到妈妈喊自己回去才会回家，这真是一个敏感而又自尊的孩子，希望我们共同努力，让他的这颗心强大起来，能够早日重返课堂。（夏锡梅，2010 年 4 月 11 日）

2.“五一”家访之任家坪

“五一”节放假，孩子们都回家了，整个青岛啤酒曲山镇小学瞬间变得清静，没有孩子们的嬉闹和欢笑，还真是不习惯。我和丹丹决定留在这里，探访一些学生的家里，过一个特别的、有意义的“五一”假期。由于我们所带的班级几乎涵盖全校的学生，平时也留意观察过一些学生，大概了解情况，我们计划优先探访几个比较内向的孩子家。我们买了彩笔、蜡笔、橡皮泥作为小礼物去家访。

我们主要去了四年级的韩某、学前班的母某家、一年级的王某家，另外还接触到几个学生。感触颇多，在此分享一些心得体会。

学生的家长们都很热情地接待我们，很尊重我们作为志愿者和学校老师的身份，也很迫切地和我们聊天谈论孩子的情况。有的学生看到我们很开心，也有的由于内向，不太好意思和我们说话，甚至有些胆怯。我们和家长聊了许多，也积极地表达了我们对孩子的评价和期待，盼望能与家长们配合，使孩子们能更加健康快乐地成长。之前丹丹在学前班和一年级实行的“给家长的一封信”，邀请家长参与孩子们在课堂中所学的品格培养，对孩子进行监督和鼓励，得到了家长们的良好反馈。看得出每一位家长都愿意为孩子付出，只是有的受到教育水平或经济状况的限制，不知如何教育孩子或没有时间陪伴孩子，但他们都给了孩子们所能给的最好的一切。

我们的家访让几位家长体会到学校及老师对孩子们的重视，也能让孩子们感受到被关注，但其实我们做的还不够，能给予的也非常有限。很感动的是，那几位非常内向的孩子，晚上的时候主动来找我和丹丹玩，我们在一起做游戏、做数学题、画图，还表演节目，他们还给我们带来了礼物。

我忽然意识到，能带给孩子们最好的帮助就是我们自己走进他们的生命中，尤其带着那颗愿意去爱和奉献的心。

“谁说，沉睡已久的花蕾不能绽放一季缤纷；谁说，寒冬之后的大地不能展现一片青翠；谁说，曾经受伤的翅膀不能再度自由地飞”。（刘浩婕，2011年5月3日）

（四）危机后师生心理援助家访工作的改进建议

1. 家访工作容易存在的问题

（1）家访制度不完善

当前，家访在我国中小学并不像以前那样普遍了，一方面是由于信息沟通工具的现代化让家校沟通更加快捷；另一方面也有社会对个人隐私保护意识的日益增长的顾忌而减少了家访；而更重要的原因是教师们学校教学工作任务繁重，平常拿不出更多家访的时间，而在周末，无论是走访教师还是被走访家庭，可能都会有许多家务事需要处理，所有这些导致家访这一很好的家校沟通方式日渐式微。大多数受援助地区学校基本没有制定完善的家访制度，一般只要求教师每学期家访1—2次，并提交相关的家访记录资料，对于是否需要家访及家访对象、家访参与人员并没有做出相关的规定，这种家访制度安排缺乏明确性和健全性。尽管学校会规定教师需要进行家访工作，但学校对家访的工作量并没有制定比较严格的监督反馈机制。学校教育评价机制的不完善，调动不起教师进行家访的积极性。出台的相关政策也多是指导性条文，而缺少后续的奖励、考评制度。没有规矩不成方圆，家访工作如果没有赏罚分明的机制，就无法推动家访工作的全面开展，这些情况会影响心理援助家访的全面进行。因为缺乏教师参与的家访还不够完美，家访最好由志愿者和教师共同参与为宜，毕竟教师比我们更了解学生。通过家访，教师或者班主任会更深刻地认识和了解学生，有助于学校教育的顺利进行。同时学校缺乏对家访制度的宣传力度，造成很多教师和家长对家访情况不了解，影响了教师对家访工作的积极性和家访实效性。

（2）时间、地域和金钱限制

心理援助志愿者本身具有巨大的工作压力，每天需要承担的日常工作任务量非常繁重。志愿者日常工作包括：备课、讲课、批改作业、临时性事务等。危机后学校的心理援助对志愿者的要求非常高，志愿者必须利用课余时间加强自己的文化修养和业务学习，在家访上投入更多精力的可能性也随之降低，因而容易采取一些较为单一的沟通形式，导致家访显得有些“走形式”。除了要占用教师的节假日，学生的居住地较为分散，对于远途的学生家访交通费用也相当高，志愿者多数没有收入，并且在家访途中也存在一定的安全隐患，这些都对家访的进行产生阻滞。

2. 家访工作的改进和建议

（1）完善家访制度，建立长效家访机制

志愿者的工作内容中，也要包括家访工作，家访是志愿者必须要完成的工作。家访不仅是学校的日常教学工作之一，也是学校德育工作的一项重要内容，关系到学生的心理健康、行为习惯及道德培养。学校必须重视家访，这样才能够让学生、家长了解到家访的重要性，并提高对志愿者家访的配合度，达到全员育人。学校领导和教师应把家访作为一种常规工作，建立健全相关考评制度，共同促进危机后心理援助工作的正常开展和顺利进行，并取得明显的成效。

（2）由教育相关部门制定相关家访规则

统一规范家访内容、形式和流程，并有效监督实施。每次进行家访之前，要执行明确的家访工作制细则和内容。工作细则中要明确规定以下内容：家访前需要有充分的准备工作，明确家访主题、预设家访策略；家访过程中，运用沟通技巧积极与家长交流，认真做好相关书面记录和感悟记载，有效实施家访预案；家访结束后，要对家访中发现的问题及家长对学校的建议和意见，及时汇总，给予回复、交流、反馈信息，并建立家访跟踪档案。所有这些有助于深入透彻地了解家访每一阶段的具体情况，并有针对性地继续推进相关工作，促进长效家访机制建立。

（3）进行综合研判，采取适当的家访方式。受疫情等因素影响，上门家访受到疫情感染、扩散等方面的限制，要根据疫情防控等安全方面的规定，根据学生家庭的实际情况采取电话家访、特定地方见面家访等形式，防止传染病的流行和安全事故的发生，打消家长顾虑，确保家访安全。

四、社会关爱与心理援助

（一）社会关爱

1. 社会关爱的内涵

从长远角度看，社会关爱是为那些由于生理能力或心理能力障碍需要帮助的人，提供多方面的连续性的服务。服务提供者包括机构和家庭，服务包括现金支持，也包括家庭成员和机构专业人员提供的各种服务和帮助。

社会关爱是经济社会发展到一定阶段的客观产物。也可以说，人口生育率下降，老龄化比较严重，家庭结构日趋小型化，使全社会对长期关爱的需求十分强烈，只有通过社会化、制度化的安排才能有效地满足社会需求，化解社会风险。同时，经济相对发达，也为化解这一风险提供了可能。

2. 社会关爱体系

一个完整的社会关爱体系包括社会关爱的提供者和社会关爱的接受者。提供的主体主要包括政府部门、社区、企业和慈善机构等，接受者包括老年人、幼儿、妇女、残疾人、低保家庭等，重大灾害和突发事件发生后，受灾的个人和群体也是需要重点关爱的群体。社会关爱的提供者分别被赋予不同的责任，且他们彼此间是相互影响、相互作用的。其中，政府部门和社区在社会关爱体系中承担较大责任。政府部门既要对关爱政策进行规划、推动，同时也要完善社会保障，建立社会监督窗口。社区最贴近民众，是实现社会关爱的有力保障。

当前我国的社会关爱体系尚不完善。关爱体系的健全与区域发展水平和经济发展之间存在着直接的关系。要构建全国统一的关爱体系标准存在着一定的困难。

（二）社会关爱与危机后师生心理援助

1. 危机后师生心理援助社会关爱的必要性

（1）危机后家庭生活和学校生活处于混乱状态

由于可能会出现危机后父母过世或是父母不在跟前的情况，一般说来这样的家庭条件较差，并且由于要面对缺失了父母角色参与的学生生活，学生除了要承担起相应的劳动，还会因为失去家人或是家人不在身边而感到无所适从，因此会出现家庭生活和学校生活的混乱无序状态。

（2）学生自身年龄的特殊性

中小学危机后受到影响的学生年龄一般在6—15岁之间，他们处于萌发和成长期，世界观、价值观、人生观正在形成，急需父母的疼爱和社会的关爱，这不仅仅是物质生活上的需要，更是精神上的渴求，如果此时缺乏关爱，就会对他们的心理和情感发展造成影响，这种影响有时是深远的，几乎延续他们的一生。

（3）教师自身工作压力大

我们总是将危机后师生心理援助的侧重点放在学生身上，却忽视了教师在危机中承受的心理压力。教师即使在危机中失去了他们的家人，失去了他们的学生，但是他们却不能倒下。教师们还要去继续他们的工作，继续站在讲台上传授知识，并设法帮助学生们渡过难关。在这种情况下，教师自身承受的压力也是不容忽视的，同样需要社会的关爱。

2. 危机后师生心理援助社会关爱的内容

社会关心是社会关爱的驱动力，是心理发展的源泉和动力。社会关心集中表现为对学生和教师面临压力和困难时的关心。

一是关心学生面临和承受的压力。学生作为一个还没有踏入社会的未发展完全的群体，身上承载着国家和家庭的期待、自己的梦想，同时面临着学习压力。而在毫无防备的情况下遭到危机打击则会产生前所未有的压力，进而滋生不同程度的心理健康问题。虽然适度的压力是有益的，能够激发人的斗志和催人奋进，但过度的、长期的压力会对身心造成严重的影响。学生心理感受敏锐，但自我调节和自我控制能力并不强，缺乏足够的生活经验与阅历，在危机后容易产生强烈的心理冲突，因为处理不当而影响正常学习生活，出现学生自伤与他伤等次生危机事件的发生。

二是关心学生身心健康和生命质量。人只有在健康、愉快和富有生命活力时才能体验到高质量的生活，才能为他人和社会做出更多的有意义的事情。心理压力直接影响学生的生命质量与心理健康。只有通过采取积极有效的措施加以正确引导，才能使学生增强抵御心理压力的能力，从而维护身心健康，获得较高的生活质量。由于有些学生心理素质较脆弱且心理压力较大，加之容易被煽动、走极端，以致危机后部分学生开始出现逃避现实、沉迷网络、聚集哄闹等现象，这些消极的身心健康问题需要得到社会的极大关注和关怀。

三是关爱处于高压中的教师群体。教师在危机事件发生后承受着工作、家庭和社会的多重责任与义务，需要领导的关心与支持、同事之间的相互扶持和全社会的理解与支持。

在经济社会高速发展的今天，许多人在追求事业成功的同时却忽视了情感的存在，也许人们在家里相互情感依赖，但在社会当中却感觉到相互有那么多的对立感，让人感觉到时代的些许冷酷。因此，应提倡社会及社会成员之间给予彼此更多的关爱。通过社会性关爱，让孩子们感受到，他们在爸爸妈妈身边与在自己的老师身边能够得到的东西，在社会其他地方当中也能够得到。要做到让孩子们全身心地感受到与社会之间的密切联系，可能更需要一些社会资源的支持。危机后来自社会的心理援助，就是提升这种关爱水平的重要举措。

关爱行动贯穿了心理健康这一主题。会享受爱和能奉献爱本质上是一个心理健康问题。任何一个人都会去爱别人，并能接受别人的爱，这就是爱的互动，也是一个健康的社会环境所具备的。

马克思论述过用爱来交换爱、用信任来交换信任的社会情形。只有拥有健康的社会心理，才能形成并影响到每一个社会个体。

青岛啤酒有限公司自 2010 年始在北川曲山镇小学设立了青岛啤酒奖学金

（10 名教师，每人每年 1000 元；50 名学生，每人每年 100 元）。2010 年，为全体师生捐助校服。青岛健力源营养配餐管理有限公司在陈家坝小学和曲山镇小学设立了针对地震孤儿和经济困难学生的资助计划（每人每年 500 元，共 40 人，资助 9 年到义务教育阶段结束）。2012 年微尘基金会为北川 40 名学生发放“微尘”助学金 10000 元。有 20 余个孩子与青岛市民建立了长期的固定联系。危机后的学生都得到了不同程度的物质资助，也获得了极大的精神支持。诸如此类的社会关爱，促使更多地受到灾害冲击的老师和学生走出了灾难造成的阴影，心理变得越来越阳光。

（三）危机后师生心理援助中社会关爱机制存在的问题

1. 政策可实施性不强

虽然各地出台了一些政策，但在操作层面上，关于构建危机后师生心理援助社会关爱体系的实际可操作性大都不强。不少地方对待危机后师生心理援助社会关爱体系的建设，依旧停留在对上级有关政策的解读层面。围绕政府、事业单位、妇联、共青团、社会组织等在这个社会关爱服务体系建设中的角色问题进行探讨得多，但对于如何具体操作和实施，如何针对不同地区、不同实际情况开展危机后的社会关爱却并未能给出明确的措施。关于社会关爱的应急机制也非常欠缺，即对突发危机情况下社会关爱体系建设缺乏相关机制与方法，使危机后有关社会关爱服务体系的相关政策仍然缺乏系统性的贯彻和执行。

2. 社会关爱资源整合相对困难

社会关爱服务建设是以政府为主体，联合各地事业单位、妇联、共青团、工会等主体共同构建危机后师生心理援助社会关爱体系。但在实际工作过程中，各部门之间难以充分达到资源整合。我国妇联、共青团、卫健委及工会等各个部门属于平级单位，各部门之间工作职责明确，很难实现资源的相互调配。政府及各部门组织机构中也没有设立针对危机后心理援助社会关爱的相关部门，缺乏行使整合各部资源的权力与专项工作。共青团等各部门之间在连接资源时，也缺乏相应的能力。政府及社会团体之间未有明确的配合义务。最终导致社会关爱服务体系建设过程中社会各资源之间无法达成较为完整的协调与资源共享。

3. 缺乏对社会心理援助队伍的激励和关爱

危机后的心理援助队伍多数是自费、公益性的，无论是专家，还是其他志愿者都克服了许多困难，暂时放弃了平常的工作，离开了自己的家庭和朋友，投入紧张的灾害危机后的心理援助中。他们还面对了心理援助中许多的不确定性的困难和阻力，要适时应对各种问题，压力也是可想而知。所以，心理援助志愿者也需要被关爱。对志愿者的关心、认可、鼓励是提高心理援助成效，并让心理援助长久持续下去的组织和精神保证。但目前缺乏对心理援助的官方表彰激励机制，对荣誉设置、官方认定、政策待遇等方面缺乏顶层设置，不利于心理援助的持续健康发展。

（四）构建危机后师生心理援助的社会关爱机制

1. 充分发挥政府的主导作用

将危机后师生心理援助社会关爱体系建设纳入社会保障和应急管理事业范畴，可以促进危机后师生心理援助社会关爱的可持续发展。充分发挥政府职能，巩固政府的主导、牵线、带头作用，在加大购买社会组织服务之余，也为各部门、组织之间整合资源做出努力。适当赋予活动开展主体相适应的权力，促进心理援助活动的开展与推广。加大危机后师生心理援助社会关爱专项资金投入，整合一些慈善组织和社会组织，为危机后师生心理援助社会关爱体系建设提供充足的物质基础。除对心理援助进行资金支持外，还要对心理援助者进行精神激励。将心理援助者纳入政府奖励序列中，让心理援助志愿者的工作得到社会的广泛认可。

2. 点面结合，加大心理咨询方面的投入

加大心理援助社会关爱体系中的心理咨询方面的投入。心理咨询在危机后心理援助中的作用往往被忽视，因为危机后的救援工作往往放在大的社会层面，但对个体层面的心理问题往往关注得不够。学校要设立心理咨询室，聘请专业心理老师为师生提供免费咨询，解答师生在危机后产生的一些心理困惑，缓解他们的紧张情绪。政府设立或吸引企业及社会组织设立专项资金，支持学校聘请心理老师开设相关心理咨询课程，购买心理健康方面的书籍，举办系列心理健康教育活动，开展专业的心理咨询和心理疏导工作，做到心理援助点、面结合，切实帮助每一个学生健康快乐成长，帮助每一名教师平安顺利地走出危机的消极影响。

3. 预防为主，建立危机后心理援助制度化体系，防患于未然

危机后的心理援助要制度化、常规化，要总结危机教训，制定一系列切实可行的危机防范措施，并坚持日常的危机教育和预防演练，跟踪师生心理变化的演变，预判师生心理演化趋势，采取切实的教育干预措施，预防新的危机的产生。预防比干预更重要，预防是最有效的心理援助措施。

第四章 中小学危机心理援助的效果评估

对人的心理的评估和对心理学应用效果的评估都是一个难题，因为人的行为是由复杂的心理活动导致的，大脑是心理的器官，而对大脑的研究仍然有许多未解之谜。所以对心理援助效果的评估是一个复杂的工程。

所谓心理评估，是指在生物、心理、社会、医学模式的共同指导下，综合运用谈话、观察、测验等方法，对个体或团体的心理现象进行全面的、系统的和深入分析的总称。评估活动应贯穿于心理援助的整个过程。应急期的心理评估通常在灾后1—3个月内进行，恢复期的心理评估常在灾后3个月、6个月、1年和2年进行[①]。心理评估不仅可以了解个体心理健康水平，也可以用来评价心理援助的效果。

根据心理危机的严重程度，可以分为短期效果评估和长期效果评估。其中，短期评估的目标应包括个体的身心状况、生活现状以及与自己及家庭、朋友相关的物质损失、人员伤亡等情况，并与危机前的各方面的功能活动进行比较。长期评估的目标应该包括情况较为严重个体的心理危机缓解程度、适应困难个体的社会关系以及个人的人格、行为习惯特征等。

重大灾难危机后的心理援助，特别是针对青少年的心理援助已日益引起社会的广泛关注。心理学界在借鉴国外、中国台湾地区等危机干预经验的基础上，结合我国的实际情况及当地地域特色、民族特点，不断探讨科学有效的本土化的心理危机干预模式。现以2008年汶川地震心理援助为例，介绍心

① 卫生部疾病预防控制局编:《灾难心理危机干预培训手册》，人民卫生出版社2008年版，第43—44页。

理援助效果评估的相关理论与方法。

第一节　实施方自我评估

实施方的自我评估是检验危机后心理援助效果的自我觉察的手段之一，即由进行心理援助的一方对其自身援助效果进行评估。

一、面谈反馈的方法与步骤

本书第二章已经介绍了面谈的相关技术、组织和实施过程。采用面谈进行评估时，双方可以面对面地进行对话，便于进行直接的观察评估。同时，对于面谈过程中出现的问题，可以及时地进行澄清、反馈。

（一）面谈反馈的方法

面谈反馈的方法主要采用半结构化访谈的形式进行，即对面谈的对象、面谈的内容等有一个粗略的基本要求。围绕心理援助效果这一基本要求，通过一系列的对话进行评估。

评估者可以根据实际面谈情况，灵活地做出必要的调整，如提问的方式和顺序、面谈对象回答的方式、面谈记录的方式和面谈的时间、地点等。

例：中小学教师心理援助效果的半结构式访谈提纲：

（1）参加完所有心理活动后，请你用 1 个到 2 个关键词简单描述一下总体感受。

（2）你当初参加活动的预期是什么？现在是否达到了你的预期效果？

（3）参加心理活动后，你是否在心理上得到了一定的支持和帮助？

（4）如果是的话，能具体说一下是哪些方面的吗？

（5）你是否已经掌握基本的心理自助方法，这对你有帮助吗？

（6）请对组织活动的心理小组提出一些意见和建议（内容和形式都可以），以促进后续活动的更好开展。

（二）面谈反馈的步骤

面谈的基本形式是评估者与被评估者以面对面的谈话方式而进行的评估。面谈的步骤包括以下几个方面。

1. 面谈前的准备

（1）确定面谈对象

首先，面谈对象可以选择接受心理援助的个体，尤其是筛查与评估中需要进行重点心理援助的对象，包括学生、教师和家长等相关人员。其次，面谈对象可以是受援助方的有关负责人，通过对援助效果整体的反馈来进行评估。

确定面谈对象后，对被评估者的相关资料进行整理和了解，如被评估者初始的心理状况、援助过程中的心理变化，以及整体援助情况等。

（2）确定面谈的地点和时间

面谈一般在室内进行，特殊情况下也可以在室外进行，但要注意保持安全的人身环境条件。对于中小学心理援助效果的评估可以选择在教室、办公室及受评估者的家庭住所等。

面谈的时间应以不影响受评估者的正常学习和工作为原则，选择合适的时间进行面谈。对学生和教师的评估不宜将时间放在连续两节课的课间，可选择学生的自由活动时间、教师的无课时间。对相关负责人的评估需提前进行预约，以约定时间为准，同时，说明面谈的过程大约需要多久，请其安排好时间。

（3）确定面谈的内容

面谈的内容要根据被评估者实际情况来确定。

在进行面谈前，应对被评估者的基本情况、心理状况有所了解。确定面谈的问题、措辞及对话的方式等。问题应简单明了、易于回答，问题的范围应限于心理学性质。可以从对心理援助的评价、对过去和未来的总结与展望、对未来的计划与规划等方面来设计面谈的提纲。

除此之外，面谈的内容还应包括面谈过程中出现的问题，如在交流过程中，观察到被评估者出现的情绪和行为。评估者应进行恰当的反应与记录，用于评估与进一步心理援助工作的开展。

2. 面谈的实施过程

面谈实施过程的重点在于评估，即通过面谈反馈的方式对心理援助效果进行评估。

（1）总结援助过程并评估现状

通过了解并总结援助过程，对当前心理状况进行评估。

对于接受心理援助的个体来说，可根据其进行心理援助的前、后身心变化，以及通过此次面谈了解到的最近状况和相关临床标准等来进行评估。对于受援助方的相关负责人来说，可通过心理援助前、后的整体情况，以及了解其当前仍存在问题的部分来进行评估。

（2）展望未来

对未来的计划和规划，也是心理援助效果评估的内容之一。它反映了当前受援助者的心理状态和心理复原水平。

（3）对心理援助的评价及建议

请受评估者对心理援助的过程及效果进行评价和评估。面谈结束后，进行整理和经验总结，为以后的心理援助提供参考。

（4）面谈后的反馈

将评估的内容、被评估者当前的状况进行整理，结合援助前的情况和其他援助资料向有关人员进行反馈，并讨论后续工作的对象、内容等。

（三）面谈反馈的注意事项

1. 面谈内容要有客观性

在心理援助的评估过程中，评估者应如实地收集资料，记录面谈过程。不引导、不暗示，不以自己的主观臆断来进行评估，要让受访者表达自己真实的感受。

2. 面谈过程中进行适时的互动

评估者对面谈的内容进行记录，从不同的角度对问题进行提问，准确捕捉所需的信息。与被评估者进行互动，适时点头示意，鼓励其继续说下去。

3. 做好面谈反馈的记录

对在访谈过程中获得的信息做好记录，在征求来访者同意的情况下，可以录音或录像，以便更好地进行分析评估。记录的内容应真实、准确，不以自己的意愿进行揣测、曲解。

4. 面谈中多采用积极的方式

灾害幸存者依旧需要更多的关心，对其进行面谈反馈时应采取积极主动的关心方式。避免对过去创伤事件的过度提及和分析，要更多地关注被评估者当下和未来的情况，帮助其积极地面对未来。

（四）面谈反馈的优点和局限

1. 面谈反馈的优点

（1）面谈反馈的适应范围广泛。与其他的调查方法相比，面谈是适应范围最广泛的一种调查方法。不同性别、不同年龄、不同职业、不同文化水平的人，只要具备一定的语言表达能力，就可以用面谈的方法进行调查。例如，对于能够听懂和表达简单语意的儿童也可以进行访谈。

（2）面谈的灵活性强。由于面谈过程是双方直接的交流与沟通，是互动的过程。因此，调查者可以随时了解面谈对象的反应，并根据当时的情境提出一些更合适的问题，或者转换话题。

（3）反馈的信息真实具体。面谈主要是通过面对面的语言交流，对面谈对象来说，不会像问卷调查那样有过多的限制和顾虑，他可以生动具体地描述事件或现象的经过，真实、自然地陈述自己的观点和看法。同时，由于面谈可以进行实时的引导和追问，因此可以探讨较为复杂的问题，获取新的、深层次的信息。另外，还可以观察被访者的动作、表情等非言语行为，以此鉴别回答内容的真伪。

2. 面谈反馈的局限

（1）面谈的代价较高。与问卷相比，面谈要付出更多的时间、人力和物力，即使是召开座谈会也要受到人数的限制。因此，一个调查人员能面谈个体的数量是受到限制的。另外，如果要扩大面谈的规模，提升反馈结果的可靠性，常常需要训练一批专业人员，然后分赴各处访问，这又会增加费用的支出。

（2）易受调查人员的主观影响。由于面谈是双方的直接接触，调查人员的性别、年龄、容貌、衣着以及态度、语气、口音、价值观等特征，都可能引起面谈对象的心理反应，从而影响回答内容的真实性。尤其是在陌生人之间进行交谈，接受面谈的一方容易产生种种猜测和不信任感，导致调查结果产生偏差。

（3）调查结果的标准性较差。面谈反馈具有灵活性，而灵活的负面作用就是它的随意性。面谈对象的回答常常没有统一的模式和标准，增加了结果记录与整理的难度，也比较难以类比。要将谈话内容完整记录下来相当困难，尤其是采用无结构化访谈方式，在没有现场录音的情况下，用纸笔记录较难进行，追记和补记往往会遗漏很多信息。另外，由于面谈对象受当下情境因素的影响，其做出的回答是否客观真实也比较难以推断。

（4）面谈缺乏隐秘性。由于当面回答问题，匿名性差，会使面谈对象顾虑重重，尤其对一些敏感性的问题，往往回避或不作真实回答。

二、调查评估的方法与步骤

调查法包括历史调查和现状调查两个方面，可以从多方面来了解受测者的心理活动。

（一）问卷调查的方法

问卷调查是最常用的调查法之一。问卷调查是将一些问题印制在纸上，分发或邮寄给特定的人群，请其填写完毕后交回。问卷通常是从一些有关被测试者背景的问题开始，例如性别、出生日期、受教育程度等。问卷多采用等级量表的方式调查被测试者对某些问题的态度和看法。它根据研究目的，以书面形式将要收集的材料列成明确的问题，让被研究的对象回答。更为常用的形式是将一个问题回答范围的各种可能性都列在问卷上，让被试圈定，研究者根据被试对象的回答，分析整理结果。

问卷一般由卷首语、问题与回答方式、编码和其他资料四个部分组成。

1. 卷首语

它是问卷调查的自我介绍，卷首语的内容应该包括：调查的目的、意义和主要内容，选择被调查者的途径和方法，对被调查者的希望和要求，填写问卷的说明，回复问卷的方式和时间，调查的匿名和保密原则，以及调查者的名称等。为了能引起被调查者的重视和兴趣，争取他们的合作和支持，卷首语的语气要谦虚、诚恳、平易近人，文字要简明、通俗、有可读性。卷首语一般放在问卷第一页的上面，也可单独作为一封信放在问卷的前面。

例如：亲爱的同学，你好：

青岛啤酒红十字心理援助项目的志愿者在两年时间里，与你们一起度过了许多难忘的时光，为了更好地开展工作，我们需要了解你的真实想法，请在相应的数字上画圈。

评分标准：

5= 非常同意 4= 同意 3= 中立 2= 不同意 1= 非常不同意。

请配合我们的调查，谢谢。

2. 问题和回答方式

问题是问卷的主要组成部分，一般包括调查询问的问题、回答问题的方式以及对回答方式的指导和说明等。

例如：（见表 4–1）

表 4–1 青岛啤酒心理援助项目美术课问卷调查

题目	内容	很同意	有些同意	有些不同意	很不同意
1	我很认真地参与了	4	3	2	1
2	我喜欢上课的老师	4	3	2	1
3	我喜欢上课的方式	4	3	2	1
4	我喜欢上课的内容	4	3	2	1
5	我的绘画技能提高了	4	3	2	1
…					

回答一般有三种基本类型，即开放型回答、封闭型回答和混合型回答。

所谓开放型回答，是指对问题的回答不提供任何具体答案，而由被调查者自由填写。开放型回答的最大优点是灵活性大、适应性强，特别是适合于回答那些答案类型很多，或答案比较复杂，或事先无法确定各种可能答案的问题。同时，它有利于发挥被调查者的主动性和创造性，使他们能够自由表达意见。一般地说，开放型回答比封闭型回答能提供更多的信息，有时还会发现一些超出预料的、具有启发性的回答。开放型回答的缺点是：回答的标准化程度低，整理和分析比较困难，会出现许多一般化的、不准确的、无价值的信息。同时，它要求被调查者有较强的文字表达能力，而且要花费较多填写时间。这样，就有可能降低问卷的回复率和有效率。

封闭型回答是指将问题的几种主要答案，甚至一切可能的答案全部列出，然后由被调查者从中选取一种或几种答案作答，而不能作这些答案之外的回答。封闭型回答，一般都要对回答方式作某些指导或说明，这些指导或说明大都用括号括起来附在有关问题的后面。封闭型回答有许多优点，它的答案是预先设计的、标准化的，它不仅有利于被调查者正确理解和回答问题，节约回答时间，提高问卷的回复率和有效率，而且有利于对回答进行统计和定量研究。封闭型回答还有利于询问一些敏感问题，被调查者对这类问题往往不愿写出自己的看法，但对已有的答案却有可能进行真实的选择。封闭型回答的设计比较困难，特别是一些比较复杂的、答案很多或不太清楚的问题，很难设计得完整、周全，一旦设计有缺陷，被调查者就无法正确地回答问题。封闭型回答的回答方式比较机械，没有弹性，难以适应复杂的情况，难以发挥被调查者的主观能动性；它的填写也比较容易，被调查者可能对自己不懂，甚至根本不了解的问题任意填写，从而降低回答的真实性和可靠性。

混合型回答，是指封闭型回答与开放型回答的结合，它实质上是半封闭、半开放的回答类型。这种回答方式，综合了开放型回答和封闭型回答的优点，同时避免了两者的缺点，具有非常广泛的用途。

3. 编码

编码的过程即把问卷中询问的问题和被调查者的回答，全部转变成为符号和数字的形式，以便运用电子计算机对调查问卷进行数据处理。

4. 其他资料

包括问卷名称、被调查者的地址或单位（可以是编号）、访问开始时间和结束时间、访问完成情况，等等。这些资料，是对问卷进行审核和分析的重要依据。

此外，有的自填式问卷还有一个结束语。结束语可以是简短的几句话，对被调查者的合作表示真诚感谢，也可稍长一点，顺便征询一下对问卷设计和问卷调查的看法。

（二）问卷调查的步骤

1. 问卷调查的一般程序

问卷调查的一般程序是：确定问题、调查设计、实施调查、处理分析和总结。

（1）确定要进行评估的项目。针对心理援助的效果进行评估，评估项目可以从认知、情绪、行为等多方面展开。

（2）调查设计

调查的设计包括抽样设计和问卷设计。由于受灾人员的数量较多、分散较广等原因，难以对所有个体进行评估。因此，采用抽样调查的方式既可以较准确地反映整体援助效果，也可以较快速地进行评估。问卷的设计要根据确定的主题来完成，设立各种明确的问题。常用的形式有选择法、是否法、记分法和等级排列法。

（3）实施调查

对当事人现状调查主要围绕与当前问题有关的内容进行。调查对象包括被评估者本人及其周围的“知情人”，如同学、同事、父母、亲友、老师、领导、兄弟姐妹等。

（4）处理分析

对收集的问卷进行处理分析，可借助计算机进行统计。根据结果评估心理援助的效果是否达到预期，分析对结果产生影响的因素可能有哪些。

（5）总结

对以上评估过程进行总结，撰写调查报告。对评估过程中仍出现心理健康问题的个体，进行进一步的、有针对性的帮助。

2. 应用问卷调查的注意事项

（1）认真确定被试。被试要十分熟悉有关情况，要具有代表性。

（2）设计的题目不要太多。题目要富有意义，表述要简单、明确、通俗。

（3）要求的答案必须是具体的。最好使用判断、选择、填空等形式。

（4）最好使用无记名答卷。以消除被试的疑虑。

3. 评估心理援助效果的相关量表

适用于地震等灾害危机后儿童和青少年心理危机评估的量表较多，除第二章介绍的相关问卷外，以下问卷也可以用于心理危机的评估。

（1）心理创伤后应激障碍自评量表（PTSD–SS）

此量表包含 24 个条目，理论上可划分为对创伤事件的主观评定、反复重现体验、回避症状、警觉性增高和社会功能受损 5 个部分。各条目采用 1—5 级评分，累积 24 个条目得分为 PTSD–SS 总分，得分越高应激障碍越重，量表总分≥ 50 表明有创伤后应激症状。

（2）青少年自评生活事件量表（ASLEC）

此量表含 27 个条目，涉及 27 项可能给青少年带来心理应激的负性生活事件，分为 6 个因子：人际关系、学习压力、受惩罚、丧失、健康适应及其他。施测时通过指导语让被试回顾每项事件是否发生（一般将生活事件的发生时间限定为最近几个月，亦即地震等灾害危机后的半年），若发生过则根据事件发生时的心理感受分1—5级评定。

（3）青少年社会支持量表

青少年社会支持量表以肖水源的社会支持理论模型为基础，量表内容包括被测者得到的社会支持资源和其对已有资源的利用情况。前者又分主观感觉自己所拥有的资源和客观实际得到的帮助两部分；后者则指个体对所拥有的社会资源的利用情况。青少年社会支持量表是一个自评量表，包括主观支持、客观支持和支持利用度3个维度，共17个条目，采用五点评分法。

（三）问卷调查法的优点和局限

1. 问卷调查法的优点

（1）时间灵活，效率高。问卷可以当场发给被调查者，也可以通过邮寄或者网络实现对远距离的多方面的调查对象进行调查，既能获得大量信息，又能节省时间和经费。

（2）取样不受限制。与观察、访谈等方法相比，问卷法样本大小不受限制，完全可以根据抽样的科学要求和实际情况，确定调查样本的容量，可以选取大样本，也可以选取典型样本。

（3）调查者和被调查者无须面对面接触，具有一定的回避效果。问卷调查一般不署名，被试回答没有更多的心理负担，容易获得被试的支持，易使结论比较客观。

2. 问卷调查法的局限性

（1）设计比较麻烦。

（2）回收率问题。回收率较低，会影响其代表性。

（3）获取信息的质量问题。被调查者填答问卷时可能出现估计作答或回避本质性东西的现象，影响信息的准确性。因此，有时还要结合访谈了解深层次的信息。

（四）其他调查评估的方法和步骤

1. 电话调查法

电话调查法是指调查人员通过电话向被调查者进行问询，了解所需情况的一种调查方法。由于彼此不直接接触，而是借助于电话这一中介工具进行，因而是一种间接的调查方法。实施的过程与问卷调查法大致相同，但调查者需要明确问题的内容，避免误解的发生。

电话调查的一般步骤如下。

（1）确定进行电话调查的对象。采用抽样或其他方式选取要进行调查的对象，并根据调查对象的特征进行分类。

（2）针对不同分类的调查对象，制作相应的调查提纲。

（3）制定与调查有关的时间表。

（4）对调查人员及监督人员进行训练。

（5）进行电话调查。

（6）整理资料，撰写调查报告。

2. 网络调查

网络调查，又称在线调查，是指通过互联网及其调查系统把传统的调查、分析方法在线化、智能化。随着信息技术的发展，电脑和网络越来越频繁地出现在人们的眼前，渐渐地在人们的生活中占据了一个很重要的地位。于是，在传统的调查中衍生出了一个新型的调查方式，即网络调查。这种通过网络进行评估效果调查的方式极大地扩大了被调查者的人数及其所在地域，让更多的人能够参与到调查中，同时还能节省大量的人力和物力。

网络调查的一般步骤如下。

（1）确定调查目标

根据评估内容，确定要进行调查的对象。

（2）确定调查方法

网络调查方法主要是问卷调查法，因此，设计网络调查问卷是网络调查的关键。由于互联网交互机制的特点，网络调查可以采用调查问卷分层设计，可以借助层次的过滤对不同类型的对象进行调查。

（3）分析结果、撰写报告

对回收的调查问卷进行数据分析，将调查结果撰写成报告。

三、观察总结的方法与步骤

观察法是心理学研究中最基本的方法，也是心理评估的基本方法之一，是按照研究目的，有计划、有系统地直接观察学生个体的行为表现，对所观察的事实加以记录和客观的解释，以了解学生心理和行为特征的一种方法。

观察法可分为参与式与非参与式两种，对观察得到的事实应及时做记录。

中小学的心理援助效果评估，还可以通过观察总结的方式进行。任何灾难都会对儿童产生影响，不同年龄阶段、不同发展阶段的儿童和青少年对灾难也有不同的反应。教师及相关工作人员可以通过平日观察，对中小学学生的心理健康状况进行评估。

（一）观察法的记录方式

1. 项目检核表

将要观察的学生各项心理特质或特征性行为作为项目列于表上，如“仪容整齐”“勤奋好学”“受人欢迎”“自我中心”“不诚实”，当所观察的学生具有某些特质或行为特征时，就在对应的项目前做出标记，如打“√”。

2. 评定量表

将欲观察的特质或行为列于表上，研究者将被观察学生的表现与表中项目相对照，并根据符合的程度进行等级评定。评定等级通常分为 3 等、5 等或 7 等。

3. 逸事记录

逸事记录是教师或援助者对学生观察后，及时对所观察到的重要事实，以叙述性文字所做的一种简明的记录。它包括被观察者的姓名、年级，观察的时间与观察者的姓名，观察事实及其发生情境的描述，观察者的解释与建议。

在心理社会评估中，离不开对被试者的观察，其是评估者获得信息的常用手段。观察的结果需要经过科学而正确的描述加以“量化”。

（1）目标行为：在心理评估中观察内容常包括仪表、体形、打扮，人际交往风格、言谈举止、注意力、兴趣、爱好、各种情境下的应对行为等。实际观察中，应根据观察目的、观察方法及观察的不同阶段选择观察目标行为。对每种准备观察的行为应给予明确的定义，以便准确地观察和记录。

（2）资料记录：常因观察方法不同而采用不同记录方式。一般而言，定式观察有固定的记录程序和方式，只要严格遵循即可；非定式观察常采用描述性记录方法，不仅要记录观察到的目标行为表现、频率，还要进行推理判断。

观察法的成功与否取决于观察的目的与任务是否明确，观察和记录手段是否适当，以及观察者的经验和态度。

（二）观察法的实施步骤

1. 观察法的准备阶段

（1）确定观察的主要对象、主要目的和观察流程。准备一个初步的观察任务清单，作为观察的框架。

（2）确定观察提纲。观察提纲只供观察者使用，力求简便，只需列出观察内容、起止时间、观察地点和观察对象即可。为使用方便还可以制成观察表或卡片。

（3）培训观察人员。对参与观察的人员进行培训，要求相关人员在进行观察时应尽量以多方面、多角度、不同层次进行观察，收集资料。密切注意各种细节，详细做好观察记录，同时还要遵守法律和道德原则。

2. 观察法的实施阶段

（1）观察者应在学校领导或相关负责人的协助下，对师生的学习和工作进行观察；对心理援助队在学校开展心理援助的内容、形式和效果进行观察评估。

（2）在观察中，观察者要做好详细记录，尽量从多方面、多角度进行观察，将观察与思考相结合。

（3）对于参与式观察来说，还应预先设置好情境，做到有针对性、有代表性。

3. 观察法的总结阶段

（1）初步整理。将观察到的信息进行初步的整理，检查观察提纲中的任务。

（2）合并信息。将观察所得信息与其他补充资料（如总体的情况、个体的其他信息等）综合进行整理。

（3）进行分析和总结。根据已有资料进行分析、概括，根据观察结果和其他资料做出结论。

（4）反馈信息。将观察结果和结论汇总给相关负责人，并针对存在问题提出建议或附上进一步的计划。

（三）观察法的注意事项

运用观察法时应当注意以下几点。

1. 要有明确的目的，详细的计划

观察目的明确是运用观察法的基本要求，研究者不仅要明确地提出问题，而且应该详细地规定所要观察的具体行为。详细的计划是指观察的时间、过程、对象、记录方式等都应预先安排和准备好，以保证观察的质量和效率。

运用观察法对心理援助的效果进行评估，可从以下几方面进行观察。

（1）情绪反应

常见的情绪反应包括恐惧、紧张、害怕、焦虑、担心、无助等。儿童的警觉性增高，如难以入睡、易惊醒，对环境中正常的风吹草动表现出过分的惊跳反应。还可能出现由情绪反应引起的躯体化表现，出现头痛、头晕、腹痛、腹泻、哮喘、荨麻疹等症状。

（2）行为反应

行为反应常表现为发脾气、攻击同伴、不想上学、害怕离开父母、过分在意父母、怕黑、怕独处或怕新的环境。可能出现尿床、吮手指、要求喂饭等退行行为。回避接触和谈论与灾难有关的事物和感受，会不由自主地反复想到或梦到与危机灾难有关的事物或情境，或反复以游戏、绘画或其他象征性的方式表达对灾难的认识与体验。

（3）社会人际关系

危机灾害会引起学校、家庭等环境的变化，使儿童产生烦躁情绪，出现注意力不集中，或容易与他人发生矛盾、冲突等适应性问题。由灾难导致的原有师生、朋友、亲子关系的变化，容易使儿童感到孤独、无助和迷茫。尤其是亲人的丧生，会给儿童带来巨大的打击，损伤其生活的信心，甚至影响深远。儿童可能会误认为自己对灾难的某些后果有责任，对没能帮助同伴逃离危险等产生自责、内疚的体验，进而回避他人。学校师生与心理援助者之间的人际关系状况也是评估者观察的内容之一。

2. 观察过程中，应尽可能防止干扰观察对象活动的情况发生

常见的干扰可能来自两方面，一是观察者，二是观察仪器设备。观察者的表情、动作、言语往往会影响被观察者的正常行为活动，对观察结果产生影响。观察仪器或设备的出现，也有可能导致被观察者的行为与平日不同，因此，若使用观察设备应注意隐蔽。

3. 观察者应明确要观察的内容，且能迅速、准确地进行记录

对于不同年龄阶段对灾难会表现出不同的心理特征和反应，观察者可以参照表格中的反应，提前明确要观察的内容。（见表 4–2）

表 4–2　不同年龄阶段对灾难的心理特征和反应

年龄阶段	心理特征和反应
①学龄前儿童（1—5 岁）	吸手指，尿床，害怕黑暗或动物，黏住父母，畏惧夜晚，大小便失禁，便秘，说话困难（ 例如口吃），食欲减退或增加等。这个年龄层的儿童面如对他们以往所处的安全世界因灾难而遭受破坏，会显得特别脆弱，因为他们通常缺乏处理紧急压力的语言和思考能力，而期望家人来帮助或安慰他们
②学龄儿童（6—10 岁）	易怒，哭诉，黏人，在家或学校出现攻击行为，明显地与弟弟、妹妹竞争父母的注意力，畏惧夜晚，做噩梦，害怕黑暗，逃避上学，在同伴中退缩，在学校失去兴趣或不能专心等。退化行为几乎是这个年龄层的典型反应，失去宠物或有价值的物品对他们而言是特别难处理的
③青春期前儿童（11—14 岁）	睡眠失调，食欲不振，在家里造反，不愿意做家务，学校问题（ 例如打架、退缩、失去兴趣、寻求注意的行为），生理问题（ 例如头痛、不明原因的痛、皮肤发疹、排泄问题等），失去与同伴社交活动的兴趣在这个年龄层特别明显，孩子需要觉得他的恐惧是适当并和别人一样的，以减低紧张和焦虑及可能的罪恶感为目标
④青春期儿童（15—18 岁）	身心症状（例如排泄问题、气喘），头痛与紧绷，食欲与睡眠失调，月经失调与月经困难，烦躁或减低活动，冷漠，对异性的兴趣降低，不负责或犯法的行为，想从父母控制中解放出来，注意力不集中，焦虑病症（ 不断担心自己有病痛，但无医学上的根据）

4. 观察者应能够区分客观事实与主观解释的异同

如果观察者不止一个，就应该预先训练，提高观察记录的一致性。

5. 对同一行为应观察足够的次数或时间

以避免偶然性造成的误差，保证观察结果的可靠性。

（四）观察法的优点和局限

1. 观察法的优点

（1）由于观察法收集到的是被观察者在自然状态下的行为表现，可以直接获得第一手的资料，使观察结果较为真实。

（2）观察法具有及时性的特点，可以观察到正在发生的现象，能够根据当时全面的情况来解释被观察者的行为和反应。

（3）观察法可以收集到一些无法用言语表达的信息，比如被观察者的动

作等，能够对结果进行补充。

2. 观察法的局限

由于观察是在自然状态下进行的，观察者处于被动地位，只能等待行为反应的发生，因此可能在一段时间内不能观察到预期的行为，颇费时间。再者，观察法会受到观察者自身客观因素和主观因素的限制，从而导致观察范围较小、观察结果出现不准确的现象。

因此，在评估的过程中，观察法需要结合其他方法一起进行，方能得到更为全面、准确的结果。

第二节　受援助学校的评估

学校应建立相关评估小组对学校心理援助的效果进行评估，小组人员应包括学校领导、管理人员及教师、学生代表等。

一、学生及家长的评估与组织

学生作为学校最主要的成员，学生对心理援助效果的评估是学校评估的重要环节；而对学生及家长援助后状况的评估是学校层面评定心理援助效果的关键指标。可以根据专业人员提供的反馈和调查报告，通过建立的学生档案和对学生的作品来进行分析等方式来评估学生的现状和心理健康水平，以此反映出心理援助的效果和作用。

（一）评估内容

评估内容主要包括心理援助人员提供的调查报告、学生日常学习生活和心理健康教育课程等。

1. 调查报告和反馈

（1）学校根据心理援助实施方提供的调查报告及反馈可以了解全校学生的基本心理健康情况。参考报告中干预初期与干预后期的相关数据，对心理援助的整体效果进行评估。

（2）根据学校当前实际情况，评估心理援助实施方提供的后续计划和建议，提出相应的修改完善意见。

2. 学生日常学习与生活

（1）学校领导和相关负责人可通过观察、访谈等形式，了解学生目前的学习与生活情况。从班主任处收集班级的相关情况，对援助后学生学习与生活是否基本恢复正常进行评估。

（2）从学校心理健康负责人处了解受援助的个体是否得到切实的帮助，心理援助实施方的心理咨询工作是否进行得有效。

3. 心理健康教育课程

学校对心理健康教育课程的评估可以从课堂教学、教育实效、师资情况等方面进行。

（1）心理健康教育课程应根据教学目的和教学计划进行，教学内容符合当前学生身心发展阶段特征。

（2）心理健康教育课程应对多数学生心理健康发展有积极作用，学生在出现心理问题时能够及时求助并得到解决。

（3）心理健康教育的专职和兼职教师应具备心理学或相关知识，能够进行心理健康教育课程的教学和学生心理辅导。

（二）评估方法

对学生心理健康情况进行评估的方法有很多，学校可以根据实际情况选择方便、合适的方法进行评估。本书主要介绍以下两种方法。

1. 建立学生档案

建立学生档案，也称为档案袋评价法，是教师和学生有意地将各种有关学生表现的材料收集起来，进行合理的分析与解释，以评定学生在危机后学习与发展过程中的努力、进步、成长变化状况等。建立学生心理档案，可以使教师了解学生的心理变化，从而把握各年龄段学生的不同心理特征，在教学过程中有的放矢、因材施教，把握教育规律科学育人，为学校进行有效的危机后心理辅导提供科学依据；可以使学校的整个管理流程更具现代意识，更具人性化和科学化，使教学辅助手段得到更高层次的丰富。学校可以参照学生档案的建立，为学生建立“心理档案袋”，其实施过程主要有以下几个阶段。

（1）明确目的

建立心理档案袋的目的是在日常教学活动中对学生的心理进行了解、评估。教师或资料收集人员应当向学生做出相关保密承诺，让学生可以真实地将自己的心理活动以各种形式放入档案袋中。

（2）资料收集

向学生介绍放入档案袋的内容，既包括必选内容，也包括可选内容。了解学生的基本心理状况应作为普遍的内容，而不同学生必然存在不同的心理状态，可以让学生自己选择其他方面，如情绪、人际关系等。

（3）评估

通过档案袋，学生能够了解自己一段时间内的心理变化，教师等相关人员也可以从中掌握学生的心理健康状况。值得注意的是，教师在这些过程中尽量不对学生档案袋中的内容进行评判，以免让学生产生不安情绪，档案袋的作用也会下降。对于出现较严重心理问题的学生，教师可以与心理教师讨论评估并给予学生帮助。

（4）学生展示

学生可以挑选自己想要展示的内容进行分享，分享的过程可以班会、家长开放日等方式进行。学生的展示完全处于学生的个人意愿，教师应避免强迫学生分享。

2. 作品分析法

教师可以根据教学活动中学生完成的作业情况，对学生进行评估。对于相同的教学内容，因为学生个人实际情况的不同，其完成情况和内容也不尽相同。所谓“作品”是指被评估者在日常生活中创作的日记、书信、图画、手工艺品等，也包括生活和劳动中所做的事情。自述法是通过学生书面形式的自我描述来了解学生生活经历及内心世界的一种方法。日记、周记、作文、自传、内心独白都是自述法的具体形式。以下仅对自传法做简要说明。

自传分结构式自传与非结构式自传。结构式自传的内容框架事先已设计好，学生只需填写规定的内容。它特别适合于语言表达能力不好的学生，也便于对不同学生在某些方面进行比较。但结构式自传使学生自我描述受到限制，有可能遗漏对个别学生来说是特别重要的问题。非结构式自传允许学生做开放式的表述，可以反映出事先未能预知的有重大价值的资料，但在对其内容进行解释时会遇到一些困难。

著作是反映心理活动的重要窗口，通过对著作的分析研究，可以相当客观准确地把握一个人的心理状态。通过分析其他作品（比如书法、绘画、言论等），也可以深入地了解一个人的精神世界，比如兴趣、爱好、理想、知识面等都可以从中反映出来。此外，从作品的内容和质量中往往也能分析出智商和个性品质特点。我们还可以通过分析观察完成作品的过程来分析、了解个人。

学校也可以通过在心理健康教育课程中，与学生个人心理健康状况有关的作业进行分析评估。这需要提前计划好心理健康教育课程的内容，例如，情绪、行为和人际关系等主题。从不同的主题中，获得学生对其的认知和态度，并结合教师对学生的了解进行评估。

（三）学生家长的评估

家长是儿童及青少年成长中最重要的人，父母的观念、行为、教养方式等对中小学学生产生着影响。家长的评估重点不在于对孩子进行专业的心理干预，而是促使家长成为儿童及青少年心理的支持者。

许多学生家长也是受灾群体中的一员，其自身的心理健康状况如何会直接或间接地影响到学生。学校可以通过组织家长讲座等方式，向学生家长普及心理健康的基本知识、自救方法及相关应对策略，并提供专业的心理专家、机构以便有需要的家长进行咨询。学校每学期要为家长举办 1—2 次心理健康教育讲座或宣传活动。充分利用家长等校外资源共同开展心理健康教育工作。

家长由于熟悉自己孩子的心理变化状况，对心理援助的效果有一定的说服力，所以学校在心理援助效果的评估中把家长作为重要的评估对象成为必然。

二、教师的评估与组织

在关注学生心理健康状况的同时，教师的心理健康状况也不容忽视。部分教师也是受灾群体，在灾难发生后，教师不仅要处理好自己的行为和情绪，还要维护好学生的心理健康。因此，对危机后教师心理健康状况的评估需要有计划、有组织地展开。对教师心理援助效果的评估可以采取问卷调查、团体活动等方式，也可以通过教育教学活动过程中教师的表现对其心理健康状况进行评估。

（一）评估内容

1. 调查报告和反馈

（1）根据心理援助实施方提供的调查报告，了解教师总体的心理变化情况，包括教师的心理健康水平、社会功能情况等。

（2）了解心理援助过程中受援助教师的援助过程和效果，以及是否达到心理援助的目标。

（3）对后续的教师心理援助计划提出建议，评估长期援助计划的可行性。

2. 教育教学活动

（1）学校评估小组对教师的日常工作进行常规检查和督导，评估心理援助后教师的教育教学工作是否恢复正常。包括教师的备课、上课、作业、教学反思等基本工作。

（2）学校复课后的教研活动，在研究教学内容本身的基础上，是否结合心理援助中发现的学生身心状况，探讨特殊时期如何开展有效的教学活动。

（二）评估方法

1. 问卷调查

采用问卷调查的方式可以较大范围地了解教师的心理健康情况及心理援助的情况。对教师心理健康状况的评估可采用 SCL–90、PCL–C 等，具体步骤和方法在本书第二章有详细介绍。

对心理援助效果的调查可通过满意度调查来进行，若调查结果中满意度低于 60%，此项援助是不达标的（见表 4–3）。需要根据实际情况，修改援助计划，进行后续的工作。

表 4–3　教师团体心理活动的满意度调查样表

项目	非常满意	满意	不太满意	不满意
您对此次心理活动的组织形式				
您对此次活动内容				
您对此次活动整体策划和工作人员				
您认为此次活动对您个人成长的帮助				
……				
你对此次活动的建议				

2. 团体活动

学校可以通过组织教师开展座谈、团体活动等方式，在这些活动过程中对教师的心理状态和援助效果进行评估。

进行团体活动之前，学校领导及相关负责人应与教师商量、讨论，确定合适的团体活动。设计的活动应尽可能照顾到不同年龄段的教师群体。活动开始前需要提醒全体教师注意保护他人的隐私，让教师可以真诚分享。活动过程中，可以借助游戏、道具等引导教师分享。对教师的分享进行适时的记录、追问，但不宜过分深入，避免对教师的诱导或者二次伤害。活动结束时，可以通过记录感悟等方式，收集教师对于此次活动的看法和体验，了解教师心理现状，对心理援助效果进行评估。

3. 观察与访谈

学校领导和相关负责人可以通过观察与访谈的方式，了解教师目前的身心情况等，对教师的现状进行评估。

评估小组可以通过巡课、听课的方式，观察教师是否恢复正常的教育教学工作。通过正式或非正式的访谈，与学科负责人、教研组长、个别教师等进行沟通，了解当前教师在心理援助过程中得到了哪些帮助，还需要哪些方面的心理援助的帮助和支持。

三、学校的评估与组织

学校对心理援助效果的评估工作应结合学校自身的具体情况进行，对学校基本行政、教学等工作进行评估。学校应以全面复学、复课为重点开展工作，有序推进学校的正常行政和教学工作。

（一）学校教育教学管理的评估

1. 组织领导

对学校组织领导的评估重点主要在于制度和规划的评估。学校的组织机构建设应完善、具体、高效，要根据学校的实际情况建立应急小组或危机干预小组，各机构间分工、责任明确。

（1）机构设置

学校在灾后应适当调整机构设置，成立相关应急小组和心理健康教育工作指导小组，并至少有一名校级领导对小组负责。

有明确的责任部门，负责应急工作和心理健康教育工作的具体组织和实施。

有专职或兼职的心理健康教育教师、班主任、各科教师参与的应急机制和心理健康教育工作机制。

（2）科学规划

学校有至少 3 年以上的整体发展规划，其中应包含学校心理健康教育的发展规划，有学校危机突发事件应急预案。

有现阶段的学期或学年规划，包括学校领导与教育教学的具体工作计划。

（3）规章制度

有现阶段工作组织、工作实施、工作检查评估等方面的具体规章制度。有应急工作和心理健康教育工作的制度。

2. 教学环境

学校教学环境可以为正常教学提供条件保障，也可以通过良好校园环境的建设促进学生的积极发展。

（1）评估学校教学环境安全状况。排查存在安全隐患的学校设施，安排好教学场地，协商有关部门准备好复课所需的物资，做好教学场地的安全工作。

（2）评估学校心理咨询场所和机构建设情况。学校配备至少一个心理咨询室，能进行心理咨询、心理测评等活动。心理咨询室应按照相关要求，配备所需的基础设施及图书、资料等。

（3）评估学校开展校园文化建设情况。学校应注重人文关怀和积极的校园文化氛围的培育。从文化宣传设施、场所和文化活动的内容、形式、参与度、效果等方面进行全方位的评估。

3. 教育教学

学校应制订复课计划，确保教学活动的有序进行。结合政府、社会及民间团体力量，协助灾区学校复课和学生就学，妥善处理好异地复课等特殊情况，做好相关工作。

（1）对学校当前工作展开情况和成效进行评估，如教育教学活动是否基本恢复、学生复课率、教学效果如何等。

（2）日常教学计划各环节的落实情况，可以实施阶段性的教学检测，了解现状，以便进行下一步工作的规划。

（3）在复课实施的同时加强心理健康教育的宣传引导，学校应鼓励全体师生参与到学校的灾害危机后的恢复工作中，调动师生的积极性。

（二）学校教师队伍建设的评估

学校的教师队伍建设可以通过教研活动、内部培训、骨干队伍建设情况等多种方式进行，实施心理援助后，对教师队伍建设的评估可以从以下几方面进行。

1. 教研活动评估

（1）学校各科教师有集体的备课等教研活动，每月至少一次，每次教研活动有计划、有主题、有记录。

（2）学校有心理健康专题的教研活动，全体教师应每人至少参加一个活动。

（3）学校有优质课、研讨课等活动，可以为老师提供一个交流现阶段教学情况的机会。

2. 教师培训制度评估

（1）学校应建立完善教师的培训制度，确保教师在灾害危机发生后能得到正常的培训，以便更好地恢复工作、得到自身的发展。

（2）学校应制定教师的培训规划，结合心理援助小组的调查结果和建议，对教师进行心理健康教育基础知识、基本技能培训，加强危机心理干预的系统培训，尤其要重视对骨干教师的培养和培训。

（3）指导教师制定专业发展规划，使每位教师对自己未来的发展有一个较为详细的规划。

（4）帮助建立教师专业发展档案，尤其是在心理援助后期阶段，有专业人士对教师未来发展提供一定的参考。

3. 支教教师在教师队伍中的作用评估

支教教师作为心理援助中的组成部分，也是学校教师队伍中的一部分，因此也应列入学校评估的范围。

（1）支教教师的教学工作。支教教师的教学工作应在了解所支教学校的情况下，按照所在学校的教学计划、教学安排进行。支教教师要认真执行教学的各个环节，备课时既要备教材、教法，还要备学生。

（2）支教教师的课外活动。支教教师应与学校其他老师一起分析学情，在此基础上结合当地特色，因地制宜开展各项活动。在进行活动的过程中，做好学生和老师的管理与沟通工作。

（3）支教教师的交接工作。支教教师需按时与受援助学校教师或相关负责人汇报工作，及时进行教学反思。支教教师工作结束前，应与相关人员沟通交流，将支教期间的工作、资料等做好交接。

（4）支教教师进行心理疏导的情况。支教教师作为心理援助的一部分，一般拥有专门的心理学技能，受过心理援助的专门培训，他们在完成相关学科的授课支教任务的同时，需要对所授课学生进行心理问题的发现、疏导和及时转介。

（5）支教教师的其他支教表现。包括支教的态度、人际交往、专业水平、专业伦理、行为表现等，并给出综合评价。

第三节　教育及监管部门的评估

开展对灾害和危机突发事件受害者的心理评估，无疑具有十分重要的意义。危机事件不仅仅带来了生存环境的破坏、身体创伤性损害，还可能引发大规模的传染性疾病，而且更为严重的是危机事件所导致的亲人死亡、财产损失等。实践证明，无论是自然灾害危机（如地震、洪水、海啸等），还是人为危机（如矿难、爆燃、化工污染事故、学校暴力事件等），面对危机事故与突发事件，绝大多数受害者会出现情绪麻木、无助、绝望、抑郁、内疚、胆小害怕、睡眠障碍（如睡觉不踏实或整夜不眠）等痛苦或焦虑、恐惧的体验，或诱发其他严重的精神卫生问题。这些问题需要及时、准确的心理评估，进而通过心理干预帮助解决。而教育与监管部门能够统筹规划危机后心理援助计划的实施与后期巩固，并且能够掌握很多的数据资源，以便于进行心理评估和心理援助效果评估，这些评估有利于对学校心理援助效果进行适时的监督、检查和指导，促使学校心理健康教育工作和心理援助工作顺利进行，并有助于有关部门对今后的工作，进行政策可行性分析，推进完善和建构适合我国国情的中小学生危机心理援助理论与实践。

一、教育主管部门的评估与组织

由于部门的性质和职责所在，教育主管部门对中小学师生危机心理援助的评估主要集中在对灾后中小学心理健康教育效果评估和对特殊学生的处置效果评估两大方面。对于危机后中小学心理健康教育工作评价指标一般分为三个方面：对心理健康教育的管理，包括组织领导和物质保障，这是工作的基础；心理健康教育实施的过程，主要指内容和方法，这是工作的核心；心理健康教育实施的效果，即实效性，这是心理援助工作的关键与具体展现。

上级教育主管部门是学校的直接领导和管理者。教育主管部门对受援助学校进行评估，并会同受援助学校对援助队伍进行评估。由于对危机后学校师生的心理援助主要是在受援助学校进行的，所以学校对心理援助的组织领导和管理水平也是心理援助效果评估的主要组成部分。教育主管部门对心理援助的评估与组织主要从以下三个方面进行。

（一）组织领导和物质设施保障的评估

中小学师生的心理援助工作的实施需要建立一定的组织管理操作系统，提供心理健康教育的条件，保证心理援助的正常进行，这是实施和落实心理援助工作的基础。学校管理是学校组织、协调、指挥、控制学校工作的过程。加强学校对心理援助工作的管理有利于保障心理援助的顺利实施，将心理援助落实到中小学育人的整个过程中。

1. 对领导机制的评估

实践证明，明确各级心理健康教育管理组织和研究组织的负责人是心理健康教育管理得以实现的保证。只有落实组织领导和负责人，才能组织、协调各方面力量保证学校心理健康教育工作有组织、有秩序地开展，提高工作的针对性和实效性。心理援助队伍的组织管理体系建设情况也是教育主管部门和学校进行心理援助效果评估的主要部分，具体包括领导体制、机构设置、人员编制、工作流程、工作内容和工作职责等。

危机事件过后，由于紧急处理危机事件对人力资源的占用比较多，往往会出现领导岗位空缺和领导人员不足或顾不上等情况。学校领导人员，往往需要身兼数职。这对领导人员的时间管理和能力要求都很高。因此，建议教育主管部门对各学校领导进行有效管理，提高对心理援助的认识，协调解决各学校在灾后心理重建中出现的问题。心理援助队伍要成立更为健全的心理援助组织管理体系，整合各方资源，保证心理援助的顺利健康实施，而且要及时地与当地教育主管部门和学校领导进行有效沟通，进行心理援助知识的普及和工作协调。对心理援助组织领导体制和组织方式的评估，也是受援助地教育主管部门和学校对心理援助组织效果评估的重要内容。同时，上级教育主管部门和受援助学校，要逐步建立危机后学校心理健康教育和危机干预的组织体系，制定心理健康教育规划和危机预防处置预案，成立相应的领导小组，使危机后中小学心理健康教育体系化，保证后续心理援助工作更好地对接和开展。

2. 对心理援助环境与设施的评估

良好的心理援助环境、落实到位的工作经费是学校心理援助工作顺利开展的有力保证，应列为教育主管部门对心理援助管理效果评价的重要指标。

实施心理健康教育要有必需的基地、场所、设备及教育手段，学校的校园文化、心理氛围、校风等都是这个指标下的内容。包括：心理咨询室、团体心理辅导室、沙盘室、团体心理咨询室、宣泄室、心理健康教育课教具、兴趣活动室、学校心理健康教育宣传栏等。这些设施、经费和良好的心理健康教育环境的营造，一般要由心理援助组织和受援助学校各自发挥自身优势共同完成，但心理援助组织不能要求受援助学校必须提供多少场所、出多少经费，而是因地制宜、相互协商，共同营造良好的心理健康教育环境和条件，因此，建立心理援助组织和受援助学校的沟通协商机制非常重要，通过友好协商，制定统一的心理援助方案，并对心理援助的内容、方法、经费使用和过程进行共同监督管理和指导。

（二）对心理健康教育目标、方法与任务流程的评估

危机后中小学心理援助工作是在一系列心理健康教育活动中进行的，是借助各种形式的有意义的活动来完成的。心理援助没有一定的实施工作的过程，效果也无从谈起。同时，在危机后这一特定情境下，心理援助实施过程中的人文关怀对身处危机中的中小学生的心理创伤恢复也有着至关重要的作用。虽然过程并不等同于效果，但它却可以透视中小学心理健康教育工作的

一般状况，在这个意义上可以说它是心理健康教育工作的核心。因此，评价危机后心理援助中小学心理健康教育工作做得如何，应对其初期的目标计划设置和过程进行考察，并把过程评价与效果评价结合起来，得到切实的评价结果。

1. 心理健康教育目标评估

2010年开始，教育部对中小学开展心理健康教育提出了更加清晰和具体的要求，要求各校要面向全体学生，开展不同层面、形式灵活、效果显著的心理课程；遭受灾害危机的学校要根据学生的年龄特点采用合适的形式开展灾后心理辅导，小学以游戏和活动为主，初中以活动和体验为主，包括小组讨论、角色扮演、行为演练、游戏辅导和价值观辨析等方法，旨在普及灾后心理健康教育科学常识，帮助学生掌握灾后心理调适的方法，重建积极的心理。2012年，教育部下发的《中小学心理健康教育指导纲要（2012年修订）》中，对心理健康教育课的总目标进行了阐述：提高全体学生的心理素质，培养他们积极乐观、健康向上的心理品质，充分开发他们的心理潜能，促进学生身心和谐、可持续发展，为他们健康成长和幸福生活奠定基础。近几年，中央及地方也制定了心理健康教育规划和纲要，面对2020年以来的新冠肺炎疫情，也针对中小学提出了具体的心理援助指导意见，它们都是指导心理援助工作的纲领性和指导性文件，是对心理援助进行效果评估的重要标准。

此外，教育主管部门在评估中小学危机后心理健康教育课程时，应当结合当时当下社会要求和学校师生的实际情况，评估学校的心理健康教育课程是否满足了该校师生的实际需要、是否发挥了正能量、是否有明确的心理健康教育的目标与计划、是否有益于灾后中小学生的心理重建和心理素质的提高与发展等。

2. 对课程方法与形式评估

由于灾后初期受创伤的中小学生的心灵大多是麻木和封闭的，因此在设置吸引学生的心理健康教育课程时，用他们感兴趣的方式方法和新颖的上课形式使他们敞开心扉，接受治愈和心灵重建显得十分关键。

教育主管部门在评估危机后中小学心理健康教育课程的方法过程中，可以采取对学生进行访谈、优质优品课程评选等方法，并以此促进心理健康教育教师创新的积极性和主动性。

3. 对心理健康教育流程和伦理规范的评估

教育主管部门要对从事心理健康教育等心理援助工作的志愿者和教师，进行工作流程和伦理规范等方面的评估。心理健康教育是一项专业性的教育活动，心理援助工作者要坚守心理工作伦理守则、严格工作流程，遵循心理健康教育的规律。

（三）结果评估

衡量心理健康教育的价值，最根本的是效果，即对学生产生了多大积极影响。不论教育内容多么无可挑剔，但如果在实践中没有多大作用，这项教育就是不成功的。中小学危机后心理援助效果主要表现在学生的心理危机问题是否真正解决、精神世界和心理质量是否得到了提升、言语和行为上的问题是否得到了改善。教育监管部门对于心理援助结果的评估内容主要如下。

1. 各方反映的学生心理健康水平变化程度的评估

心理健康教育的根本目的是提高学生的心理健康水平。这项评价指标是心理健康教育评价的关键，包括家长、教师、媒体及社会对学生心理健康水平的反映。针对危机后中小学生这一特殊群体，教育主管部门应当将危机后中小学生的心理重建水平、心理素质发展水平、认知和行为的变化等作为主要的调查内容和维度，并可作为具体数据进入评价系统。

教育监管部门可以利用面谈法、档案袋法、调查问卷法、第三方评估等方法对各方反映进行调查与评估。

2. 对心理健康教育研究的评估

教育工作者积极进行心理健康教育规律研究，能够有效地促进学校心理健康教育工作的开展，增强教育效果。科研与中小学教育工作有着密切的因果关系，心理健康教育是科学的，有自身的规律。科研搞得好，抓住了规律，会取得事半功倍的教育效果。

教育管理部门应当对心理健康教育研究进展是否顺利、教育工作者发表论文数量和质量如何及获奖人次、成果应用等进行一定的统计和评估。

3. 对心理援助方自评的评估

心理援助实施方要将阶段性的和结束阶段的自评报告提供给教育主管部门，平常也会有工作计划、活动简报、工作汇报以及其他宣传材料提供给学校和教育主管部门，学校和教育主管部门可以及时地进行评估，适时地掌握工作进展和进行指导。

二、监管部门的评估与组织

我国灾害评估研究始于2000年，目前仍处于起步阶段。技术方法领域的试验研究相对较多，但尚未形成完整的灾害评估理论体系。针对中小学校的灾害心理评估也很少见。较为系统的评估主要集中于灾后应急阶段，针对受灾人群，确定生存需求的单一主题评估，很少涉及援助效果的评估，对针对性的分类基础上的精神卫生及社会心理需求及资源的评估也不多。2008年汶川特大地震发生后，中国疾控中心迅速制定了《地震灾区公共卫生与防疫需求快速评估表》，重点列出了灾民衣食住行、环境卫生以及潜在的安全评估指标。中国疾控中心《自然灾害公共卫生状况与需求评估工具（2011）》系统地总结了灾后不同时期不同公共卫生服务对象状况与需求的评估方法和内容。

2018年5月8日，由中国科学院心理研究所、中国心理学会共同主办的“心理援助2018国际研讨会暨汶川地震灾后心理援助十周年纪念大会”，由中国心理学会心理危机干预工作委员会和中国科学院心理研究所全国心理援助联盟制定和发布了《中国灾后心理危机干预与心理援助行动纲领和工作标准》。该标准提出，要坚持“政府主导、部门协作、专业支撑、社会参与”的工作原则，对于重点人群根据心理危机的程度、灾后的不同时间段，有针对性地开展心理援助工作；救援工作要遵循善行、责任、诚信、公正、尊重的基本价值观；并从专业关系、知情同意、保护隐私、专业责任和学术研究等方面定义了开展工作的伦理守则。

灾后心理危机干预和心理援助行动纲领共12条，是根据中国心理学会和中国科学院心理研究所10年来在汶川地震、玉树地震、舟曲泥石流等事件过程中的灾后心理危机干预和心理援助工作经验总结的基础上提出的。此次发布的灾后心理危机干预与心理援助工作标准，是中国第一份灾后心理危机干预与心理援助的工作标准，进一步规范和指导中国的灾后心理危机干预与心理援助工作。

监管部门可以依据《中国灾后心理危机干预与心理援助行动纲领和工作标准》，在实施方、援助过程、援助结果等方面对中小学生危机后心理援助工作进行多角度的评估。

（一）对援助工作实施方的评估

在2008年汶川特大地震发生后，灾区中曾流行过这样一句话："防火、防盗、防心理咨询。"前去灾区救灾的很多机构都推出了心理援助的项目，但是真正有专业资格的很少，形形色色的心理援助掺和着很多复杂的背景和目的，所谓的心理咨询无非一遍又一遍地让灾民填写千篇一律的调查问卷，对于什么是真正的心理咨询，鲜有几个真正明白的。一波又一波的心理咨询队伍，来了又去了，发着重复的调查问卷，反复问着同样的问题，无异于一遍又一遍地揭开灾民心中的伤疤，这些对灾民的心理创伤没有任何的帮助，反而加重了他们的创伤程度。

援助方是援助工作的实施主体，监管部门对工作实施方的评估应当系统全面、严格把关。只有这样才能提高心理援助工作的有效性，真正帮助到灾区群众，尤其对进入灾区学校的心理援助队伍，更要制定准入标准，严格准入条件，保证进入学校的援助队伍具有应有的资质和条件。

对援助方组织结构的评估是对援助工作实施方评估的重要内容。组织结构是表明心理援助组织各部分排列顺序、空间位置、聚散状态、联系方式以及各要素之间相互关系的一种模式，是整个管理系统的"框架"。组织结构是组织的全体成员为实现组织目标，在管理工作中进行分工协作，在职务范围、责任、权利方面所形成的结构体系。组织结构是组织在职、责、权方面的动态结构体系，其本质是为实现组织战略目标而采取的一种分工协作体系。好的组织结构可以提高工作效率、提升工作质量、明确工作分工和责任。监管部门在对援助方组织结构进行评估时，应当评估组织结构是否合理、权责是否适当、责权利是否统一、各模块部门工作是否明确和均衡、各部门工作是否紧密结合、工作条例和细则是否明确等，并进行系统的评估和督导。例如，青岛啤酒"重塑激情，成就梦想"四川地震灾区心理援助计划中，为加强组织领导，提高援助的科学有效性和经费的安全使用，成立了心理援助工作领导小组和相关机构，设置了心理援助办公室、经费使用监督组、工作督察组、工作评估组、心理援助工作站及课题组和顾问组，规定了严格的工作内容和程序，设立了调度会制度，规范了资金使用和划拨办法，制定了心理援助办公室工作条例和志愿者工作条例，确保心理援助工作健康顺利的进行。

对援助方的资质与援助计划的评估是对实施方评估的另一重要方面。监管部门还要对援助实施方的资质、援助计划的可行性进行评估。

心理援助工作是一项复杂的工作，有其自己的专业性和特殊性。仅凭一腔热血和爱好是无法将心理援助工作有效地进行下去的。不专业的操作和救援甚至会起到完全相反的作用。在中小学危机后心理援助的工作中，是否在心理援助工作全程中有专业的资质和足够的资本把控援助工作的方方面面显得尤为重要。

同时，成熟优秀的工作计划是援助工作顺利进行的前提和保证。监管部门应当对援助方的援助计划的科学性、专业性、有效性、创新性等几个方面进行评估。

以青岛啤酒“重塑激情，成就梦想”四川地震灾区心理援助计划为例。

（1）该项目由青岛啤酒通过青岛市红十字会捐助设立专项基金，由青岛大学牵头具体实施。红十字会拥有充足的保障和援助经验，青岛大学拥有心理学、教育学、医学、社会学等学科和专家资源。这就保证了该项目的专业性和科学性。

（2）项目资金额度160余万元。纳入青岛市灾后援助汶川地震灾区资金规划。巨大的自然灾难之后，同一阶段的不同人群以及不同阶段的人群会有不同的需求，在资金比较充裕、支持后盾比较强大的背景下，项目组能够分阶段、按需求层层推进，促进心理能量的恢复和个人的成长。充足的救援资源保证了援助工作计划的实施。

（3）项目大规模实施时间段为2009年3月15日至2013年7月31日。2009年3月之前进行了援助调研准备、实地考察和初期紧急援助，2013年之后转入成果巩固和长期的跟踪援助。心理援助队根据实际情况初步确定先期实施3—5年时间，制订了三个阶段的心理援助实施计划。项目时间不是局限于灾害发生后的几个月时间，而是有长期的援助计划，保证了援助工作的后期效果巩固，体现了援助工作计划的完善。

（4）项目主要面对的对象是青岛市对口支持的四川省北川羌族自治县曲山镇和陈家坝乡的中小学（含幼儿园）师生，主要面向青少年学生的心灵家园建设。明确的援助对象让心理援助工作更具体而有针对性，效果也更容易显现。

（5）项目形成了心理援助三模式。以阶段性需求为特征的递进激励式心理援助模式；社区—学校—企业文化交融、互帮互助的心理援助模式；以及政府注力、企业注资、专业注能的三注模式。核心技能、关键流程包括前期调研、家庭走访、定点突破、建立组织和运行机制、心理评估和大数据分析、开展文化熏陶、心理旅游等表达性活动与治疗等创新性的干预模式，体现出了援助团队的专业性。

（二）对援助过程的评估

援助过程是整个援助工作计划的主体。监管部门对于援助过程的评估和监督要贯穿于整个心理援助过程的始终，主要评估以下几个方面。

1. 援助工作是否按照援助计划有效地进行

按照援助计划规范有效地进行援助工作是取得预期援助效果的保障。在以往的心理援助工作中，常常有计划进行到一半就停滞甚至停止的情况发生。这种状况不仅浪费了大量的人力物力，没有达到预期的援助效果，而且还常常使受援助方的心灵创伤进一步加剧，受援助者对心理援助工作心灰意冷，给心理援助工作带来了消极影响。

2. 项目资金的使用是否合理

在危机情境下，每一点滴资源都应当被合理地利用。监管部门应当对项目资金的流向进行严格检查核对。确保项目资金确切地落实到援助工作中，确保每一分钱都被合情合理地使用。

3. 对援助流程的评估

监管部门应当要求援助方在援助过程中对心理健康教育活动、心理访谈、心理疏导等进行影像和文字的记录，并对援助流程进行客观的评估，必要时可以委托第三方专业机构进行专业评估。确保援助工作符合专业流程、专业规范和伦理原则，千万要求真务实，一切以受灾学生和老师为中心，不做面子工程，使援助工作真正发挥应有的巨大作用。

（三）对援助结果的评估

援助结果是心理援助工作是否有效的具体体现。监管部门对援助结果的评估可以进行工作内容、工作程序和社会反响等方面的定性和定量评估，也可委托第三方专业评估机构进行细致、具体和全面的专业评估。（见图 4–1）对援助结果的评估可以从以下几方面着手。

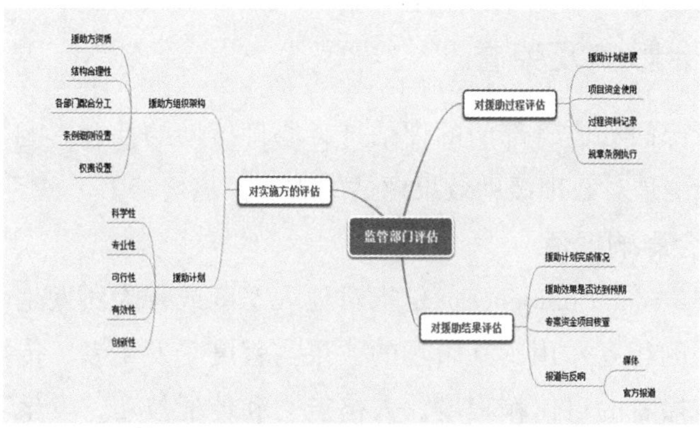

图 4–1　监管部门评估内容体系

1. 援助工作是否按照计划进行和完成

援助计划是经过充分论证之后由多方通过后的实施方案，尽管在具体执行过程中在不断地完善和调整，但这些都是基于对原计划的执行和修订，是原计划的重要组成部分。所以保持计划的严肃性和权威性，就能使心理援助工作按照既定目标逐步推进。同时计划也是标准，能够衡量心理援助的进度、程度和深度。所以，监管部门一定要根据援助计划安排的进度对援助进行监督、督促和评估，以确保心理援助的正常进行并取得成功。

2. 援助效果是否达到预期

评估援助取得的最终结果与预期计划的差距，以考评心理援助的完成度。这是对一个心理援助专案最基本的评价指标。

3. 专案资金账目

项目资金账目是监管方评估的重要内容之一，通过对项目资金使用是否完成、主要的支出去向和效益的评价，可以从一个侧面了解心理援助的重点、难点和取得的成果，同时也是保证资金使用安全，杜绝浪费、贪污等现象出现的重要举措。参与资金监管评价的单位包括出资人、心理援助组织上级单位、心理援助监管单位、受援助方以及第三方会计公司等。

4. 媒体报道与各方反响

媒体和社会舆论也是对心理援助效果进行评估的重要载体。通过媒体新闻报道，以及来自受援助师生、家长、亲朋好友和社会各界的积极评价和赞赏，也是反映心理援助效果好坏的重要指标之一。

三、社会影响及荣誉

除了主管部门和监管部门的评估外，心理援助的社会影响，包括获得的荣誉、奖励等也是对心理援助效果评估的重要渠道之一。

（一）社会影响评估

社会影响（social influence）是指对他人态度或行为所发生的作用。人们在社会生活中的相互作用，其影响的效果与程度受发生者、传播者和接受者的制约，如传播者的可信赖程度、人格魅力和传播技巧，发生者在人们心目中的地位，接受者的主观状态如智力水平、性格特点等。多数心理学家认为，它不是单个人的属性，而是人们的相互作用[①]。2006 年 1 月 8 日，我国《国家突发公共事件总体应急预案》颁布并实施。在该预案的“调查与评估”中规定：“要对特别重大突发公共事件的起因、性质、影响、责任、经验教训和恢复重建等问题进行调查评估。”从该预案中可以看出，对危机事件后的社会影响要做分析与评估。这不仅有利于对心理援助工作效果进行立体的评估，更有利于事件处理者明确地认识到事件对社会安定的影响范围和程度，并及时地把握事件发展的趋势和阶段。

社会影响的评估主要有以下几方面内容。

1. 公众对灾害和自身安全的认知

社会大众主要通过各种传媒途径，特别是新闻媒体间接接触灾难引发的后果，在心理上也同样受到惊吓，对自己的情况感到担忧，出现焦虑。心理援助可以通过媒体、网络等信息渠道稳定恐慌情绪，缓解焦虑，达到稳定灾区心理态势的作用。信息的缺乏可能会导致大面积恐慌的产生，但是过于真实（惨烈）的画面也可能会对人造成冲击，甚至造成长期的负性影响，尤其是对于儿童和青少年，由于其判断能力和认知能力尚未发展完全，在缺乏有针对性的正确的引导下，可能会产生非理性的行为或者恐惧心理[②]。通过媒体对心理援助工作和其他各种灾区救援工作开展的报道，社会大众对于灾害的恐慌等情绪是否发生了转变是社会影响评估的一个重点，这种转变某种程度

---

① 林崇德等主编：《心理学大辞典》，上海教育出版社 2003 年版，第 1077 页。

② 陈雪峰等：《灾后心理援助的组织与实施》，《心理科学进展》2009 年第 3 期。

上也能体现出心理援助的效果。

2. 公众对国家公信力和责任感的认知

每一次危机事件的发生都会不同程度地打破社会、组织系统常规运行的秩序，危及组织的目标、价值、形象、利益甚至生存[①]。社会心理学研究表明，在危机突发事件中，社会公众的情绪处于一种极不稳定的状态，易对正常的生活秩序以及某些社会组织正常运转产生影响。同时也是对突发公共卫生事件应急体系能否及时有效地发挥作用的评价。政府及相关部门作为突发公共卫生事件应急体系的领导单位，需要及时启动相应的突发公共卫生应急预案着手处理事件，保证社会秩序的稳定，以免事件影响的进一步扩散[②]。公众通过媒体对包括心理援助工作在内的各种救援工作的报道，了解救援工作的进展，进而对国家的公信力和责任感有了更好的认知，民族自信心得到了提升，间接也反映了包括心理援助工作在内的救援工作有很好的效果。

3. 公众对心理援助的认知

心理援助工作在我国起步较晚，公众对心理援助的主要工作内容、流程以及重要性并没有很清楚的认识。通过媒体的宣传和报道以及对心理援助专家、志愿者和心理援助事迹的报道，公众对心理援助的内容、流程和形式有了更为深刻的了解，对心理援助工作更加认可，对心理援助工作的重要性有了更深的认知。同时，作为受援助者，由于亲身经历和见证了心理援助的过程，也从这些新闻报道和社会反响中得到鼓励和认可，促使自己向更好的心理状态转变，这些都是心理援助工作起到了重要作用的表现。

（二）社会荣誉

社会荣誉，是社会资源之一。当获得荣誉后，还可获得衍生的社会资源。荣誉的社会获取体现了价值的社会认同，荣誉分配的社会性和结构分布体现了社会价值的正义与公平，同时能有效引导公众的价值认同。荣誉感与信誉度具有同向性，即荣誉的认同，是以信誉体系为支撑。社会荣誉的分配，可以体现出主流价值观的要求和取向。所以对心理援助项目组颁发的各种社会荣誉，也说明了社会主流价值观对心理援助工作的认可。

---

① 吴群红、郝艳华、赵忠厚主编：《与危机共舞：突发公共卫生事件管理方略》，科学出版社2010年版，第72—78页。

② 陈海平、郝艳华：《突发公共卫生事件社会影响评估内容的探讨》，《中国卫生资源》2013年第1期。

社会荣誉主要包括：官方组织的颁奖、官方组织的任命、民间组织的认可，等等。以青岛啤酒“重塑激情，成就梦想”四川地震灾区心理援助计划项目所获社会荣誉为例，陆续受到了山东省、四川省和青岛市以及四川北川县主要领导的接见和鼓励，获得了 2012 年度“感动青岛十佳人物（集体）”提名奖、2012 年度青岛“十佳微尘公益之星（集体）”、“中国红十字优秀志愿服务队”、“山东省抗灾减灾先进集体”、“新时代青岛市红十字工作突出贡献个人奖”等荣誉称号。相关研究成果获得中国 EAP 行业 20 周年优秀课程 / 科普著作奖一等奖。

第四节　心理援助的第三方评估

第三方评估可以界定为由独立于政府各部门和非营利组织之外的权威性中间组织，它运用问卷调查、抽样访谈、资料分析等方法和技术对政府绩效及公共服务成效进行考核评估，以此完善服务内容，优化政府行为和公共服务行为。具有一定的权威性。第三方评估的内容在于对政府的绩效和公共服务的成效进行考核评估，目的是完善服务内容，优化政府行为。第三方评估通过问卷、访谈、分析数据等方式对项目成效进行评估，最终形成客观的评估结果。

在心理援助工作中，具有权威性、专业性的第三方无疑是国内心理专家与外国专家这两个群体或主要由这些群体成员组成的专门机构。他们可以依据心理学知识理论和心理援助经验对心理援助工作的成效进行专业的、科学的评估，除对心理援助的效果进行客观的评估外，还能对心理援助的本身提出有效的建议。

一、心理专家的评估与组织

危机后心理援助工作主要是利用心理学知识对陷于危机中的个体或群体进行有效的心理干预的过程。而心理专家掌握着心理学的相关知识和理论体系，是对援助工作中的心理学问题最具有权威的发言人。因此心理专家的评估尤为重要。

（一）心理专家的评估内容

1. 援助方案的评估

心理专家对援助方案的评估主要聚焦于援助方案的专业性和科学性上。着重评估援助方案中的援助目标、援助计划和具体实施援助的操作过程中运用了哪些心理学理论知识和技术，这些理论知识和技术运用得是否可行、是否适宜以及效果如何，等等。

2. 援助过程的评估

心理专家要对援助过程进行全面系统的评估，要在审视援助方案的基础上，对实施过程中的逻辑衔接、步骤、措施、人员组成、组织结构、运行机制、资金流向、效果回馈等进行审查和评估。

援助过程中有许多的注意事项。这些事项往往是非专业人员所无法关注和理解的。但不注意这些问题就会在很大程度上影响心理援助工作的效果，甚至起相反的作用。心理专家在对援助过程进行评估时，会对援助过程中的注意事项和伦理问题进行重点评估和督导。

3. 对援助结果的评估

心理专家对援助工作的效果评估主要是运用专业的统计和测量技术，对受援助者接受援助后的变化与发展进行专业的量化分析，并从心理学的角度，对心理援助工作的效果进行专业的定性分析。主要运用调查问卷法、资料分析法、文献研究法等方法，对援助效果进行对比分析，给出有说服力的援助效果评价。

4. 对研究成果的评估

危机后的心理援助工作不仅帮助了受危机影响的群体或个体，同时也促进了心理援助这一专业领域乃至整个心理学的学科研究和发展，对维护社会稳定、净化社会风气也会有极大的推动作用。心理援助工作的流程、数据、记录等作为重要的实证研究数据，可以很大程度上帮助科学研究，心理援助人员可据此发表相关研究成果、开设专题讲座、召开经验交流会等，这些研究成果又反过来推动心理援助健康快速发展，因此心理援助的科研成果也是对心理援助效果进行评估的重要指标之一。心理专家会通过查看评阅相关成果文献，召开由心理援助人员和包括学术界在内的社会各界参加的座谈会、论坛、学术交流会议等方式，评估和交流心理援助方面的研究成果，并进而促进心理援助专业领域的发展。

（二）心理专家评估的优缺点

心理专家评估也有其自身的优缺点。心理专家评估最大的优点在于，在缺乏足够统计资料和原始资料的情况下，也能够依靠心理专家的学识和心理援助从业经验，给援助对象以评估，其方式简单而且直观性强。缺点在于，当缺乏相关原始数据和资料时，心理专家评估的准确程度，主要取决于专家的阅历经验以及知识丰富的广度和深度，要求参加评价的专家对评价的系统具有较高的学术水平和丰富的实践经验；同时，由于心理专家没有参加具体评估援助项目的方案制定和实施，缺乏对心理援助全过程的动态把握，其评估的理论性和系统性会受到影响，有时难以保证评价结果的客观性和准确性。

（三）我国灾后心理援助专家评估进展

目前国内灾后应急期现场心理评估的案例并不多见，多为事后评估，缺乏过程评估。部分具有代表性的评估案例主要是以地震灾害为研究对象，采用问卷调查、访谈和心理量表结合的方式，围绕受灾人群的心理健康状况、基本需求及可利用资源进行多阶段评估。目前，学者们对危机后创伤心理的评估主要采用创伤后应激障碍自评表、事件影响表、明尼苏达人格测试量表、PTSD 分量表、创伤意识分离体验问卷、PTSD 晤谈、临床医师 PTSD 量表等。

中国疾控中心健康教育研究所通过对汶川地震后社区问卷调查与访谈，提出了灾后社区心理援助的统筹优选模式，包括从心理状况和干预效果 2 个维度 3 个阶段的心理评估，构建了基于统筹优选模式的灾后心理评估与干预理论体系。中国疾控中心健康教育研究所在汶川地震发生 17 天以后，对绵阳市 5 个临时安置点的 673 名灾民进行了定量、定性调查。将受灾人群按照心理卫生状况分为“轻、中、重”3 个等级，从心理援助需求情况和心理知识、技能需求情况等方面进行了调查研究，提出了有针对性的干预性建议。中国国家地震灾害紧急医疗救援队，于雅安地震后 1 周内，通过问卷调查与结构访谈等心理学评估方法，对灾后安置点的 2026 名灾民及救援人员进行了心理状况（以心理认知障碍为主）评估与干预，基于实践探讨了灾后应急期第一时间心理评估与干预实践模式。

二、社会人士的评估与组织

心理援助是一项综合性的心理干预活动，一个心理援助项目是否有成效受到多方面因素的影响，不能单纯从心理学专业的角度来进行心理测量评估。要使心理评估更具有真实性，除了实施方、受援助学校、教育及监管部门以及国内外的专家进行评估外，来自社会人士的评估也是必不可少的，所谓“群众的眼睛是雪亮的”，社会人士的评估可以弥补以上各方面评估的缺陷和不足。

（一）社会人士的组成

社会人士包括社会贤达和普通群众以及媒体人士、心理援助同行等。

社会贤达包括知名公益人物、文体娱乐名人、英模人物以及其他具有较大社会影响的公众人物。他们一般都具有热心参与社会活动的特点，自身也很注意社会对他们的评价，对社会上发生的一些重大事件具有较强的敏感性和主动参与意识，比较关心时事、公益和社会热点。邀请他们当中的一些人对心理援助效果进行评估，也具有相当的客观性。他们一般能够关注心理援助的社会效益，并从社会反响和对社会的积极推动的角度对所了解、所熟知或所观察到的心理援助活动给出一定的看法和评价。

普通群众作为整体也许对具体的心理援助活动不甚了解，但并不能说他们不关心，他们对所了解的对象一般会给出更具有自己真实想法的评价，不会受名利名声所限，而容易采取不折不扣的中立态度，其评价尽管不一定全面，但是会比较客观和真实。

媒体人士比较关注社会热点，尤其对灾害危机等突发事件，他们一般都身处第一线，了解的情况信息更多、更细微，而且具有较强的表达欲望，也拥有一定的发言权。他们也会通过新闻报道、媒体采访等对相关心理援助活动进行报道或者进行深入专访，其音像、报纸等资料也是反映心理援助效果的评价内容之一。

心理援助同行是指那些在危机发生后奋战在不同的心理援助区域的心理援助同人或组织。他们因为亲临危机后的救援之中，对心理援助也有自己的切身实践和认知，所以对同行开展的心理援助也能给出自己的评价。

此外，参加灾害救助的医生、军人、政府职员、志愿者组织和个人以及相关心理援助机构、学术组织的专家和个人也会给出一定的关注和评价。

（二）社会人士的评估方式

社会人士的评估一般采取抽样调查、现场访谈、亲身体验等方式进行。包括纸质问卷调查和根据调查提纲进行的现场访谈或者电话、网络调查。在互联网高度发达的当今，利用网络大数据对相关群体进行评估效果调查不失为一种比较可行的方法。对于处于受灾危机区域的师生的评估，可多采取实地访谈、参与式体验、电话访谈等形式，采取质性调查或实验验证，收集宝贵的第一手资料，还可以发现一些心理援助的漏洞和一些特殊人群，并给予适时的帮助或事后的进一步的心理援助安排。

（三）社会人士评估应注意的事项

由于社会人士涉及的面比较广，颇受人力、物力影响，因此对参与评估的人士需要进行中立性的筛选。筛选时坚持几个原则：一是必须坚持中立性，要选与将要评估的项目没有直接参与的人，评估人态度要中立（这方面也可以委托第三方来进行）。二是不能许诺给予物质奖励。心理援助一般是公益性的。避免给予评估人士物质补偿影响评价者的客观性，但要给予感谢或事后一定的精神激励，或者给予具有纪念意义的小礼品。三是要在评估前提前制定出评估条件和方案，根据一定的程序产生出参加评估的社会人士。四是要保护参加评估社会人士的隐私，尊重他们的评价结果，不得打击报复或者发泄不满。

总之，社会人士也是心理援助效果评估的重要参照群体，尤其是对心理援助的社会效果的评价他们有比较充分的发言权，接受他们的评估也是实现对心理援助活动进行有效监督的重要举措，也是加强危机管理的有效途径。需要根据社会发展的时代特点，与第三方评估等相结合，借助先进的人工智能信息网络技术，进行充分的评估方法挖掘，促进全社会心理援助的健康顺利进行。

三、外国专家的评估与组织

我国最早的心理援助研究出现在 1985 年，真正大规模和系统化地进行心理援助研究是在 2008 年汶川大地震之后。而许多发达国家，诸如美国、日本、英国等，从很早就开始了心理援助领域的研究。虽然我国心理援助研究的深度和广度在近年来突飞猛进，但对比这些国家的研究水平和工作经验仍然有一定的差距。

《中国灾后心理危机干预与心理援助行动纲领》的第五条中提出，灾后心理危机干预和心理援助行动要努力吸取国际国内各种资源，整合各种技术，为灾区群众提供最有生命力的支持和服务。

国外的灾后心理援助研究起步较早，研究范围也较广。总体而言，一些外国专家对心理援助工作具有较高的研究造诣和丰富的工作经验。由他们从不同的角度对我国心理援助工作进行评估，对我国心理援助工作体系的建构和心理援助领域的研究发展会有很大的帮助。

我国与其他国家援助工作存在一定的差异。由于地区、民族、文化、政策等差异和灾害性质不同，我国的心理援助工作的内容与模式与其他国家有许多不同之处。外国心理专家在对我国心理援助工作进行评估后，结合自身的援助工作经验，就我国的心理援助工作提出意见和建议。这有利于我国心理援助工作自我觉察不足和优势，取长补短，追赶并超越国际水平，进而发挥我国自身心理援助的特点与优势，发展有中国特色的心理援助模式和体系；同时，这种跨文化、跨地域的评估模式对于心理援助的跨文化研究也提供了很好的佐证。

2008 年是我国心理援助的元年。经过多年的发展，我国心理援助工作得到迅猛提升，但在援助的理论支撑及新技术开发方面，相较于国际水平还有一定的差距。国外专家对我国心理援助工作的不足之处进行评估，同时介绍最新的理论和研究工具，有利于我国心理援助的发展。

外国专家开发的心理援助工作测量和评估工具为我们评定心理援助的效果提供了可资借鉴的工作，这些工具主要包括以下三大部分。

1. 评估精神卫生和社会心理需求资源

例如《评估精神卫生和社会心理需求资源：人道主义背景工具包》（2010）。该工具包是由世界卫生组织和联合国难民事务高级专员公署联合开展的精神卫生和社会心理需求及资源评估项目成果之一。该文件由世界卫生组织和约翰霍普金斯大学公共卫生学院合作编制，旨在为重大自然灾害以及复杂的紧急情况等人道主义危机背景下的心理需求及资源评估提供相应的方法和工具包。该文件根据重大突发性危机的阶段性特征将评估划分为 5 个阶段，相应地提供了 12 种可根据具体灾难情况灵活选择的评估工具。

2. 对灾后群体需求和认知状况测量的量表

例如，《人道主义背景下认知的需求量表（HESPER）》。该量表是由世界卫生组织精神卫生和药物滥用司和伦敦帝国学院精神卫生研究所联合编制，旨在为突发人道主义紧急事件提快速、科学的感知需求（受灾人群自身感觉到或表达出来的需求）评估方案。其原理是基于代表性样本抽样调查，将 26 项指标融入调查表中，从一般问题、心理健康问题、社会心理问题和小区普遍问题 4 个方面，对受灾人群整体需求进行简易评估，通过问题严重性排序，快速识别受灾人群最迫切的需求，从而为灾后应急救援，特别是精神卫生和社会心理服务提供决策支持，HESPER 通常在灾后前两周内根据需要多次实施。

3. 评估和监测灾后社会心理的资源

例如，《灾害社会心理评估和监测工具包》。该工具包是由美国路易斯安那州卫生和医院行为健康办公室与路易斯安那州立大学健康科学中心精神病学部联合开发的灾后心理评估与监测工具体系，旨在通过监测灾后小区精神卫生状况和社会心理学功能，为公共部门或社会团体进行服务配置，了解灾后恢复重建的精神卫生需求，并提供重要的参考和决策支持。该工具包将灾后社会心理评估和监测按时间划分为 3 个阶段，并明确了每个阶段的具体工作内容①。

这些外国专家所研究和开发的工具对于我们进行评估灾后心理援助工作很有帮助，但这些工具更多的是侧重在灾害危机后社会心理需求资源、心理状况的评定，对心理效果的直接评估量表还不够多，也不够系统。我们有必要吸收国内外先进的心理援助效果评估工具，根据我国本土的情况，建立适合我国心理援助特点的心理援助评估体系，构建行之有效的评估模型。

① 陈璐：《灾后心理评估概述》，《中国急救复苏与灾害医学杂志》2016 年第 5 期。

第五章 危机后中小学心理援助的反思与展望

对我国中小学危机心理援助的理论与实践进行系统的研究，有助于夯实中小学心理援助和心理健康教育的理论根基与运行模式，推动我国中小学心理健康教育水平和人才培养质量的提升，是一项具有重大意义的基础性研究工作。

第一节 我国校园心理危机援助的成功经验

汶川特大地震发生之后，来自全国各地的心理界专家都迅速赶到第一现场，开始了解各个群体不同的心理状况，着手研究怎样才能使他们尽早摆脱困境，积极寻找最有效的心理干预措施，尽快减轻他们的心理痛苦。如浙江大学马建青教授在地震后率浙江支教团83人赴灾区开展心理援助工作一个月，主要对灾区各类人群进行疏导和干预。国际华人医学家心理学家联合会理事长邓明昱，组织了国际华人医学家心理学家联合会的海外专家，将大量的心理干预和心理援助资料送到灾区并进行心理卫生服务。还有团中央、全国妇联、中华慈善总会、中国红十字会、中科院心理所、全国各个大专院校等许多高等院校和机构在汶川地震灾区开展了心理救援工作。汶川大地震危机干预是我国新中国成立以来历次危机灾难事件出现后实施的心理救援人数最多、时间最长、受益人群最广的一次。实施心理救援的人员有精神科医生、心理医生、心理咨询师、社会工作者、高校心理咨询人员和志愿者等不同层次的各类人员，积累和形成了许多成功的经验。

（一）儿童心理问题干预策略

儿童的自我控制和调节能力不够完善，对心理现象的辨别能力较差，因而灾后容易出现各种心理问题，因此必须给予正确的心理干预，防止不良心理发生。对此，2008 年 5 月卫生部发布相关自救互救宣传手册，提出很好的应对策略。

第一，优先保证儿童身体健康，对于受伤的儿童应该给予及时治疗。让孩子拥有健康的身体是治疗心理创伤的第一步。

第二，优先为儿童提供清洁的饮用水和安全食品。让孩子们感受到被关注、被重视，也是保持健康的前提。

第三，为儿童营造一个良好的、安全的气氛，减轻他们的恐惧感和一系列的负面情绪。首先，要求工作人员满足儿童物质和精神上的需要，这是缓解恐惧的前提条件。其次，保证儿童远离灾害危机现场和嘈杂混乱的场所，避免孩子走失或因环境拥挤无法入睡。最后，在儿童身边要有小伙伴的陪伴，工作人员要多与他们沟通，掌握好与儿童谈话的技巧，善于引导儿童说出内心感受，通过多次的倾诉会使之前负面情绪逐渐平静下来。

第四，成人积极的影响力对儿童起很大作用。儿童这一阶段还没形成自己的完整人格和品质，所以身边的成人特别是亲人和老师的精神状态都能深深地影响他们的行为。而且，通常儿童对于灾难的感知是源自周遭的成年人。此时，如果成年人都陷于悲痛之中不能自拔，对于儿童将是很沉重的打击。反之，父母积极的心理状态，沉着稳定的救灾姿态、舍己救人的无私精神，对儿童来说都是最大的心理支柱。所以家长要冷静、坚强勇敢地告诫孩子不要害怕。

第五，应当尽早让儿童回到属于他们自己的群体，以提高儿童的安全感。因为长时间脱离家庭和学校的生活模式只会让儿童回忆痛苦的经历，加重他们的心灵创伤[①]。

① 卫生部:《自救互救宣传手册开展心理危机干预》, 2008 年 5 月 16 日，www.gov.cn。

（二）中小学生心理干预策略

1.“青岛—北川曲山镇、陈家坝”模式

2008 年 5 月 12 日汶川特大地震后，青岛啤酒通过青岛市红十字会捐资 160 余万元设立专项基金，用于青岛啤酒“重塑激情，成就梦想”四川地震灾区红十字心理援助计划，对北川羌族自治县曲山镇和陈家坝乡的中小学（含幼儿园）全体师生进行心理援助，开展心理健康教育、心理培训、心理辅导和心理治疗，并辐射家长及社区，帮助灾区学校重建精神家园。心理援助项目于 2008 年进入北川，项目组负责人克服种种困难亲赴北川进行实地调研，调研中采用了观察、谈话、走访、作品分析等形式，尽量不用问卷，以避免震后初期问卷的滥用而导致的不信任感。项目组运用专业心理测评软件对师生进行了心理普查并对特殊学生重点建档，参与心理测量的教师、学生达到 4500 余人次，为 3000 多名学生建立了档案。掌握了 3 所学校师生的总体心理状况后，制定了周密的心理援助方案，对其中的特殊群体重点进行了持续的跟踪和干预。

（1）项目组整合企业、红十字会和高校的优势资源，设立明确的援助规划，开展了基于长期、系统的灾后心理援助。

经过“博爱温暖心灵”“激情塑造心灵”“梦想回归心灵”三个阶段的心理援助，为陈家坝中小学（含附属幼儿园），曲山镇小学（含附设幼儿园）及周边社区开办心理健康课 600 余课时、心理讲座 20 余场；通过音乐、绘画、叙事等心理干预方式，进行了 700 多人次的个案面询；组织了 102 名北川师生赴青岛参加心理夏令营活动，大大改善了学生中普遍存在的抑郁、焦虑、压力、厌学、恐惧等消极情绪；帮助 20 余名厌学的学生改正了学习态度，让他们重新走进了教室。经过志愿者和受援助学校师生的共同努力，项目取得了明显的成效。师生总体心理状况得到明显改善。

（2）项目组对受援助学校教师进行了 3 年持续调查研究。

运用 SCL–90 量表作为测量工具，对教师心理状况进行了比较研究，调查结果显示，经过 3 年的心理援助后，教师的焦虑、抑郁、躯体化等各项指标都有了显著的改善，心理健康状况已经有了较大的改善，在校学生学习适应性随着震后时间的推移而显著提高。

（3）帮助特殊群体慢慢融入学校生活。

项目组帮助几十名过分孤僻、有攻击性、逃避集体生活、需要做深度辅导的孩子，对他们进行了细致专业的心理分析，并运用心理课、文化熏陶、沙盘疗法、绘画疗法等方式，慢慢走入孩子们的内心，“修复”她们幼小的心灵，同时联系家长和班主任，克服种种困难进行家庭走访，开办家长学校，教给家长改变教育孩子的观念和方法，共同营造良好的学生发展支持系统，使当初退学的孩子全部重返校园。

（4）提升受援助学校心理健康教育水平，促进学校的灾后重建。

通过援助，学生和老师的精神状态发生了很大的转变，3 所学校把心理援助纳入到学校教学、校园文化建设以及学校管理服务中去，心理援助已成为学校信赖和依赖的有生力量。项目组以“灾区的需要就是我们的援助”为工作出发点，在受援助学校师资匮乏、英语及心理健康教育几近空白的情况下，急灾区学校之所急，克服困难选派得力的志愿者来到灾区，为灾区孩子们上英语课、开设心理健康教育课，开展一列喜闻乐见的文体娱乐和心理健康教育活动，建起了阅览室、图书角和文化长廊，组建了鼓乐队、舞蹈队和武术队以及英语沙龙等兴趣小组，营造积极向上、和谐友好的文化氛围，使师生们在潜移默化中积蓄能量，重塑灾后生活的激情和梦想，取得了很好的效果。不仅如此，项目组还为受援助学校培养各方面的师资和骨干，与青岛学校建立合作联系，相互取长补短，结为对口支援学校，共同提高教学及人才培养力量。项目组引进和设立了青啤奖助学（教）金、键力源奖学金、微尘基金等奖学金；为相关学校老师和学生配备了校服、体育健身器材；设置了心理咨询室、团体辅导室等心理咨询活动场所；为 50 余名学生牵线搭桥，与青岛建立了长期的结对资助和联系，在北川和青岛之间架起了一座爱的桥梁。

该项目持续时间长、方法得当、效果显著，具有较高的理论价值和推广价值，形成了心理援助“青岛—北川曲山镇、陈家坝模式”模式，得到广大师生和同行的普遍认可。

2. 团体心理治疗与个别心理干预相结合

根据震后中小学生出现的不同心理问题，在震后 10 天，以哈尔滨医科大学为主的团中央 12355 灾区青少年心理康复专家志愿团黑龙江分团成立并正式前往四川灾区工作，心理专家杨艳杰教授担任专家团团长。在温江公平镇树人学校灾民安置点进行了半个多月的工作。杨艳杰根据树人中学临时班主任提供的情况，把工作重点确定为以 30 名中小学生心理干预为主，兼做成年灾民的心理援助。温江公平镇树人学校的学生是震后政府安置在此的，他们分别来自重灾区汶川、绵阳、都江堰及江油等地，他们全部目睹了地震的发生，有许多学生目睹了同学的遇难，还有学生的父母或其他亲人在地震中遇难，他们普遍存在着恐惧、焦虑、人际敏感、睡眠障碍等各类心理行为问题。在详细了解灾区学生的实际情况后，杨艳杰教授选择了教育与治疗、个体与团体相结合的心理干预方式进行干预，在实际应用中该心理援助方案的科学性、系统性及有效性得到了良好的验证。在半个多月的时间里，300 名学生全部得到了 4 次团体心理治疗。学生在主题分别为“初识，支持就是力量”“我的情绪我管理”“我挫折但我不气馁”“我的人生规划——我有一个美好的未来”的团体心理辅导中，心理不断得到重建。杨教授与其他心理咨询成员对这些孩子的心理干预除了采用了倾听、共情、支持等基本的危机干预技术之外，还采用了“空椅子”技术、安全岛技术、绘画疗伤、着陆技术以及认知转变等技术。与此同时还对 40 多名有亲人遇难的学生进行了个别心理干预。为了不给孩子们造成二次创伤，杨艳杰教授带领该校 5 名专业队员回到哈尔滨后继续跟踪干预，每人负责 20 个遭遇重创的学生，时间为 3 个月，较好地解决了对创伤学生的中长期心理援助。

3. 体育活动的心理干预

湖北大学的代春玲副教授对地震灾区中小学生心理创伤的症状、原因进行分析，并结合自己的专业发现体育活动对灾后中小学生心理创伤干预有积极的促进作用。

（1）通过体育活动的强度、时间、频度来调控学生的心理状态，缓解灾后的恐惧感，消除不良的紧张情绪。

（2）安排学生观看积极向上的体育比赛。通过体育赛事的竞争所反射出的比赛双方心理、智慧、意志的较量，使学生们增强自信心，获得奋勇前进的情绪体验，更体会到团结合作的重要性，加强团队精神。

（3）开设一些学生感兴趣的体育项目，让学生们体验一下体育活动中的成功愉悦的心理健康效应。

（4）鼓励青少年在救助当中协助父母、学校老师做一些力所能及的事，使他们感受到自己被重视和被信任，从而充满自豪与信心，但不做力所不及的事。

（三）震前防灾减灾宣传

汶川特大地震来临时，桑枣中学 2300 多名师生以很强的应急能力，迅即启动应急疏散预案并成功组织和实施，仅用 1 分 36 秒从两栋四、五层高的教学楼内井然有序地紧急疏散到操场而无一伤亡，这归功于震前的预防和应急准备策略，及其长期卓有成效的实施。

1. 学校应急预案的制定

学校制定了较为完备的具有针对性和可操作性的安全规章制度和应急预案，建立了强有力的安全领导组织机构。叶志平自从担任桑枣中学的校长后，就为学校当时新建的实验教学楼开始担心。从 1997 年开始，连续几年对教学楼进行改造加固，强化校舍结构，注重学校设施的安全。除了把教学楼修建结实还不行，紧急情况下有序地疏散学生才是至关重要的事情。学校规定好每个班固定的疏散路线。要求两个班在疏散时合用一个楼梯，每班必须排成单行。每个班级疏散到操场上的位置也是固定的，每次各班级都站在自己的地方。就连每个班在教室里怎么疏散都做了规定：教室里面一般是 9 列 8 行，前 4 行从前门撤离，后 4 行从后门撤离，对每列要走教室里的哪条通道都预先进行了设置。并且要求在二楼、三楼教室里的学生跑得快些，以免堵塞逃生通道；在四楼、五楼的学生要跑得慢些，否则会在楼道中造成人流积压。他对老师的站位都有要求。老师不是上完课甩手就走，而是在适当的时候要站在适当的位置，他认为适当的时候是——下课后、课间操、午饭晚饭、放晚自习和紧急疏散时——都是教学楼中人流量最大的时候。他认为适当的位置是各层的楼梯拐弯处。

2. 坚持实际演练

自 2005 年开始，紧急疏散方案每学期进行至少一次实际演练，使师生们掌握了紧急疏散的知识与技能。演习会事先告知学生，本周有演习，但并不具体透露是哪一天。等到特定的一天，课间操或者学生休息时，学校会突然用高音喇叭喊：“全校紧急疏散！”学生和教师们根据制定好的路线进行撤离，学校紧急疏散时，有相关人员负责记时，但不比速度，只讲评各班级存在的问题。每周二学校各班级要进行安全知识讲课，对学生进行安全教育，让老师专门讲交通安全和饮食卫生等知识。地震那天，老师和学生们就是按照平时的训练秩序，用熟练的方式进行了安全疏散。地震波一来，老师喊："所有人趴在桌子下！"学生们立即趴下去。老师们把教室的前后门都打开了，怕地震扭曲了房门。震波一过，学生们立即冲出了教室，老师站在楼梯上，喊："快一点，慢一点！"老师们说，喊出的话自己事后想想，都觉得矛盾和可笑。但当时的心情，既怕学生跑得太慢，再遇到地震，又怕学生跑得太快摔倒了。正是由于平时的多次演习，在地震发生后，全校2300多名师生，从不同的教学楼和不同的教室中，全部冲到操场，以班级为单位组织站好，用时1分36秒。持之以恒地开展安全教育和应急能力培训，使得全体学生和教师在危机面前能沉着、有序地进行撤离。

（四）政府相关部门的反应与举措

国务院于2008年6月的第十一次常务会议通过了《汶川地震灾后恢复重建条例》。该条例要求地震灾区的各级人民政府，应当组织受灾群众和企业开展生产自救，积极恢复生产，并做好受灾群众的心理援助工作。2008年6月18日，《汶川地震灾后恢复重建对口支援方案》正式颁布，统一部署对口支援任务，创新提出"一省帮一重灾县，举全国之力，加快恢复重建"，明确要求19个省市以不低于1%的财力对口支援重灾县市3年。全国人大常委会和国务院汶川地震灾后恢复重建工作协调小组就加强灾区干部、群众的精神和心理重建工作做出明确规定，由卫生部牵头负责落实。卫生部疾控局等有关司局立即协调部分省市组建心理危机干预医疗队，紧急向灾区派出心理救援队伍，委托中国疾病预防控制中心精神卫生中心和四川大学华西医院牵头现场心理救援工作，发出特急文件，召开心理危机干预工作会议，支持设立成都都江堰市、绵阳北川县和四川大学华西医院灾后心理援助工作现场，组织编写并下发了《紧急心理危机干预指导原则》《灾难后临床常见精神卫生问题处置原则》《灾后不同人群心理卫生服务技术指导原则》《心理自救互救手册》等系列材料，组织人员调查评估部分极重灾区群众的心理卫生服务需求和当地的服务能力，向受灾群众提供心理支持和心理危机干预。

教育部针对地震灾害对灾区中小学生造成的心理创伤召开座谈会，研究心理干预对策，相关专家和教师就灾后中小学生心理援助的重要性、实施原则和方法提出了具体意见和建议[①]，提出地震突然发生后要做好以下几项工作。第一，要面向全体受灾中小学生，编写心理援助手册，尽快免费送到灾区学生手中。第二，着手组织专家对灾区中小学教师进行心理援助工作的培训。第三，录制心理健康教育优质资源光盘，供灾区中小学开学时使用。第四，教育部所属开设有心理学专业的高等院校开通心理咨询热线和网络咨询。第五，中国教育电视台和中国教育报要开辟专门栏目，邀请专家开设讲座、撰写文章，为灾区中小学生提供心理援助。

在汶川地震救援中，我国政府本着以人为本的原则，对于社会公众的心理干预介入时间早、力度大。这些措施有效地缓解了灾民和有关人员的心理紧张，也对我国今后处置特别重大的突发事件具有独特的借鉴意义。

第二节　我国校园心理援助的不足与缺陷

“5·12”汶川特大地震发生后，各地的心理专家和心理志愿者不畏艰难困苦，纷纷奔赴灾区前线进行心理援助。但是由于灾难发生突然，心理救援准备仓促，使得在心理危机干预和重建过程中显露出一些问题。

一、专业心理干预人员严重匮乏

汶川特大地震灾难导致需要心理危机干预的人群数量庞大，受灾人员心理创伤程度高。灾后心理危机干预与重建并非一般的心理辅导和心理咨询，对援助人员的专业素质、思想素质要求非常严格，需要具备一定思想道德素质和专业技能的人员才能胜任。专业心理干预人员不仅要求掌握丰富的心理学知识和技能，还要在职业道德、心理、身体等各方面都有很高的素质，并且需要有丰富的临床实践经验。即使是临床咨询心理学专家，也需要接受必

① 陈秋燕:《对地震灾区中小学生心理援助工作的思考和建议》,《中小学心理健康教育》2008年第17期。

要的心理创伤学的知识和技能培训后，才可以进入灾区进行科学的心理援助工作。而全国范围内真正能够进行心理创伤治疗的专业人员极其有限，在地震刚一开始时，在从事灾后民众心理危机干预的人员中，有很多是没有经过培训的大学生、非政府人员或其他无相关教育背景的志愿者，因此心理救援人员的技术参差不齐，对心理创伤学、灾难精神病学知识不了解，没有受过专业训练，干预技术不规范。杂乱无章的干预，不仅浪费宝贵的资源，而且干扰某些受害者的创伤自然恢复过程，给他们造成更大的伤害。就当时情况而言，真正能够从事心理危机干预的临床心理工作者远远不能满足汶川震后的需要。

二、持续心理援助难以保障

心理危机干预工作即使在危机发生后 24—48 小时内也需要进行，但像汶川特大地震这样的危机发生后，生命救援应放在第一位，尤其在 72 小时黄金生命救援期内，心理援助都要首先让位于生命救援，但即使这样心理救援也应因地制宜、刻不容缓。汶川地震发生之后，由于灾区环境变化莫测，泥石流、山体滑坡和频繁的余震，时刻威胁着受灾人群和参与救援人员的安全。为了保障人民的生命安全，很多幸存者会被随时转移到异地避难或接受救治。心理救援人员即使在同一个安置点或医院，也找不到要回访的人，不能保证对灾区群众进行持续的心理救援，造成受灾人民对干预人员的不信任，越发缺乏安全感，或者致使他们总是面对陌生的危机干预人员反复叙述受灾经历和灾难后的创伤体验，接受重复辅导，这些都会给受灾群众带来新的伤害。随着生命救援期过去，进入灾害重建期，大规模的心理援助开始实行，人员、资源等拥入灾区，但随着时间的推移，灾区的心理援助志愿者逐渐减少，来去匆匆的一些志愿者让灾区的人们感觉到很无奈，甚至很受伤。心理援助不能持续，除了援助者个人因工作、经济、家庭等原因外，持续的社会引领和保障的不足也是一个重要的因素。

三、心理危机干预协调机制不够健全

我国心理干预机构的分散发展形势，最终导致了各地心理危机干预机构的组织形式、职能范围各不相同，而地方组织分散、力量单薄、水平不一，无法在全国范围内形成一个有机高效的心理危机干预组织体系，心理援助行动缺乏长期系统的干预规划。“5·12”汶川特大地震发生后，不同部门、不同组织的心理救援者们相继进入灾区或安置点进行危机干预和重建工作。这些来自不同系统的队伍分布在灾区各地，没有完整的救助体系，缺乏统一的领导、组织和协调，部门之间缺乏有效的沟通，以至于有的民众受到多次的心理危机干预，而有的民众还没有接受过一次心理辅导。而且这些临时救援队伍不可能常驻灾区，一旦他们撤离或转移，一些后续性工作将无人维系。

四、法律保障有待丰富和完善

目前，世界绝大多数国家都通过法律的形式来确保突发危机事件后心理卫生问题能够得到重视和解决。然而，盘点我国突发事件处理的相关法律法规发现，1995年卫生部印发《灾害事故医疗救援工作管理办法》，尽管该部法规已经考虑了很多方面，但没有涉及心理救援问题；2003年，国务院公布实施突发公共卫生事件应急条例》，该法规仍未提及突发公共卫生事件中的心理危机干预问题；2007年，第十届全国人大常委会第二十九次会议通过《中华人民共和国突发事件应对法》，依然未提及突发事件的心理救援问题。可见，我国的突发事件心理危机干预无论在国家还是地方，在当时仍旧缺乏基本的法律保障。汶川地震等灾难发生后，在社会各界关注下，为发展精神卫生事业，规范精神卫生服务。《中华人民共和国精神卫生法》由全国人民代表大会常务委员会于2012年10月26日发布，自2013年5月1日起施行。该法律第二章“心理健康促进和精神障碍预防”的第十四条，对我国的各级人民政府制定应急心理援助预案提出了相关要求。但对于灾后心理援助伦理守则、民间救援组织与规范、监管与评估等方面并未详细做出规定。要建立中国特色的灾后心理卫生服务体系，满足突发事件后群众的心理卫生服务需求，需要更加完善的法律对突发事件心理援助进行保障和规范。

五、评估的实施还有待于进一步科学化和标准化

评估是实施心理危机干预非常重要的一个环节，如果不进行评估或盲目评估，都有可能误导行动，甚至产生有害的结果。理想的心理评估应该在进行危机干预前、危机干预中和危机干预后，但由于事实情况的复杂性，真正

进行起来并非总是这个次序，尤其是危机干预前和危机干预后的心理评估尤其缺乏。同时，对心理干预效果的评估还不健全，主观性评价还占主导地位。所以在实践中，科学的评估并不是一件容易的事。

六、系统配合和整体联动的有效性和快速性还有待进一步加强

突发性事件发生后往往会成立临时的指挥机构，但这种临时成立的指挥机构会影响整体联动的有效性和快速性，导致救援或援助出现问题。突发公共事件对于个人来说，虽然是非常态的，但对于整个社会来讲，我们应该把它当作一个常态发生的事件来处理和应对。国家应该成立隶属政府的专门危机干预机构，危机出现时能够有效协调各方力量，有效地进行预防、事故处理与事后的心理辅导工作。针对以上的问题，只有建立有效的心理危机干预体系才能让危机干预实施的过程更顺畅、更科学。

七、缺乏正确的社会与科学认知

抗震救灾过程中，我们还发现灾区居民普遍缺乏基本的心理卫生和救援常识，有的甚至将出现的心理危机视同于精神病，给心理救援工作带来不小的阻力。如前所述，心理危机干预的根本在于通过各种措施作用于个体，帮助他们调整失衡状态，恢复认知和社会功能。也就是说，个体能否渡过危机关键还是要取决于他们自己，无论我们采用如何先进的技术实施干预，如果个体无法将其内化为自身的调节，甚至排斥、逃避，那么我们所做的一切将于事无补。同时，由于对灾难的认识不足，对防灾减灾的经验不充分，导致灾后许多受灾群众发生许多迷信行为，也造成了更多的恐慌。这种迷信活动往往对儿童青少年的心理产生消极影响，也影响着在校学生对灾害灾难危机的科学认知。

八、没有形成统一的、权威的心理援助理论体系和援助模式

尽管心理援助要针对受援助对象的特点和实际情况进行具体援助，但它所遵守的理论、技术和方法是有共性的，它与一般的心理辅导、心理咨询、心理疏导、心理治疗也有很大的差异，所依据的学科也不是单一的心理学科。所以，还有待进一步建构适合我国中小学的心理援助理论和实践应用模式。

第三节 我国中小学危机心理援助模式展望

我国的心理援助从无到有，从不规范到逐渐规范，人们对心理援助的认可度也在逐渐提升，心理援助已经成为我国处置灾害危机突发事件和保障社会安定、人民群众身心健康的重要支柱，并为此积累了许多宝贵的经验，在国际上的影响力也越来越大。

（一）以小见大，从微观援助到宏观多元化的政府支持援助

心理是人脑对客观现实的反应，有什么样的客观现实往往就会有什么样的心理反应。生态系统理论认为，个体的心理和行为是个体在与外部环境多水平、多层次影响的具有复杂关系的系统中相互作用形成的。灾后心理危机表面上是微观层面上的个体性心理危机，实际上是宏观层面上的社会性公共危机。每个人本质上都是社会人，不仅生活在一个小家庭、小圈子里，而且是生活在一个社会生态系统中。因此，心理危机的救援工作，本质上是一个社会生态系统的修复和调整过程，是一个从微观到宏观的系统工程。解决灾民的心理问题要把对灾民的心理援助与灾民政策的配套、生活、工作和学习上的关心相结合。可喜的变化是，汶川特大地震以来，我国政府在解决灾民的现实问题方面做了大量的工作。比如，当时的计生委已下发通知，地震灾害中有子女死伤的家庭将获生育政策照顾；教育部也要求直属高校紧急启动受灾学生资助工作；财政部、海关总署、国家税务总局发出通知，明确了支持汶川地震灾后恢复重建有关税收政策等，着眼于受灾群众的良性社会生态系统正在形成。只有在一个良性生态系统中构建社会支持网络，才能让灾区群众重新获得安全感和幸福感、重新燃起生活的希望、重新获得生活的保障，对受灾群众的心理修复也将更为持续和有效。政府的支持为稳定灾民的心理奠定了坚实的基础。因此，构建积极有力的社会支持系统，把解决心理问题和解决实际问题结合起来的干预模式才是最好的心理援助。与此同时，政府对心理援助的政策支持也使来自社会各界的心理援助有了政策根基和力量源泉。

（二）建立系统的有权威的危机干预网络

首先，从国家层面来讲，很有必要建立一个由各省、直辖市、自治区参与的灾难心理干预和创伤治疗网络。在遇到突发事件时，由国家灾后危机干预领导小组统一进行部署，动员全国的心理学力量做出快速反应。同时制定完备的心理危机干预法律法规，明确规定该项任务由谁领导、由谁组织、由谁实施、如何实施以及经费保障等一系列问题。明确各省、直辖市、自治区的责任和义务，增加参与救援工作人员的使命感和责任意识，明确其援助工作的目标对象和目标任务，提高救援救灾效率，从而保障危机后心理援助的顺利实施和进行。

其次，从各省市、地方区市层面来讲，要由地方政府部门牵头、引导、监督来统筹整个地区一切能把握的心理资源，如各地区高校的领导、教授和学生；各大医院精神卫生科的医生与护理人员、社会中的心理服务机构及从业人员；拥有心理学背景的或从事社会工作的志愿者；对心理援助感兴趣的其他相关人员。做好人员调查和登记工作。根据不同人群的不同能力和特征，对其进行分类和人力资源调配，并举办危机心理干预援助的教学和危机事件应急预案的培训。由此，当危机事件发生时，当地各方面、各层次的心理资源能够迅速高效地进入状态，在危机心理干预的“黄金时间”内，进行应急危机干预，将受灾人员的心理损失降到最低，减少受灾人员的痛苦及后期干预工作的工作量。与此同时，在其他地区发生突发性危机事件时，地方政府能够根据灾区需要与国家危机小组的指挥，迅速进行反应，高效地调配人员进行心理援助支持。

（三）培养危机干预专业人才，增加后备力量

1. 在高校设置危机干预选修课，不定期开展危机干预讲座

一方面普及应急危机干预知识，另一方面发掘热爱危机干预的学生学习和从事危机干预的热情，一旦有危机突发事件发生，这些学生能够自觉迅速地投入危机干预中。与此同时，在高校设置危机干预二级学科，培养危机干预的专业人才。不仅能够在危机发生时有更多的专业人员参与和指导心理救援工作，促进心理危机干预学科的发展，而且有益于探索出一条适合我国突发危机事件心理干预的路子。

2. 健全各级心理危机干预机构，培训心理危机专门人才

汶川大地震抗震救灾过程中涌现了大量的心理救援志愿者队伍，人们的救灾热情和爱心固然值得敬重，但由于临时召集的心理援救人员专业背景、知识基础各不相同、差异悬殊，而且短期培训效果很难得到保证，从而给灾区的心理援救埋下了极大的安全隐患。心理救援人员应为受过训练的专业人员，至少要具备接受过专业的心理危机干预训练而且自身心理健康等条件，以防止因助人造成对救助者的二次伤害以及心理救援人员对自身的伤害。为了提升助人效果，专业能力的培训和提升十分必要。因此，为了引导人们理智救灾，需要设置各级心理危机干预指导机构，配备精神卫生、心理干预等相关专业人员，联合当地医疗机构、高校、红十字会和志愿者组织，有计划地为各地心理卫生工作提供技术指导与人员培训，培养危机干预的后备专门人才。

（四）利用新型科学技术参与危机知识普及与危机事件发生后心理援助

时代和社会在进步，新技术、新科技不断应用于各个领域中。科学技术的发展在使我们的生活变得更加便利的同时，也让我们对危机干预的措施和危机教育的进行有了新的发展。

1. 运用虚拟现实技术进行人员培训和心理干预。

虚拟现实（Virtual Reality），简称 VR 技术，也称灵境技术或人工环境，是利用电脑模拟产生一个三度空间，如身临其境一般，可以及时、没有限制地观察三度空间内的事物。使用者进行位置移动时，电脑可以立即进行复杂的运算，将精确的 3D 世界影像传回，产生临场感。虚拟现实（VR），看到的场景和人物全是假的，是把人的意识代入一个虚拟的世界。VR 技术相对于传统的平面投影有着许多的优势与特点。

（1）多感知性：指除一般计算机所具有的视觉感知外，还有听觉感知、触觉感知、运动感知，甚至还包括味觉、嗅觉感知等。理想的虚拟现实应该具有一切人所具有的感知功能。

（2）存在感：指用户感到作为主角存在于模拟环境中的真实程度。理想的模拟环境应该达到使用户难辨真假的程度。

（3）交互性：指用户对模拟环境内物体的可操作程度和从环境得到反馈的自然程度。

（4）自主性：指虚拟环境中的物体依据现实世界物理运动定律动作的程度。

在危机教育课程中，首先以条件允许和VR技术的应用效果为前提，对相关知识进行收集与整合。其次通过运动捕捉等相关先进技术的应用构建起一个虚拟灾害场景。将场景通过VR技术进行虚拟仿真，并且设计出对应的互动规则，这样就能够使学生在参与教学的过程中和VR环境当中的场景产生互动。最后，引导和组织学生通过VR虚拟的灾难场景，增加对灾难的认识和理解，掌握正确的防灾减灾知识。这样在面对真正的突发性危机场景时，学生不会因为对于场景的不熟悉而产生恐慌。而且通过VR技术的应用可以有效地激发学生对于专业知识学习的主观能动性。以这种方式进行知识的讲解，内容更加生动详细，降低了学生的理解难度，让内容沉重、复杂、陌生的课堂变得更加轻松、活跃，使教学活动的真实感与实践性大大增加，营造了更好的课堂学习环境。

在危机后的心理援助中，传统的心理治疗技术如精神分析法、行为疗法、认知疗法、家庭疗法等，都需要在治疗过程中引导患者回忆和想象。但在VR技术中，使用者不只是以视觉和思维介入虚拟环境，而是以更完整的生物个体融入虚拟系统中，在此过程中，个体的各种感知活动如视觉、听觉和触觉，以及喜悦、紧张与恐惧等情绪反应，都将得到充分表达，逼真的效果术及身临其境的交互作用，使患者的视觉想象更为生动活跃。这就为VR技术辅助传统的心理治疗创造了连结点。结合情绪焦点疗法，利用VR技术设置更形象、更逼真的场景，让受创伤个体自我体验，进行自我觉察，同时咨询师进行情绪指导，帮助求助者情绪转变和自我调控。

2. 社会工作者介入灾后心理援助工作

社会工作与心理学的结合是灾害危机后心理援助的发展趋势。社工是社会政策的执行者，而政府在灾后心理援助中起着中流砥柱的作用。社工开展灾后救助服务的同时紧密地配合政府的救灾方针，通过社工的服务为政府减轻了许多压力，利用自身的专业知识参与和帮助灾后心理援助工作的进行。

社会工作者介入灾后心理援助，在国际上逐渐得到重视，日本、美国、新加坡等国家的社会工作在应对灾民的心理危机方面有较为成熟的经验，并逐渐形成了救助体系。而在国内，王思斌等《社会工作在灾后救援的介入研究》提到，社会工作在灾后心理救援中往往协助政府承担着助手的角色[①]。在灾后心理援助中，社会工作提供着危机心理干预、应激性心理障碍追踪治疗、社区心理重建等服务。

（五）EAP模式在中小学危机后心理援助中的应用

EAP（Employee Assistance Program）直译为员工帮助计划，又称员工心理援助项目、全员心理管理技术，它是由企业为员工设置的一套系统的、长期的福利与支持项目。通过专业人员对组织的诊断、建议和对员工及其直系亲属提供专业指导、培训和咨询，旨在帮助解决员工及其家庭成员的各种心理和行为问题，提高员工在企业中的工作绩效。经过几十年的发展，EAP的服务模式和内容包含有：工作压力、心理健康、灾难事件、职业生涯困扰、婚姻家庭问题、健康生活方式、法律纠纷、理财问题、减肥和饮食紊乱等，全方位帮助员工解决个人问题。

由于EAP服务成熟完整的帮扶体系和其在世界范围内的广泛应用，本书作者自汶川特大地震开始，在各种灾害心理援助中尝试把EAP的理念和技术应用到灾害危机心理援助中去，取得了显著的成效。根据我国中小学心理援助的实际需要，按照EAP模式建立我国中小学心理危机的预防和干预体系。主要流程如下。

1. EAP框架下的灾害危机心理援助内涵

EAP框架下的灾害危机心理援助就是在突发灾害危机情况下，由政府、企业或社会组织及个人出资，委托专业的心理援助机构对受灾人群和地区进行心理帮助的过程。心理援助项目的获得需要经过EAP的主要工作流程，比如，调研、宣传、制定方案、实施方案、效果评估等。在调研阶段需要对所受援助方受灾情况通过网络、媒体、现场调查等形式进行资料收集，了解相关情况，制定初步的干预方案。然后通过适当的沟通方式去宣传推介自己的计划和方案，获得资助方的支持，赢得心理援助项目。

2. 建立心理档案

在危机发生后，心理援助人员采用专业的心理健康调查方法，建立中小学生心理健康档案，并定期采用专业心理测试量表进行测评，准确地了解学

① 王思斌:《社会工作概论》(第三版)，高等教育出版社2014年版，第5页。

生的心理健康状况，并把对学生心理测验的结果、学校心理咨询与辅导记录等材料进行集中保存。评估中小学生心理现状，做到如实反映学生的心理面貌，为每个学生在心理健康方面设立档案材料，是为了更好地制定和完善心理援助方案，更好地在受援助学校开展心理健康教育工作。当发现需要进行个体咨询的学生时，就有针对性地展开心理辅导和跟踪观察，进行预防和治疗，必要时加以及时干预。通过有效的普查和完善中小学生心理档案，对于形成教育、跟踪咨询和干预一体化的中小学生心理危机预警干预机制具有十分重要的作用。

3. 心理健康宣传

充分利用中小学生各类社团、学生会等组织，在学校和老师的帮助下结合各学校建立的多级心理危机预警网络，通过印刷资料、网络、讲座、班会等多种形式树立中小学生对心理健康的正确认识，将心理健康教育渗透到中小学生的内心世界，化为其追求健康心理的自觉行为，鼓励中小学生遇到心理困惑时积极寻求帮助。对学生开展适时的心理普查、创办校报心理专栏、定期编发心理简报、开通心理网站、开播心理节目、放映心理电影，这些实质性的工作都可着眼于未雨绸缪，使中小学生在心理文化熏陶中能够关注自我成长和发展，增强自身对抗危机的免疫力。

4. 心理健康培训

通过心理解压、情绪管理、协调学习生活与就业关系等系列培训，帮助中小学生掌握提高心理素质、保持心理健康的基本方法和技巧；帮助学校管理者掌握中小学生心理管理的技术，通过适当方式协助中小学生解决心理问题；将心理健康知识引入课堂，在全校范围内开设相关的必修课与选修课，帮助学生认识中小学生的心理发展问题，掌握必备的心理健康知识，学会自我调节和自我保健；开展内容丰富、形式多样、寓教于乐的心理健康教育活动，增强中小学生预防心理危机的能力。

5. 心理健康咨询

对于受心理问题困扰的中小学生，提供个人咨询、电话热线咨询、视频网络咨询、电子邮件咨询、团体辅导等形式多样的服务，充分解决困扰学生的心理问题。当发现学生出现心理危机及心理问题时，各级相关人员要预先发出警报，并采取相应措施给予及时的保护，防止过激行为和严重侵害事件的发生，达到最大限度地降低损失的目的，也就是进行中小学生心理危机预警及干预。

6.效果评估分析

在心理援助工作进行和结束时，分别提供阶段性评估和总体评估报告，阶段性评估可以选择在学期或学年终了，总体评估则应在心理援助项目结束前，同时对使用量表和量表指标的选择等进行分析，评估实施效果，帮助学生管理者及时了解中小学生帮助计划的实施效果，也为改善和提高服务质量提供依据。主要评估的内容为：援助工作是否按计划实施；援助目的是否已经达到；援助工作是否有效等。

EAP 服务有两个鲜明的特点：服务的双重特性和服务的非功利性。双重特性是指 EAP 服务于出资方组织本身，同时又服务于组织内的成员，两者的利益是兼顾的，但在发生重大利益冲突的时候，主要照顾组织的利益，同时处理好组织与员工的关系。非功利性是指 EAP 服务是有偿服务，不是公益性活动。本书认为，心理援助活动基本符合 EAP 的理念。心理援助既要服务好群众，又要维护好社会的公平正义和社会稳定大局。尽管危机心理援助一般不向受援助对象收费，但支撑心理援助组织进行下去的资源是来自国家、企业和社会组织及个人的赞助，是国家的资助和社会的爱心捐助才让心理援助能够持续健康地进行下去。心理援助服务要尊重捐款人和出资人的捐助和资助意图，代表社会这一大组织开展对受灾人群的心理援助，这同 EAP 接受了组织的资助后的应对方式如出一辙，所以在这一点上，心理援助也是有偿的服务，也具有一定的功利性。

此外，一般的心理咨询，求助者是主动求助，那么重大灾害后许多处于危机中的人看起来并没有求助，但我们主动实施了援助，而且好多并没有发生在心理咨询室内，那么心理援助中的心理咨询就不是心理咨询了吗？答案是否定的。本书认为，重大灾难危机的发生就是受灾者的主动求助，政府、企业、社会组织和个人委托心理援助组织对处于危机中的受灾者进行心理援助，也是基于特殊情况下代表受灾者做出心理援助和心理咨询的行动，其实也是对受害者的感同身受和心灵呼应，只不过在具体的心理援助和心理咨询干预中，严格的心理咨询援助规范、程序和伦理是必须不折不扣地遵守和执行的。

总之，中小学危机心理援助，是一种特殊情况背景下的心理干预，它既要遵循一般心理干预的规范和程序，又具有其特殊性，不能僵化，也不能为所欲为地蛮干，需要科学理论的指导和基于科学理论的实践。尤其是要对如何实施心理援助这一重大实践活动进行理论研究，这方面我们要做的工作还很多，本书愿意在 10 多年理论与实践研究的基础上，继续做深入科学的研究和实践，为我国基础教育做一些基础理论研究方面的贡献，助推中小学生核心素养的形成，努力提高我国人才培养的质量。

主要参考文献

一、中文著作类

李元榕：《我懂你的心：HTPC 房树人绘画识人技术》，中国财富出版社 2016 年版。

肖旭、陈正权：《开放式叙事——灾后心理重建“五彩石”活动镜像》，电子科技大学出版社 2011 年版。

林孟平：《辅导与心理治疗》（香港），商务印书馆 1992 年版。

［英］斯宾塞：《斯宾塞教育论著选》，胡毅、王承绪译，人民教育出版社 1997 年版。

林崇德：《发展心理学》，人民教育出版社 2018 年版。

李明、杨广学：《叙事心理治疗导论》，山东人民出版社 2005 年版。

卫生部疾病预防控制局编：《灾难心理危机干预培训手册》，人民卫生出版社 2008 年版。

林崇德等主编：《心理学大辞典》，上海教育出版社 2003 年版。

吴群红、郝艳华、赵忠厚主编：《与危机共舞：突发公共卫生事件管理方略》，科学出版社 2010 年版。

王思斌：《社会工作概论》（第三版），高等教育出版社 2014 年版。

［美］理查德 · K. 詹姆斯、伯尔 · E. 吉利兰：《危机干预策略》，肖水源、周亮等译校，中国轻工业出版社 2020 年版。

［瑞士］罗夏：《心理诊断法》，袁军译，浙江教育出版社 1997 年版。

［美］保罗 · 杰 · 伊尔斯利：《志愿者教育导论》，李桂福等译，河北教育出版社 1993 年版。

［美］莱斯特 · M. 萨拉蒙：《公共服务中的伙伴——现代福利国家中政府与非营利组织的关系》，商务印书馆 2008 年版。

［美］爱利克 · 埃里克森：《同一性：青少年与危机》，孙名之译，浙江教

育出版社 1998 年版。

［美］安妮·安娜斯塔西：《心理测验》，缪小春、竺培梁译，浙江教育出版社 2001 年版。

［美］K. 布鲁西亚：《音乐治疗导论》，转引自高天编《音乐治疗学基础理论》，世界图书出版公司 2007 年版。

二、英文著作类

Caplan, G，*An Approach to Community Mental Health*, New York: Grune & Stratton, 1961.

James, R. K., & Gilliland, B. E.，*Theories and Strategies in Counseling and Psychotherapy* (5th ed.), Boston: Allyn & Bacon, 2003.

Belkin, G. S.，*Introduction to Counseling* (2nd ed.) , Dubuque, IA: William C. Brown, 1984.

Hoff, I. A., Hallisey, B. J., & Hoff, M.，*People in Crisis: Clinical and Diversity Perspectives*, New York: Routledge, Taylor, & Francis Group, 2009.

Brammer, L. M.，*The Helping Relationship: Process and Skills* (3rd ed.), Upper Saddle River, NJ: Prentice Hall, 1985.

Rosenthal Uriel, Charles Michael T，*Coping with Crises: The Management of Disasters, Riots and Terrorism*, Springfield: Charles C. Thomas, 1989.

Poland, S., *School Crisis & Youth Violence，Lessons Learned*, Houston, TX: Cypress—Fairbanks Independent School District, Department of Psychological Services, 1999.

Newgass, S., & Schonfeld, D. J., "School Crisis Intervention, Crisis Prevention, and Crisis Response" , in *Crisis Intervention Handbook*, A. R. Roberts (ed.), New York: Oxford University Press, 2005.

Milgram, N. A.，*Handbook of Child Psychopathology*(3rd ed.), New York: Plenum Press, 1998.

Mitchell, J. T., & Everly, G. S., Jr., "Critical Incidents Stress Debriefing (CISD) and The Prevention of Work— related Traumatic Stress Among High Risk Occupational Groups" , in *Psychotraumatology*, G. S. Everly, Jr., & J. T. Lating (eds.),

New York: Plenum Press, 1995.

Weathers,F.W., Litz,B.T.,Herman,D.S.,et al., "The PTSD checklist: Reliability, validity, and diagnostic utility", in *The Annual Meeting of the International Society for traumatic Stress Studies*, San Antonio, TX, 1993.

American Psychiatric Association Diagnostic and statistic manual of mental disorders, 4th edn (DSM-IV), American Psychiatric Association, Washington, DC, 1994.

Achenbach,T.M., "Manual for the Youth Self-Report and 1991 Profile", *Burlington, VT: University of Vermont, Department of Psychiatry*, 1991.

Murray,H,A.,*Exploration in Personality*, New York: Oxford University Press,1938.

三、报刊文集类

中文期刊：

刘陈陵、郭兰：《美国校园危机干预模式探析》,《高等教育研究》2008 年第 12 期。

周宵、伍新春、袁晓娇等：《青少年的创伤暴露程度与创伤后应激障碍的关系》,《心理学报》2015 年第 4 期。

赵丞智、李俊福、王明山：《地震后 17 个月受灾青少年 PTSD 及其相关因素》,《中国心理卫生杂志》2001 年第 3 期。

刘爱忠、谭红专、周价：《洪灾区儿童创伤性应激障碍的流行病学研究》,《中国公共卫生》2003 年第 4 期。

汪向东、高岚：《灾害后的精神及行为障碍》,《中华精神科杂志》1999 年第 3 期。

曹日芳、赵国秋、汪永光等：《汶川大地震后青少年创伤后应激障碍的发生率及影响因素研究》, 中国心理卫生协会第二届中青年心理卫生学者学术研讨会，2009 年。

欧阳新辉、雷慧、涂绍生等：《重大灾害后青少年心理康复的体育干预策略及实证研究——以汶川地震部分寄读学生为例》,《中国特殊教育》2009 年第 6 期。

王德讯:《日本危机管理研究》,《世界经济与政治》2004 年第 3 期。

徐剑梅:《英国政府与媒体在危机突发事件中的协作》,《中国记者》2004 年第 10 期。

肖永英:《英国信息自由法的主要内容及其影响初探》,《情报杂志》2003 年第 9 期。

吴飞:《政府的节制与媒体的自律——英国传媒特色管制初探》,《浙江大学学报》(人文社会科学版)2005 年第 2 期。

闪淳昌:《构建和谐社会中的中国应急管理》,《中国应急管理》2010 年第 8 期。

李卢一、郑燕林:《中小学创客空间建设的路径分析——来自美国中小学实践的启示》,《中国电化教育》2006 年第 6 期。

童辉杰:《关于严重突发事件危机干预的研究评述》,《心理科学进展》2003 年第 4 期。

廖艺文、吴莹莹:《军队医院在抗洪救灾期间开展心理干预工作的做法和体会》,《海军医学杂志》2011 年第 4 期。

姚玉红:《地震灾后心理危机干预》,《现代预防医学》2008 年第 12 期。

李建明:《国外心理危机干预研究》,《中国健康心理学杂志》2011 年第 2 期。

文荣康:《我国突发事件应激心理危机干预的探讨》,《现代预防医学》2008 年第 23 期。

任世伟:《如何有效开展高校学生心理危机事件干预》,《卫生职业教育》2016 年第 34 期。

程奇:《国外灾难心理危机干预研究综述》,《福建医科大学学报》2019 年第 2 期。

张世富:《人本主义心理学与马斯洛的需要层次理论》,《学术探索》2003 年第 9 期。

叶丽:《疫情下浅析当代艺术的艺术治愈性》,《大众文艺》2021 年第 2 期。

戴悦:《浅谈绘画艺术治疗在灾后儿童心理辅导中的应用》,《消费导刊》2008 年第 23 期。

唐秋萍、程灶火、袁爱华等:《SCL-90 在中国的应用与分析》,《中国临床心理学杂志》1999 年第 1 期。

孙红梅、高健、张丽萍:《CISM 对我国建立灾难心理危机干预体系的启示》,《医学与哲学》(人文社会医学版)2010 年第 2 期。

邢邦志:《论心理咨询关系及其建立》,《上海铁道大学学报》(自然科学版)2017 年第 2 期。

林崇德、黄四林:《教师如何对学生进行灾后心理疏导》,《思想政治课教学》2018 年第 6 期。

邹文卫:《地震社会心理与防震减灾宣传》,《灾害学》2006 年第 3 期。

张雪琴:《国外重大灾害心理援助机制和组织方式的研究》,《现代预防医学》2011 年第 6 期。

戈亚群、刘益、李垣:《组织资源的协同机制及其效应分析》,《经济管理》2003 年第 16 期。

王蕾:《加强和改善事业单位财务管理方法探讨》,《中外企业家》2014 年第 7 期。

陈雪峰、王日出、刘正奎:《灾后心理援助的组织与实施》,《心理科学进展》2009 年第 3 期。

冯毅翀、余冰、王静:《汶川地震后心理援助服务的人类学思考》,《医学与哲学》2010 年第 31 期。

章凯:《激励理论新解》,《科学管理研究》2003 年第 21 期。

黄国英:《学校心理健康教育课程的教学设计研究》,《江西师范大学》2016 年第 12 期。

马美容、王晶洋:《心理学视角下的艺术治疗》,《中小学心理健康教育》2012 年 12 期。

李欧:《当代美国艺术治疗》,《世界文化》2007 年第 11 期。

董镕:《团体音乐治疗对地震灾区青少年心理弹性的干预》,《中国心理学会第十五届全国心理学学术会议论文摘要集》,《中国心理学会》2012 年第 2 期。

李京龙:《绘画治疗与心理创伤的恢复》,《中国美术教育》2008 年第 4 期。

曾波:《有效发挥绘画在学校心理咨询中的作用》,《中小学心理健康教育》2017 年第 24 期。

齐光辉:《舞蹈治疗原理及其在危机干预中的应用》,《艺术评论》2008 年第 7 期。

庞佳:《震后情绪与行为障碍儿童的舞蹈治疗》,《现代特殊教育》2008 年第 9 期。

马建国:《武术心理治疗思想初探》,《中小学心理健康教育》2009 年第 20 期。

申荷永、陈侃、高岚:《沙盘游戏治疗的历史与理论》,《心理发展与教育》2005 年第 2 期。

潘益中、王芳、许燕等:《班级心理辅导对学生震后心理复原的作用》,《心理科学进展》2009 年第 3 期。

陈海平、郝艳华:《突发公共卫生事件社会影响评估内容的探讨》,《中国卫生资源》2013 年第 1 期。

陈璐:《灾后心理评估概述》,《中国急救复苏与灾害医学杂志》2016 年第 5 期。

陈秋燕:《对地震灾区中小学生心理援助工作的思考和建议》,《中小学心理健康教育》2008 年第 17 期。

Forster, J., “The Psychiatric Emergency: Heading Off Trouble”, *Patient Care*, 1994, Vol. 28.

World Health Drganization, *Mental Health in Emergencies: Mental and Social Aspects of Health of Populations Exposed to Extreme Stressors*, 2003(66).

Green, B. L., Lindy, J. D., Graee, M. C., et al., “Chronic Poattrau-matic StressF Disorder and Diagnostic Comorbidity in a Disaster Sample”, *Nerv Ment Dis*, 1992, Vol. 180.

Pynoos, R. S., Coenjian, A., Tashjian, M., et al., “Post Traumatic Stress Reaction in Children after The Armenian Earthquake in Armenia”, *Am Psychiatry*, 1994, Vol. 151.

Garrison, C. Z., Bryant, Addy, C. L., et al., “Post Traumatic Stress Disorder in Adolescents after Hurricane Andrew”, *Journal of the American Academy of Child and Adolescent Psychiatry*, 1995, Vol. 34.

Carmassi, C., Akiskal, H. S., Yong, S. S., et al., "Post–traumatic Stress Disorder in DSM–5: Estimates of Prevalence and Criteria Comparison Versus DSM– Ⅳ –TR in a Non–clinical Sample of Earthquake Survivors" , *Affect Disord*, 2013,Vol. 151, No. 3.

Mitchell, J. I., "When Disaster Strikes: the Critical Incident Stress Debriefing Process" , *Journal of Emergency Medical Services*, 1983, Vol. 8, No. 1.

Flannery R.B., Everly G.S., "Crisis intervention: A review" , *International Journal of Emergency Mental Health*,2000, Vol. 2, No. 2.

Stogdill, R.M., "Personal factors associated with leadership: a survey of the literature" , *Journal of Psychology: Interdisciplinary and Applied*, 1948.

Speery,R.W., "Some efects of disconnecting the cerebral hemispheres" , *American Asociation for the Advancement of Science*,1982.

Wallis,J., Burns,J., Capdevila, R., "What is narrative therapy and what is it not?: The usefulness of Q methodology to explore accounts of White and Epston's (1990) approach to narrative therapy" , *Clin Psychol Psychother*, 2011,Vol. 18, No. 6.

网站:

邓强:《心理学专家吴薇莉谈灾后心理援助:建立伞型培训体系并固化为常态工作机制》,2018 年 5 月 12 日,https://sichuan.scol.com.cn/fffy/201805/56192336.html。

卫生部:《自救互救宣传手册开展心理危机干预》,2008 年 5 月 16 日,www.gov.cn。